理工系
基礎数学演習

博士（理学）	石田　晴久	
理学博士	伊東　裕也	
博士（理学）	榎本　直也	
博士（理学）	大野　真裕	
Ph.D.	木田　雅成	共著
博士（理学）	久藤　衡介	
理学博士	田吉　隆夫	
理学博士	内藤　敏機	
理学博士	山口　耕平	
博士（数理科学）	山田　裕一	

コロナ社

著者紹介（五十音順）

石田 晴久（いしだ はるひさ）　電気通信大学准教授
伊東 裕也（いとう ひろや）　電気通信大学准教授
榎本 直也（えのもと なおや）　電気通信大学准教授
大野 真裕（おおの まさひろ）　電気通信大学教授
木田 雅成（きだ まさなり）　東京理科大学教授
久藤 衡介（くとう こうすけ）　早稲田大学教授
田吉 隆夫（たよし たかお）　元電気通信大学教授
内藤 敏機（ないとう としき）　電気通信大学名誉教授
山口 耕平（やまぐち こうへい）　電気通信大学名誉教授
山田 裕一（やまだ ゆういち）　電気通信大学教授

（2021年3月現在）

まえがき

　この本は理工系大学の初年級の学生諸君のために基礎的な数学（微分積分学と線形代数学）の演習問題を提供しようとするものである．この本の前身である「微分積分・線形代数 数学演習」は長い間使われてきたがミスプリントや解答の誤りが気になっていた．この本ではできるだけそれを正し，問題のさしかえと補充を行い，全体の記述も改めるべきところは改めた．

　以下本書での学習にあたって留意すべきことを箇条書きで記す．

(1) 本書は学生諸君が自習に際しての参考書として用いてもよいし，教室での演習の教科書として用いてもよい．

(2) 本書が教室で用いられる場合は別に微分積分学および線形代数学の講義が行われていることを想定している．本書で与えられる問題の全てを演習の時間に解かれることは想定していない．しかし，学生諸君はむしろ，教室で解かれなかった問題を自宅で解いてみてもらいたい．

(3) 全体を2部に分け，第1部を微分積分学とし，そのはじめには学生諸君が数学を学ぶ基礎として知っておいてほしい問題を集めておいた．その一部は線形代数を学ぶ際にも必要となるような常識に類するものもある．慣れるまで随時参考にしてもらいたい．そのあとに微分積分学の標準的な講義に即した問題を集めてある．第2部に線形代数学の問題を集めた．

(4) 各節では典型的な問題を例題として示し，その解答例を与え，その後に問題を与えてある．問題の解答は巻末に示してあるが，そのいくつかは丁寧に解説し，いくつかは略解のみを示してある．学生諸君は単なる計算結果だけを見るのではなく，できるだけ完全な解答文を含めて解答をつくる練習を試みるべきである．

2005年春

著　者

まえがき

　本書を発行していた昭晃堂が 2014 年 6 月に解散したことに伴い，この度，コロナ社より継続出版することになった．この機会に，若干の問題の追加と修正を行った．その際，校正等でコロナ社には大変お世話になった．ここに記して感謝の意を表したい．昭晃堂にて 2005 年 4 月の 1 刷発行から 9 刷までに至った本書が，引き続き多くの方にご拝読いただき，役に立つならば，著者としてこの上ない喜びである．

2015 年 2 月

著　者

目　　　次

——— 第1部　微分積分学 ———

1.　基　礎　学　力

1.1　基礎的事項 (1) ･･･ *1*
1.2　基礎的事項 (2) ･･･ *6*

2.　極 限 値 と 関 数

2.1　極　　限　　値 ･･ *12*
2.2　関 数 の 極 限 値 ･･･ *14*
2.3　逆 三 角 関 数 ･･･ *15*

3.　微分係数と導関数

3.1　微分係数と導関数 ･･ *17*
3.2　導関数の応用，高階導関数，テイラーの定理 ･････････････････････････ *20*

4.　積　　　　　分

4.1　基本的な関数の不定積分 ･･･ *30*
4.2　有理関数の不定積分 ･･ *33*

4.3 無理関数, その他の関数の不定積分 ································· *37*
4.4 定積分とその応用 ·· *40*

5. 多変数関数, 偏微分とその応用

5.1 多変数関数の極限値と偏導関数 ··· *49*
5.2 偏導関数の応用 ·· *51*

6. 重積分とその応用

6.1 重　　積　　分 ·· *62*
6.2 変　数　変　換 ·· *65*
6.3 広　義　重　積　分 ·· *66*
6.4 3重積分, その他 ·· *68*

7. 級数および微分方程式

7.1 級　　　　　数 ·· *73*
7.2 微　分　方　程　式 ·· *83*

―――― 第2部　線形代数学 ――――

8. 行列の基本演算

8.1 基　本　演　算 ·· *96*
8.2 行基本変形と連立方程式 ·· *100*
8.3 正　則　行　列 ·· *109*

9. 行列式

- 9.1 2次および3次の行列式 ……………………………………… *114*
- 9.2 置換と行列式の定義 …………………………………………… *115*
- 9.3 行列式の計算 …………………………………………………… *117*
- 9.4 余因子行列, 逆行列, クラメールの公式 …………………… *120*

10. 空間ベクトル

- 10.1 空間ベクトルの基本事項 ……………………………………… *124*
- 10.2 内積, 外積 ……………………………………………………… *125*
- 10.3 空間内の直線と平面 …………………………………………… *128*

11. ベクトル空間

- 11.1 ベクトル空間の定義に関わる基本事項 ……………………… *131*
- 11.2 部分空間 ………………………………………………………… *132*
- 11.3 1次独立, 基底, ベクトル空間の次元 ……………………… *140*
- 11.4 基底による座標, 基底の変更 ………………………………… *147*

12. 線形写像と行列

- 12.1 線形写像 ………………………………………………………… *152*
- 12.2 線形写像と行列 ………………………………………………… *156*

13. 内積空間

13.1 内積とノルムに関する基本事項 ……………………………………… *166*
13.2 正規直交系,正規直交基底 ……………………………………………… *168*

14. 固有値,固有ベクトルと対角化

14.1 線形変換の固有値と固有ベクトル …………………………………… *173*
14.2 線形変換の対角化 ………………………………………………………… *175*
14.3 実対称行列の対角化 ……………………………………………………… *178*

問 題 解 答

1章……………*183* ／ 2章……………*186* ／ 3章……………*187*
4章……………*192* ／ 5章……………*198* ／ 6章……………*202*
7章……………*205* ／ 8章……………*208* ／ 9章……………*213*
10章……………*216* ／ 11章……………*218* ／ 12章……………*222*
13章……………*225* ／ 14章……………*227*

索　引 ……………………………………………………………………………… *231*

第 1 部 微分積分学

1 基 礎 学 力

この章では，(1) 数学で使われる基本的な記号や論理，集合について，および，(2) 高等学校までの知識で解くことの期待できる主として微分積分学の基礎にかかわる問題 について扱う．

したがって，この章で扱うことは，基本的には今すぐにでも解けなければならないことであるが，高等学校等ではあまり力を入れていないことも含まれる．そこで，大学での数学の運用に慣れていなければ戸惑うこともあるであろう．そのような問題はあまり気にせず当面とばして，必要に応じて何度でも戻ってきて解答を試みてもらいたい．

1.1 基礎的事項 (1)

この節にあるのは，数学で使われる基本的な記号や論理その他の事項である．

[論理] ここではローマ字の大文字（$A, B, \ldots$）をある条件を述べる文とする．このとき「A ならば B である」というような（と言い換えられる）文を命題という．

- 「A ならば B である」を「$A \Rightarrow B$」と略記することがある．
- 「A でない（A の否定）」を「$\overline{A}$」と略記することがある．
- 「A でありかつ B である」の否定は「A でないかまたは B でない（A か B の少なくとも一方は成り立たない）」である．
- 「A であるか B である（A か B の少なくとも一方は成り立つ）」の否

定は「A でなく B でもない」である.

- 「A ならば B である」という命題が真のとき，A は B の**十分条件**であるといい，B は A の**必要条件**であるという.
- A が B の十分条件であり，かつ必要条件でもあるとき，A と B は**同値な条件**であるという．このことを「$A \Leftrightarrow B$」と略記することがある.

［集合］ 集合の本当に数学的な定義は難しい．ここでは「はっきりと区別のつく対象の集まり」というふうに理解しておくことにする．以下に述べるのは集合に関する要項であって必要なすべてではない.

次のような記号が一般に使われている.

$$\text{自然数全体 (の集合) } \mathbb{N}, \quad \text{整数全体 } \mathbb{Z}, \quad \text{有理数全体 } \mathbb{Q},$$
$$\text{実数全体 } \mathbb{R}, \quad \text{複素数全体 } \mathbb{C}$$

- 集合を表すのに大文字のローマ字が使われることが多い．ある対象 a が集合 A に属することを $a \in A$ (または $A \ni a$) と書く.
- 集合を書き表すのにその集合に属する対象 (元とか要素ともいう) を書き並べるやり方とその集合に属するための必要十分条件を書くやり方がある.

例 1.1　　偶数全体の集合 $= \{0, \pm 1, \pm 2, \cdots\}$
$\qquad\qquad\qquad\qquad = \{n \in \mathbb{Z} \mid n = 2m, m \in \mathbb{Z}\}$

- 「$a \in A$ ならば $a \in B$ である」が真のとき「$A \subset B$ (または $B \supset A$)」と書き，A は B の部分集合であるという．(本によっては $\subset$ の代わりに記号 $\subseteq$ や $\subsetneqq$ を用い，$A \subset B$ は A と B が完全に同じ場合 ($A = B$) には用いないとしてあるものがあるが，この本では $A = B$ は $A \subset B$ の特別の場合として扱うことにする．そして $A \subset B$ であって $A \neq B$ であることは $A \subsetneqq B$ と書く．)
- $A \cup B$ とは A か B の少なくとも一方に属する対象の全部を集めた集合である．また，$A \cap B$ とは A と B の両方に属する対象の全部を集めた

集合である.
$$A \cup B = \{a \mid a \in A \text{ または } a \in B\}$$
$$A \cap B = \{a \mid a \in A \text{ かつ } a \in B\}$$

- まったく要素を持たない集合というものを考え「空集合」という. 記号 $\emptyset$ で表す. $\emptyset$ はどんな集合の部分集合でもあると考えられる: A を勝手な集合とするとき $\emptyset \subset A$.
- 集合の演算に関する記号 ($\cup, \cap, \subset, \supset, =$) が一つの式の中に出てきたときには $\cap$ や $\cup$ を先にまとめて読み, $\subset, \supset, =$ 等を後で読む. 必要なら括弧 ( ) 等を使って紛れのないようにする. 例えば,
$$A \cup B \supset A \cap B \text{ は } (A \cup B) \supset (A \cap B) \text{ のことである.}$$

[総和記号 $\sum$]　和を表す記号である. 次の書き方は既知であろう.
$$\sum_{i=1}^{n} a_i = a_1 + a_2 + \cdots + a_n$$

- 次のような書き方もすることがある.

  $\sum$ の下にある条件を書くとその条件を満たすすべてのものにわたって和をとることを表す.

例 1.2　$S = \{3, 5, 7\}$ とすると, $\displaystyle\sum_{p \in S} a_p = a_3 + a_5 + a_7$

例 1.3
$$\sum_{1 \leqq i,j \leqq 3} a_{ij} = a_{11} + a_{12} + a_{13} + a_{21} + a_{22} + a_{23} + a_{31} + a_{32} + a_{33}$$

例 1.4　$\displaystyle\sum_{1 \leqq i < j \leqq 3} x_i x_j = x_1 x_2 + x_1 x_3 + x_2 x_3$

- これらの記号を用いるときには特に言及されない暗黙の条件があることがある. 数学の記号も言語の一種であるから, それが置かれた文脈から

理解されるような書き方をするのである．上の例では i や j は整数の範囲で考えるということは当然のこととみなされている．特に前後の関係から和をとる範囲が明らかなときには $\sum$ の下に何も書かないこともある．

［相乗記号 $\prod$ ］　積を表す記号である．
$$\prod_{i=1}^{n} a_i = a_1 a_2 \cdots a_n$$
という使い方をする．

- $\prod$ の下にある条件を書くとその条件を満たすすべてのものにわたって積をとることを表す．

例 1.5　$S = \{3, 5, 7\}$ とすると，$\displaystyle\prod_{p \in S} a_p = a_3 a_5 a_7$

例 1.6　$\displaystyle\prod_{1 \leqq i, j \leqq 3} a_{ij} = a_{11} a_{12} a_{13} a_{21} a_{22} a_{23} a_{31} a_{32} a_{33}$

例 1.7　$\displaystyle\prod_{1 \leqq i < j \leqq 3} x_i x_j = (x_1 x_2)(x_1 x_3)(x_2 x_3) = x_1{}^2 x_2{}^2 x_3{}^2$

問題 1.1.1　「A ならば B である」という命題が真のとき，次の命題が真であるかどうかを答えよ．

(1)　「B ならば A である」（もとの命題の **逆**）

(2)　「A でなければ B でない」（もとの命題の **裏**）

(3)　「B でなければ A でない」（もとの命題の **対偶**）

問題 1.1.2　次の各命題は「3 と 5 と 8 は 10 の約数である」という命題の「逆」であるか，「裏」であるか，「対偶」であるか，あるいは「どれでもない」のかを答えよ．

(1) 「2 は 10 の約数でない」
(2) 「3 と 5 と 8 以外の整数は 10 の約数でない」
(3) 「10 の約数は 3 と 5 と 8 である」
(4) 「10 の約数でないものは 3 と 5 と 8 のどれでもない」

問題 1.1.3 次の記述は正しくない．その理由を述べ，正しい記述に直せ．
(1) $1 \subset \mathbb{N}$
(2) $\{2, 3, 4\} \in \mathbb{N}$
(3) $A \cup B \subset A \cap B$

問題 1.1.4 A, B, C を集合とする．次のことを証明せよ．
(1) $A \subset A$
(2) $A \subset B$ かつ $A \supset B$ なら $A = B$
(3) $A \subset B$ かつ $B \subset C$ なら $A \subset C$
(4) $A \cap B \subset A \subset A \cup B$
(5) $A \subset C$ かつ $B \subset C$ なら $A \cup B \subset C$
(6) $C \subset A$ かつ $C \subset B$ なら $C \subset A \cap B$

問題 1.1.5 集合に関する考察を行うとき，取り扱う集合がすべてある十分大きな集合の**部分集合**に限られている場合もある．このようなときはその十分大きな集合を**全体集合**と呼ぶ．（例えば，平面上の図形だけを考えている場合は全体集合としては平面の点の全部からなる集合を考えればよい．）ここでは全体集合を E と書き，すべての集合は E の部分集合とみなそう．

集合 A に対して
$$A^c = \{x \in E \mid x \notin A\}$$
とおく．A^c を A の**補集合**という．A, B, C を集合（E の部分集合）とする．次のことを証明せよ．
(1) $A \cup A^c = E$
(2) $A \cap A^c = \emptyset$

(3) $(A^c)^c = A$

(4) $(A \cup B)^c = A^c \cap B^c$, $(A \cap B)^c = A^c \cup B^c$ （ド・モルガンの法則）

問題 1.1.6 次の八つの条件はすべて互いに同値であることを示せ．（前問の記号を使う）

① $A \subset B$　　② $A \cup B = B$　　③ $A \cap B = A$　　④ $A^c \supset B^c$
⑤ $A^c \cup B^c = A^c$　　⑥ $A^c \cap B^c = B^c$　　⑦ $A^c \cup B = E$　　⑧ $A \cap B^c = \emptyset$

問題 1.1.7 (1) $\displaystyle\sum_{i=1}^{2}\left(\sum_{j=1}^{3} a_{ij}\right)$ を $\sum$ を使わず書け．

(2) $\displaystyle\sum_{j=1}^{3}\left(\sum_{i=1}^{2} a_{ij}\right)$ を $\sum$ を使わず書き，$\displaystyle\sum_{i=1}^{2}\left(\sum_{j=1}^{3} a_{ij}\right) = \sum_{j=1}^{3}\left(\sum_{i=1}^{2} a_{ij}\right)$ を示せ．

$\left(\text{ここで出てきた和を } \displaystyle\sum_{i=1}^{2}\sum_{j=1}^{3} a_{ij} \text{ とか } \sum_{\substack{1 \leqq i \leqq 2 \\ 1 \leqq j \leqq 3}} a_{ij} \text{ などと書く．}\right)$

問題 1.1.8 $\displaystyle\prod_{1 \leqq i < j \leqq 4}(x_i - x_j)$ を $\prod$ を使わず書け．

1.2　基礎的事項 (2)

例題 1.1 不等式 $|x+y| \leqq |x| + |y|$ を証明せよ．

【解答】 $-|x| \leqq x \leqq |x|$ と $-|y| \leqq y \leqq |y|$ の辺々をそれぞれ加えると $-(|x|+|y|) \leqq x+y \leqq |x|+|y|$. したがって，$|x+y| \leqq |x|+|y|$.

（別解）$(x+y)^2 = x^2 + 2xy + y^2 \leqq |x|^2 + 2|x||y| + |y|^2 = (|x|+|y|)^2$，つまり $(x+y)^2 \leqq (|x|+|y|)^2$. この両辺の正の平方根をとって $|x+y| \leqq |x|+|y|$. ◇

|注意| 本書ではことわらない限り，数とは実数のこととする．

1.2 基礎的事項 (2)

問題 1.2.1 $h>0$, $n=1,2,\ldots$ のとき，次の不等式が成り立つことを示せ．（必要に応じて 2 項定理を用いよ．）

(1) $nh < (1+h)^n$

(2) $\dfrac{n(n-1)}{2} h^2 < (1+h)^n$

(3) $\dfrac{n(n-1)\cdots(n-k+1)}{k!} h^k < (1+h)^n \quad (1 \leqq k \leqq n)$

問題 1.2.2 $0 < b < a$ のとき，次の不等式を示せ．

(1) $2(a-b)b < a^2 - b^2 < 2(a-b)a$

(2) $3(a-b)b^2 < a^3 - b^3 < 3(a-b)a^2$

(3) $n(a-b)b^{n-1} < a^n - b^n < n(a-b)a^{n-1} \quad (n=1,2,3,\ldots)$

問題 1.2.3 $0 < |x| < 1$ かつ t が 0 と x の間にある値のとき，
$$\left|\frac{x-t}{1+t}\right| < |x|$$
となることを示せ．

例題 1.2 $\tan\dfrac{29\pi}{6}$ の値を求めよ．

【解答】 まず，$-\dfrac{\pi}{2} < x < \dfrac{\pi}{2}$ での $y=\tan x$ の振る舞いを思い浮かべよ．これは区間 $n\pi - \dfrac{\pi}{2} < x < n\pi + \dfrac{\pi}{2}$ で繰り返される (n は整数)．

$\dfrac{29\pi}{6} = 5\pi - \dfrac{\pi}{6}$ であるから $\tan\dfrac{29\pi}{6} = \tan\left(-\dfrac{\pi}{6}\right) = -\tan\dfrac{\pi}{6} = -\dfrac{1}{\sqrt{3}}$

となる． ◇

例題 1.3 A, a, b は正の数，さらに $a \neq 1$, $b \neq 1$ とするとき，
$$\log_b A = \frac{\log_a A}{\log_a b}$$
を示せ．

【解答】 $a^{\log_a A} = A = b^{\log_b A} = (a^{\log_a b})^{\log_b A} = a^{(\log_a b)(\log_b A)}$ であるから，$\log_a A = (\log_a b)(\log_b A)$ となる．したがって，$\log_b A = \dfrac{\log_a A}{\log_a b}$. ◇

問題 1.2.4 次の問に答えよ.

(1) $\sin\dfrac{25\pi}{6}$ の値を求めよ.

(2) $\sin\left(\theta+\dfrac{\pi}{2}\right)+\sin\left(\theta+\dfrac{7\pi}{6}\right)+\sin\left(\theta+\dfrac{11\pi}{6}\right)$ を簡単な式で表せ.

(3) $\cos\theta-\sqrt{3}\sin\theta$ を,$A\sin(\theta+\alpha)$ $(A>0,\,-\pi<\alpha<\pi)$ の形に表せ.

(4) $\tan\theta=-\dfrac{4}{3}$ $\left(-\dfrac{\pi}{2}<\theta<\dfrac{\pi}{2}\right)$ のとき,$\sin\theta$ と $\cos\theta$ の値を求めよ.

(5) $\tan\theta=2$ $\left(-\dfrac{\pi}{2}<\theta<\dfrac{\pi}{2}\right)$ のとき,$\sin\theta$ と $\cos\theta$ の値を求めよ.

(6) $(\log_2 27)\times(\log_9 8)$ を簡単にせよ.

(7) $\alpha=\log_2 5$ とするとき,次の値を α を用いて表せ.

(i) $\log_8 10$ (ii) $\log_5 10$ (iii) $\dfrac{\log_{10} 5}{\log_2 10}$

(8) 連立方程式
$$\begin{cases} 2\log_{10}x+\log_{10}y=1 \\ xy=x-3 \end{cases}$$
を解け.

(9) 方程式 $\log_{10}(\log_{32}x)=-1$ を解け.

例題 1.4 極限値 $\displaystyle\lim_{x\to\infty}x\left(\sqrt{x^2+1}-x\right)$ を求めよ.

【解答】 $\displaystyle\lim_{x\to\infty}x(\sqrt{x^2+1}-x)=\lim_{x\to\infty}\dfrac{x(\sqrt{x^2+1}-x)(\sqrt{x^2+1}+x)}{\sqrt{x^2+1}+x}$
$=\displaystyle\lim_{x\to\infty}\dfrac{x(x^2+1-x^2)}{\sqrt{x^2+1}+x}=\lim_{x\to\infty}\dfrac{1}{\sqrt{1+\frac{1}{x^2}}+1}=\dfrac{1}{2}.$ ◇

問題 1.2.5 次の極限値を求めよ.

(1) $\displaystyle\lim_{n\to\infty}\left(\sqrt{n^4+5n^2-1}-n^2\right)$ (2) $\displaystyle\lim_{x\to 1}\dfrac{x^3+2x^2-x-2}{x^2+x-2}$

(3) $\displaystyle\lim_{x\to\infty}\left(\sqrt{x^2+2x+3}-x\right)$ (4) $\displaystyle\lim_{\theta\to\infty}\dfrac{\cos\theta}{\theta}$

(5) $\displaystyle\lim_{\theta\to 0}\frac{1-\cos\theta}{\theta^2}$ (6) $\displaystyle\lim_{\theta\to 0}\frac{\sin 3\theta}{\sin 5\theta}$ (7) $\displaystyle\lim_{x\to 0}(1+ax)^{\frac{1}{x}}$

(8) $\displaystyle\lim_{x\to\infty}\left(1-\frac{1}{2x}\right)^x$ (9) $\displaystyle\lim_{x\to 0}\frac{5^x-1}{x}$

例題 1.5 次の関数 $f(x)$ の導関数 $f'(x)$ を求めよ.
$$f(x)=(x^3-3x^2+7)^{10}$$

【解答】 合成関数の微分法による.
$$f'(x)=10(x^3-3x^2+7)^9(3x^2-6x)=30(x^2-2x)(x^3-3x^2+7)^9. \quad \diamondsuit$$

問題 1.2.6 次の関数 $f(x)$ の導関数 $f'(x)$ を求めよ.

(1) $f(x)=\dfrac{x^2}{3x+2}$　　　　　　(2) $f(x)=\sqrt{2+x^4}$

(3) $f(x)=(x^3-3x)^{\frac{5}{3}}$　　　　　(4) $f(x)=\sin^5 2x$

(5) $f(x)=\tan^2 x$　　　　　　　(6) $f(x)=e^{x^2-1}$

(7) $f(x)=x\cdot 5^x$　　　　　　　(8) $f(x)=\log(x^3-2x)$

(9) $f(x)=\log(x+\sqrt{x^2+1}\,)$　　(10) $f(x)=\log\sqrt{\dfrac{\sqrt{1+x^2}+x}{\sqrt{1+x^2}-x}}$

例題 1.6 次の不定積分を求めよ.

(1) $\displaystyle\int (x^3+2x^2+3x+4)\,dx$　　(2) $\displaystyle\int \log(3x+4)\,dx$

【解答】 (1) $\dfrac{1}{4}x^4+\dfrac{2}{3}x^3+\dfrac{3}{2}x^2+4x+C$　　(C は積分定数).

(2) $\displaystyle\int \log(3x+4)dx = \int \frac{dx}{dx}\log(3x+4)\,dx = x\log(3x+4)-\int x\cdot\frac{3}{3x+4}\,dx$
$= x\log(3x+4)-\int\frac{3x+4-4}{3x+4}\,dx = x\log(3x+4)-\int\left(1-\frac{4}{3x+4}\right)dx$
$= x\log(3x+4)-x+\dfrac{4}{3}\log(3x+4)+C$
$= \left(x+\dfrac{4}{3}\right)\log(3x+4)-x+C$　　(C は積分定数). $\quad\diamondsuit$

問題 1.2.7 次の不定積分を求めよ．

(1) $\displaystyle\int \frac{dx}{x-2}$
(2) $\displaystyle\int \frac{x^2+3x+4}{x+1}\,dx$
(3) $\displaystyle\int (3\sin\theta + 7\cos 2\theta)\,d\theta$
(4) $\displaystyle\int \frac{\cos x}{\sin x}\,dx$
(5) $\displaystyle\int \sin x \cos 2x\,dx$
(6) $\displaystyle\int e^{2x-1}\,dx$
(7) $\displaystyle\int x\log\sqrt{x-1}\,dx$

例題 1.7 次の定積分を求めよ．
$$\int_{-1}^{2} \sqrt{4-x^2}\,dx$$

【解答】 $x = 2\sin\theta$ とおく．$x = -1$ は $\theta = -\dfrac{\pi}{6}$ に，$x = 2$ は $\theta = \dfrac{\pi}{2}$ に対応する．また $dx = 2\cos\theta\,d\theta$．

$$\begin{aligned}
\int_{-1}^{2} \sqrt{4-x^2}\,dx &= \int_{-\frac{\pi}{6}}^{\frac{\pi}{2}} \sqrt{4-4\sin^2\theta}\cdot 2\cos\theta\,d\theta \\
&= 4\int_{-\frac{\pi}{6}}^{\frac{\pi}{2}} \cos^2\theta\,d\theta = 4\int_{-\frac{\pi}{6}}^{\frac{\pi}{2}} \frac{1+\cos 2\theta}{2}\,d\theta \\
&= 4\left[\frac{\theta}{2} + \frac{\sin 2\theta}{4}\right]_{-\frac{\pi}{6}}^{\frac{\pi}{2}} = \frac{4}{3}\pi + \frac{\sqrt{3}}{2}
\end{aligned}$$

あるいは，被積分関数のグラフを描き，積分の値を図形的に求めてもよい．積分の値は，原点を中心とする半径 2 の円の上半分で直線 $x = -1$ の右側にある部分の面積に等しい．　　◇

問題 1.2.8 次の定積分を計算せよ．

(1) $\displaystyle\int_0^1 \sqrt{4-x^2}\,dx$
(2) $\displaystyle\int_{-1}^4 \sqrt{3x+4}\,dx$
(3) $\displaystyle\int_0^{\frac{\pi}{4}} x\sin x\,dx$
(4) $\displaystyle\int_0^{\frac{\pi}{2}} x\cos x\,dx$
(5) $\displaystyle\int_0^1 (2^x + 3^{2x})\,dx$
(6) $\displaystyle\int_1^4 \left|\frac{1}{x} - \frac{3}{x^2}\right|\,dx$

問題 1.2.9 次の極限値を求めよ．

(1) $\displaystyle\lim_{n\to\infty} \frac{1}{n}\sum_{k=1}^{n} \frac{k}{\sqrt{n^2+k^2}}$

(2) $\displaystyle\lim_{n\to\infty} \frac{\pi}{2n}\sum_{k=1}^{n} \sin\frac{k\pi}{2n}$

(3) $\displaystyle\lim_{n\to\infty} \left(\frac{1}{n} + \frac{1}{n+1} + \cdots + \frac{1}{2n-1}\right)$

2 極限値と関数

2.1 極限値

例題 2.1 次の式で与えられる数列 $\{a_n\}$ の $n \to \infty$ での極限値を求めよ.
(1) $a_n = \left(1 - \dfrac{2}{n}\right)^n$
(2) $a_n = \dfrac{1 + 2 + \cdots + n}{n^2}$

【解答】(1) $\displaystyle\lim_{n \to \pm\infty}\left(1 + \dfrac{1}{n}\right)^n = e$ となることを認めよう. すると,

$$\lim_{n \to \infty}\left(1 - \dfrac{2}{n}\right)^n = \lim_{n \to \infty}\left\{\left(1 + \dfrac{1}{-\frac{n}{2}}\right)^{-\frac{n}{2}}\right\}^{-2} = e^{-2} = \dfrac{1}{e^2}.$$

$\left(\text{一般に, } \displaystyle\lim_{n \to \pm\infty}\left(1 + \dfrac{a}{n}\right)^n = e^a \text{ が成り立つことに気を付けよう.}\right)$

(2) $\displaystyle\lim_{n \to \infty} \dfrac{1 + 2 + \cdots + n}{n^2} = \lim_{n \to \infty} \dfrac{1}{n^2} \dfrac{n(n+1)}{2} = \lim_{n \to \infty} \dfrac{1 + \frac{1}{n}}{2} = \dfrac{1}{2}$.

（別解） $\displaystyle\lim_{n \to \infty} \dfrac{1 + 2 + \cdots + n}{n^2} = \lim_{n \to \infty} \dfrac{1}{n}\left(\dfrac{1}{n} + \dfrac{2}{n} + \cdots + \dfrac{n}{n}\right)$
$= \displaystyle\int_0^1 x\,dx = \dfrac{1}{2}$. $\diamondsuit$

問題 2.1.1 次の式で与えられる数列 $\{a_n\}$ の $n \to \infty$ での極限値を求めよ.

(1) $a_n = 1 + \left(\dfrac{-1}{2}\right)^n$ 　　(2) $a_n = \dfrac{2^n - 1}{3^n + 1}$

(3) $a_n = a^{\frac{1}{n}} \quad (a > 0)$ 　　(4) $a_n = n^{\frac{1}{n}}$

(5) $a_n = \dfrac{a^n}{n^k} \quad (a > 1,\ k = 1, 2, \ldots)$ 　　(6) $a_n = \dfrac{a^n}{n!}$

(7) $a_n = \dfrac{\cos n}{n}$ (8) $a_n = (a^n + b^n + c^n)^{\frac{1}{n}}$ $(0 < a < b < c)$

(9) $a_n = \dfrac{1^2 + 2^2 + \cdots + n^2}{n^3}$

(10) $a_n = \dfrac{1^k + 2^k + \cdots + n^k}{n^{k+1}}$ $(k = 3, 4, \ldots)$

例題 2.2 初めの2項が $a_1 = 1$, $a_2 = p \neq 1$ で与えられ，
$$a_n = 3a_{n-1} - 2a_{n-2} \quad (n \geqq 3)$$
で一般項が定まる数列 $\{a_n\}$ について，次の問に答えよ．

(1) a_n を n の式で表せ．

(2) $\displaystyle\lim_{n \to \infty} \dfrac{a_{n+1}}{a_n}$ を計算せよ．

【解答】 (1) $n \geqq 3$ として，$a_n = 3a_{n-1} - 2a_{n-2}$ から $a_n - a_{n-1} = 2(a_{n-1} - a_{n-2})$. この関係を繰り返し用いて，
$$a_n - a_{n-1} = 2(a_{n-1} - a_{n-2}) = \cdots = 2^{n-2}(a_2 - a_1) = (p-1)2^{n-2}.$$
これを $n = 2$ から n まで加えると，$a_n - a_1 = (p-1)\dfrac{2^{n-1} - 1}{2 - 1}$. したがって，
$$a_n = (p-1)(2^{n-1} - 1) + 1 \quad (n = 1 \text{ でも成立}).$$

(2) $\displaystyle\lim_{n \to \infty} \dfrac{a_{n+1}}{a_n} = \lim_{n \to \infty} \dfrac{(p-1)(2^n - 1) + 1}{(p-1)(2^{n-1} - 1) + 1}$
$= \displaystyle\lim_{n \to \infty} \dfrac{(p-1)(2 - \frac{1}{2^{n-1}}) + \frac{1}{2^{n-1}}}{(p-1)(1 - \frac{1}{2^{n-1}}) + \frac{1}{2^{n-1}}} = 2.$ ◇

問題 2.1.2 次の式で定義される数列の極限値を求めよ．

(1) $a_1 = 2, \quad a_n = \dfrac{1}{2}(a_{n-1} + 1) \quad (n \geqq 2)$

(2) $a_1 = 1, \quad a_n = \dfrac{n}{n+1} a_{n-1} \quad (n \geqq 2)$

(3) $a_1 > 0, \quad a_{n+1} = \dfrac{2}{2 + a_n} \quad (n \geqq 1)$

(4)　$a_1 = 1$,　$a_{n+1} = 1 + \dfrac{1}{a_n}$　$(n \geqq 1)$

2.2　関数の極限値

- 極限値の記号として教科書によって,
$$\lim_{x \to a+0},\quad \lim_{x \to a-0} \quad \left(a = 0 \text{ のときには } \lim_{x \to +0},\ \lim_{x \to -0}\right)$$
の代わりに,
$$\lim_{x \to a+},\quad \lim_{x \to a-}$$
を使うものがある.

例題 2.3　極限値　$\displaystyle\lim_{x \to 0} \frac{e^{ax} - e^{bx}}{x}$　を求めよ.

【解答】
$$\lim_{x \to 0} \frac{e^{ax} - e^{bx}}{x} = \lim_{x \to 0} \frac{(e^{ax} - 1) - (e^{bx} - 1)}{x}$$
$$= \lim_{x \to 0}\left(a \cdot \frac{e^{ax} - 1}{ax} - b \cdot \frac{e^{bx} - 1}{bx}\right) = a - b\ . \qquad \diamondsuit$$

問題 2.2.1　次の極限値を求めよ.

(1)　$\displaystyle\lim_{x \to 0} \frac{\sin ax - \sin bx}{x}$　$(ab \neq 0)$

(2)　$\displaystyle\lim_{x \to 0} \frac{a^x - b^x}{x}$　$(a, b > 0)$

(3)　$\displaystyle\lim_{x \to 0} \frac{\mathrm{Sin}^{-1} ax - \mathrm{Sin}^{-1} bx}{x}$

(4)　$\displaystyle\lim_{x \to +0} \frac{x^a - x^b}{x}$

(5)　$\displaystyle\lim_{x \to 0} \frac{\tan ax - \tan bx}{x}$　$(ab \neq 0)$

(6)　$\displaystyle\lim_{x \to \frac{\pi}{3}} \frac{\sin(x + \frac{\pi}{6}) - 1}{x - \frac{\pi}{3}}$

(7)　$\displaystyle\lim_{x \to 0} \frac{1 - \cos x}{x \tan x}$

(8)　$\displaystyle\lim_{x \to 0} \frac{\tan(\sin x)}{\tan x}$

(9)　$\displaystyle\lim_{x \to 0} \frac{x}{3^x - 2^x}$

(10)　$\displaystyle\lim_{x \to 0}\left(\frac{1}{\sin x} - \frac{1}{x}\right)$

(11) $\displaystyle\lim_{x\to\frac{\pi}{2}-0}\left(\frac{\pi}{2}-x\right)\tan x$ （12） $\displaystyle\lim_{x\to 1}x^{\frac{1}{1-x}}$

(13) $\displaystyle\lim_{x\to 0}(\cos x)^{\frac{1}{x^2}}$ （14） $\displaystyle\lim_{x\to +0}\frac{\log(\tan 2x)}{\log(\tan x)}$

2.3 逆三角関数

逆三角関数を表す記号も教科書によってさまざまである．$\mathrm{Sin}^{-1}x$, $\mathrm{Cos}^{-1}x$, $\mathrm{Tan}^{-1}x$ の代わりに，

$\sin^{-1}x$, $\cos^{-1}x$, $\tan^{-1}x$ や $\mathrm{Arcsin}\,x$, $\mathrm{Arccos}\,x$, $\mathrm{Arctan}\,x$

と書いてあるものもある．

問題 2.3.1 次の値を求めよ．
 (1) $\mathrm{Sin}^{-1}\left(-\dfrac{1}{2}\right)$ (2) $\mathrm{Tan}^{-1}\dfrac{1}{\sqrt{3}}$ (3) $\displaystyle\lim_{x\to\infty}\mathrm{Tan}^{-1}x$

問題 2.3.2 次の関数 $f(x)$ について，$y=f(x)$ のグラフの概形を描け．
 (1) $f(x)=\mathrm{Sin}^{-1}x$ (2) $f(x)=\mathrm{Cos}^{-1}x$ (3) $f(x)=\mathrm{Tan}^{-1}x$

問題 2.3.3 次の方程式を解け．
 (1) $\mathrm{Cos}^{-1}x=\mathrm{Tan}^{-1}2$ (2) $\mathrm{Sin}^{-1}x+2\mathrm{Sin}^{-1}\dfrac{1}{4}=\dfrac{\pi}{2}$
 (3) $\mathrm{Tan}^{-1}x+2\mathrm{Tan}^{-1}\dfrac{1}{3}=\dfrac{\pi}{4}$

問題 2.3.4 次の関数の定義域を述べ，値を求めよ．
 (1) $\mathrm{Sin}^{-1}x+\mathrm{Cos}^{-1}x$ (2) $\mathrm{Tan}^{-1}x+\mathrm{Tan}^{-1}\dfrac{1}{x}$

例題 2.4 次の等式を証明せよ.
$$\cos(\mathrm{Sin}^{-1} x) = \sqrt{1-x^2} \quad (-1 \leqq x \leqq 1)$$

【解答】 $y = \mathrm{Sin}^{-1} x$ は $-1 \leqq x \leqq 1$ で $-\dfrac{\pi}{2} \leqq y \leqq \dfrac{\pi}{2}$ という条件を満たす. この y の値の範囲で $\cos y \geqq 0$ であるから,$\cos y = \sqrt{1 - \sin^2 y}$. これに $y = \mathrm{Sin}^{-1} x$ を代入すれば,$\cos(\mathrm{Sin}^{-1} x) = \sqrt{1 - \sin^2(\mathrm{Sin}^{-1} x)} = \sqrt{1-x^2}$ を得る. ◇

問題 2.3.5 次の等式を証明せよ.

(1) $\sin(\mathrm{Cos}^{-1} x) = \sqrt{1-x^2} \quad (-1 \leqq x \leqq 1)$

(2) $\sin(\mathrm{Tan}^{-1} x) = \dfrac{x}{\sqrt{1+x^2}}$

(3) $\cos(\mathrm{Tan}^{-1} x) = \dfrac{1}{\sqrt{1+x^2}}$

(4) $\mathrm{Sin}^{-1} x = 2\mathrm{Tan}^{-1} \sqrt{\dfrac{1+x}{1-x}} - \dfrac{\pi}{2} \quad (-1 \leqq x < 1)$

問題 2.3.6 実数 x_1, x_2 について,$y_1 = \mathrm{Tan}^{-1} x_1$,$y_2 = \mathrm{Tan}^{-1} x_2$ とおく. このとき,次の等式が成り立つかどうかを述べよ. もし成り立たなければ,どのように修正すればよいか.

(1) $\tan(y_1 + y_2) = \dfrac{x_1 + x_2}{1 - x_1 x_2}$

(2) $y_1 + y_2 = \mathrm{Tan}^{-1}\left(\dfrac{x_1 + x_2}{1 - x_1 x_2}\right)$

3 微分係数と導関数

3.1 微分係数と導関数

- $a \in \mathbb{R}$ の近くで定義された関数 $f(x)$ の a における**微分係数**とは極限値
$$\lim_{x \to a} \frac{f(x) - f(a)}{x - a}$$
のことである．これを $f'(a)$ とか $\dfrac{df}{dx}(a)$ 等の記号で表す．

- 実数のある区間で定義された関数 $f(x)$ がその区間の各点 x で微分係数 $f'(x)$ を持つとき，対応関係 $x \to f'(x)$ で定義される関数を $f(x)$ の**導関数**という．この関数を $f'(x)$ とか $\dfrac{df}{dx}(x)$ 等の記号で表す．

例題 3.1 次の関数の導関数を定義に従って計算せよ．

(1) $f(x) = \sqrt{x}$ 　　　　　　(2) $f(x) = \dfrac{1}{x}$

【解答】 (1) $f'(x) = \displaystyle\lim_{h \to 0} \frac{\sqrt{x+h} - \sqrt{x}}{h}$
$= \displaystyle\lim_{h \to 0} \frac{(\sqrt{x+h} - \sqrt{x})(\sqrt{x+h} + \sqrt{x})}{h(\sqrt{x+h} + \sqrt{x})} = \lim_{h \to 0} \frac{h}{h(\sqrt{x+h} + \sqrt{x})} = \frac{1}{2\sqrt{x}}.$

(2) $f'(x) = \displaystyle\lim_{h \to 0} \frac{\frac{1}{x+h} - \frac{1}{x}}{h} = \lim_{h \to 0} \frac{x - (x+h)}{h(x+h)x} = \lim_{h \to 0} \frac{-h}{h(x+h)x} = -\frac{1}{x^2}.$ ◇

問題 3.1.1 次の関数の導関数を定義に従って計算せよ．

(1) $f(x) = \dfrac{1}{\sqrt{x}}$ 　　　　　　(2) $f(x) = \dfrac{1}{x^2}$

(3) $f(x) = \sin x$ 　　　　　　(4) $f(x) = \log x$

例題 3.2 次の関数の導関数を計算せよ．

(1) $\left(\dfrac{x-1}{x^2+1}\right)^3$ (2) $\mathrm{Tan}^{-1}\dfrac{a\tan\dfrac{x}{2}+b}{\sqrt{a^2-b^2}}$ (3) $\dfrac{(\alpha x+\beta)\sqrt{\gamma x+\delta}}{\sqrt{ax^2+2bx+c}}$

ただし，(3) は $\gamma x+\delta>0$, $ax^2+2bx+c>0$ となる x の範囲で考える．

【解答】 (1) $\dfrac{d}{dx}\left(\dfrac{x-1}{x^2+1}\right)^3=3\left(\dfrac{x-1}{x^2+1}\right)^2\dfrac{1\cdot(x^2+1)-(x-1)\cdot 2x}{(x^2+1)^2}$

$=\dfrac{3(x-1)^2(-x^2+2x+1)}{(x^2+1)^4}.$

(2) $\dfrac{d}{dx}\mathrm{Tan}^{-1}\dfrac{a\tan\dfrac{x}{2}+b}{\sqrt{a^2-b^2}}=\dfrac{1}{1+\dfrac{\left(a\tan\dfrac{x}{2}+b\right)^2}{a^2-b^2}}\cdot\dfrac{a}{\sqrt{a^2-b^2}}\cdot\dfrac{1}{\cos^2\dfrac{x}{2}}\cdot\dfrac{1}{2}$

$=\dfrac{1}{2}\cdot\dfrac{a\sqrt{a^2-b^2}}{(a^2-b^2)\cos^2\dfrac{x}{2}+\left(a\sin\dfrac{x}{2}+b\cos\dfrac{x}{2}\right)^2}$

$=\dfrac{1}{2}\cdot\dfrac{a\sqrt{a^2-b^2}}{a^2\left(\cos^2\dfrac{x}{2}+\sin^2\dfrac{x}{2}\right)+2ab\sin\dfrac{x}{2}\cos\dfrac{x}{2}}=\dfrac{1}{2}\cdot\dfrac{\sqrt{a^2-b^2}}{a+b\sin x}.$

(3) 対数微分法を使うと簡単になる．与えられた関数を y とおくと，

$$\log|y|=\log(\alpha x+\beta)+\frac{1}{2}\log(\gamma x+\delta)-\frac{1}{2}\log(ax^2+2bx+c).$$

したがって，

$$\frac{y'}{y}=\frac{\alpha}{\alpha x+\beta}+\frac{1}{2}\cdot\frac{\gamma}{\gamma x+\delta}-\frac{1}{2}\cdot\frac{2ax+2b}{ax^2+2b+c}$$

となり，

$$y'=\frac{(\alpha x+\beta)\sqrt{\gamma x+\delta}}{\sqrt{ax^2+2bx+c}}\left(\frac{\alpha}{\alpha x+\beta}+\frac{1}{2}\cdot\frac{\gamma}{\gamma x+\delta}-\frac{ax+b}{ax^2+2bx+c}\right).\quad\diamondsuit$$

問題 3.1.2 次の関数の導関数を求めよ．

(1) $f(x)=12x^5+15x^4+20x^3$ (2) $f(x)=(x^2+x+1)^{10}$

(3) $f(x)=\sqrt{x+2\sqrt{x}}$ (4) $f(x)=\sqrt{x+2\sqrt{x+2\sqrt{x}}}$

(5)　$f(x) = \dfrac{(x+1)^2}{(x-2)^3(x+3)^4}$　　　　(6)　$f(x) = \sqrt[3]{\dfrac{x^2+1}{(x-1)^3}}$

(7)　$f(x) = \sqrt{\dfrac{1-\sqrt{x}}{1+\sqrt{x}}}$　　　　(8)　$f(x) = \dfrac{\sqrt{a^2+x^2}+\sqrt{a^2-x^2}}{\sqrt{a^2+x^2}-\sqrt{a^2-x^2}}$

問題 3.1.3 次の関数の導関数を求めよ．

(1)　$f(x) = \sin^3(\sqrt{x}+4)$　　　　(2)　$f(x) = \cos\dfrac{1}{x}$

(3)　$f(\theta) = \sin(\tan(\sin\theta))$　　　　(4)　$f(\theta) = \dfrac{1}{1+\tan\theta}$

(5)　$f(x) = \sqrt{\dfrac{1+\cos x}{1+\sin x}}$

問題 3.1.4 次の関数の導関数を求めよ．

(1)　$f(x) = \dfrac{\mathrm{Tan}^{-1} x}{1+x^2}$　　　　(2)　$f(x) = (\mathrm{Sin}^{-1} x)^2$

(3)　$f(x) = \mathrm{Sin}^{-1}(x^2)$　　　　(4)　$f(x) = \mathrm{Tan}^{-1}\sqrt{1-x}$

(5)　$f(x) = \sinh(x^2)$　　　　(6)　$f(x) = \sinh x \cosh x$

問題 3.1.5 次の関数の導関数を求めよ．

(1)　$f(x) = x^{\sqrt{x}}$　　　　(2)　$f(x) = (\sin x)^{\cos x}$

(3)　$f(x) = ((\sin x)^{\cos x})^{\sin x}$　　　　(4)　$f(x) = (\cos x)^{(\sin x)^{\cos x}}$

問題 3.1.6 次の関数の導関数を求めよ．

(1)　$f(x) = e^x \log x$　　　　(2)　$f(x) = e^{-x^2}$

(3)　$f(x) = x^{\log x}$　　　　(4)　$\log(\log x)$

(5)　$f(x) = a^{x^2+2x}$　　$(a > 0)$

問題 3.1.7 次の関数の $x=a$ での微分係数を計算せよ $(a \neq 0)$.

(1) $f(x) = \cos\left(\dfrac{x}{x^2+a^2}\right)$
(2) $f(x) = \sin\left(\dfrac{x}{x^2+a^2}\right)$

(3) $f(x) = \log\left(\dfrac{x}{x^2+a^2}\right)$ $(a > 0)$
(4) $f(x) = \exp\left(\dfrac{x}{x^2+a^2}\right)$

(5) $f(x) = \tan\left(\dfrac{x}{x^2+a^2}\right)$

注意 $\exp x$ は指数関数 e^x のもう一つの表記法である．したがって，(4) は関数 $f(x) = e^{\frac{x}{x^2+a^2}}$ を表す．exp はこのように指数部分が複雑な場合の使用に適する．

3.2 導関数の応用，高階導関数，テイラーの定理

- この節の例題または問題の解答で使われる記号を導入する．

[床関数] 実数 p に対して

$$\lfloor p \rfloor = (p \text{ を越えない最大の整数})$$

とおく．これを**床関数** (floor function) と呼ぶ．これは $[p]$ とも書かれる（ガウス記号）が，それでは普通のカギ括弧と紛らわしいだろう．

[$n!$ と $n!!$] 整数 $n \geqq 0$ に対して

$$n! = \begin{cases} 1 & (n=0 \text{ のとき}) \\ 1 \cdot 2 \cdots n & (n=1,2,\cdots \text{ のとき}) \end{cases}$$

とおく．これを n の**階乗**という．

整数 $n \geqq -1$ に対して

$$n!! = \begin{cases} 1 & (n=0,-1 \text{ のとき}) \\ 1 \cdot 3 \cdots n & (n=1,3,\cdots (\text{正奇数}) \text{ のとき}) \\ 2 \cdot 4 \cdots n & (n=2,4,\cdots (\text{正偶数}) \text{ のとき}) \end{cases}$$

とする．

[ランダウの記号] $x=a$ の近くで定義された関数 $f(x)$ の $x \to a$ のときの性質について次の記号を導入する．

$$\frac{f(x)}{(x-a)^m} \ (x \neq a) \ \text{が} \ x=a \ \text{の近くで有界である}$$

ことを

$$f(x) = O((x-a)^m) \ (x \to a) \quad (\text{または} \ f(x) = O(x-a)^m \ (x \to a))$$

と書く．この記号 O を（ランダウの）ラージオーダーと読む．

$$\lim_{x \to a} \frac{f(x)}{(x-a)^m} = 0$$

であることを

$$f(x) = o((x-a)^m) \ (x \to a) \quad (\text{または} \ f(x) = o(x-a)^m \ (x \to a))$$

と書く．この記号 o を（ランダウの）スモールオーダーと読む．

これらの記号は**左辺にあるものの性質を右辺で説明する**ための記号であって，ランダウの記号のすぐ左にある等号 "=" は本来の意味の等号ではない．例えば，$x \to 1$ のとき

$$3(x-1)^2 = O((x-1)^2), \ 3(x-1)^2 = o((x-1)), \ O((x-1)^2) = o((x-1))$$

はそれぞれ正しい式であるが，

$$O((x-1)^2) = 3(x-1)^2, \ o((x-1)) = 3(x-1)^2, \ o((x-1)) = O((x-1)^2)$$

等は正しい式ではない．

例題 3.3 次の関数の増減を調べ，極値を求めよ．

$$f(x) = x^2 e^x$$

【解答】 $y = f(x)$ を微分して $y' = (2x + x^2)e^x$ を得る．$y' = 0$ となるのは $x = -2$ のときと $x = 0$ のときである．y の増減表は次のようになる．

x	$\cdots$	-2	$\cdots$	0	$\cdots$
y'	$+$	0	$-$	0	$+$
y	↗	$4e^{-2}$	↘	0	↗

これから，$x=-2$ のとき極大値 $4e^{-2}$，$x=0$ のとき極小値 0 を得る． $\diamondsuit$

問題 3.2.1 次の関数の増減を調べ，極値を求めよ．

(1) $f(x) = e^{-x^2}$
(2) $f(x) = x^5 - 15x^3 + 1$
(3) $f(x) = x \log x$
(4) $f(x) = \dfrac{1-x}{x^2+3}$
(5) $f(x) = |\sin x|$
(6) $f(x) = |1 - x^2|$
(7) $f(x) = (\sin x)(1 + \cos x)$

例題 3.4 ロピタルの定理を用いて次の極限値を求めよ．

(1) $\displaystyle \lim_{x \to 0} \frac{10^x - 2^x}{x}$
(2) $\displaystyle \lim_{x \to 0} \left(\frac{1}{x} - \frac{1}{e^x - 1} \right)$

【解答】 (1) $\displaystyle \lim_{x \to 0} \frac{10^x - 2^x}{x} = \lim_{x \to 0} \frac{(\log 10) 10^x - (\log 2) 2^x}{1}$
$= \log 10 - \log 2 = \log 5.$

(2) $\displaystyle \lim_{x \to 0} \left(\frac{1}{x} - \frac{1}{e^x - 1} \right) = \lim_{x \to 0} \frac{e^x - 1 - x}{x(e^x - 1)} = \lim_{x \to 0} \frac{e^x - 1}{(e^x - 1) + x e^x}$
$= \displaystyle \lim_{x \to 0} \frac{e^x}{2 e^x + x e^x} = \frac{1}{2}.$ $\diamondsuit$

問題 3.2.2 必要に応じてロピタルの定理を用いて次の極限値を求めよ．ただし，$a > 0$, $b > 0$ とする．

(1) $\displaystyle \lim_{x \to \infty} x \log \frac{x-1}{x+1}$
(2) $\displaystyle \lim_{x \to \frac{\pi}{2}} \frac{2^{\sin x} - 2}{\log(\sin x)}$
(3) $\displaystyle \lim_{x \to +0} \frac{\log(\sin ax)}{\log(\sin bx)}$
(4) $\displaystyle \lim_{x \to \infty} x \left(\frac{\pi}{2} - \mathrm{Tan}^{-1} x \right)$

(5) $\displaystyle\lim_{x\to 1}\frac{x^x-x}{x-\log x-1}$ (6) $\displaystyle\lim_{x\to +0}\left(\frac{a^x+b^x}{2}\right)^{\frac{1}{x}}$

例題 3.5 次の曲線の与えられた点 P における接線を求めよ．

(1) $y=\mathrm{Sin}^{-1}\dfrac{x}{2}$ $(-2\leqq x\leqq 2)$, P は x 座標が 1 の点

(2) $\begin{cases} x=\sinh t \\ y=\cosh t \end{cases}$ $(-\infty<t<\infty)$, P は $t=\log 2$ に対応する点

【解答】 (1) $[y]_{x=1}=\mathrm{Sin}^{-1}\dfrac{1}{2}=\dfrac{\pi}{6}$.

$\dfrac{dy}{dx}=\dfrac{1}{\sqrt{1-\left(\dfrac{x}{2}\right)^2}}\cdot\dfrac{1}{2}$, $\left[\dfrac{dy}{dx}\right]_{x=1}=\dfrac{1}{\sqrt{3}}$.

したがって，接線の方程式は $y-\dfrac{\pi}{6}=\dfrac{1}{\sqrt{3}}(x-1)$, すなわち $y=\dfrac{x}{\sqrt{3}}+\dfrac{\pi}{6}-\dfrac{1}{\sqrt{3}}$.

(2) $[x]_{t=\log 2}=\dfrac{3}{4}$, $[y]_{t=\log 2}=\dfrac{5}{4}$,

$\dfrac{dx}{dt}=\cosh t$, $\left[\dfrac{dx}{dt}\right]_{t=\log 2}=\dfrac{5}{4}$, $\dfrac{dy}{dt}=\sinh t$, $\left[\dfrac{dy}{dt}\right]_{t=\log 2}=\dfrac{3}{4}$.

したがって，接線の方程式は，

$\begin{cases} x=\dfrac{5}{4}\lambda+\dfrac{3}{4} \\ y=\dfrac{3}{4}\lambda+\dfrac{5}{4} \end{cases}$ （λ は媒介変数），あるいは $y=\dfrac{3}{5}x+\dfrac{4}{5}$. ◇

問題 3.2.3 xy 平面上の次の曲線の与えられた点 P における接線を求めよ．

(1) $x^2-y^2-3x-y+2=0$, P$(1,0)$

(2) $x^3-6xy+y^3=0$, P$(3,3)$

(3) $x^{\frac{2}{3}}+y^{\frac{2}{3}}=a^{\frac{2}{3}}$ $(a>0)$, P はこの曲線上の点 (x_0,y_0), ただし $x_0 y_0\neq 0$

(4) $\begin{cases} x=2t+1 \\ y=4t^2-1 \end{cases}$, P は $t=1$ に対応する点

(5) $\begin{cases} x = a(t - \sin t) \\ y = a(1 - \cos t) \end{cases}$, P は $t = \dfrac{\pi}{4}$ に対応する点

注意 上の (1)〜(3) は，偏微分の項で陰関数の定理を学んだ後に挑戦すべき問題として後回しにしてもよい．

例題 3.6 $x \neq 0$ のとき，不等式 $1 - \dfrac{x^2}{2} < \cos x$ を示せ．

【解答】 $f(x) = \cos x - 1 + \dfrac{x^2}{2}$ とおけば，$f(0) = 0$, $f'(x) = -\sin x + x > 0 \; (x > 0)$ である．したがって $x > 0$ ならば $f(x) > 0$ である．$f(-x) = f(x)$ であるから，$x < 0$ のときも $f(x) > 0$ である． $\diamondsuit$

問題 3.2.4 次の不等式を示せ．

(1) $x - \dfrac{x^3}{6} < \sin x \quad (x > 0)$

(2) $x - \dfrac{x^3}{3} < \mathrm{Tan}^{-1} x < x \quad (x > 0)$

(3) $\mathrm{Tan}^{-1} x > \dfrac{x}{1 + x^2} \quad (x > 0)$

(4) $e^x > 1 + x \quad (x \neq 0)$

(5) $\log x < x - 1 \quad (x > 0, x \neq 1)$

(6) $e^x > \displaystyle\sum_{k=0}^{n} \dfrac{x^k}{k!} \quad (x > 0)$

(7) $e^x > \displaystyle\sum_{k=0}^{n} \dfrac{x^k}{k!} \quad (k : 奇数, x < 0)$

(8) $e^x < \displaystyle\sum_{k=0}^{n} \dfrac{x^k}{k!} \quad (k : 偶数, x < 0)$

例題 3.7 次の関数の n 次の導関数を求めよ.

(1) $y = a^x$ (2) $y = \dfrac{1}{x^2 - x - 2}$

【解答】 (1) $y' = a^x \log a$, $y'' = a^x (\log a)^2$. 一般に $y^{(n)} = a^x (\log a)^n$ となる.

(2) 与えられた関数を部分分数に分解して, $y = \dfrac{1}{3}\left(\dfrac{1}{x-2} - \dfrac{1}{x+1}\right)$. これを n 回微分すれば, $y^{(n)} = \dfrac{(-1)^n n!}{3}\left\{\dfrac{1}{(x-2)^{n+1}} - \dfrac{1}{(x+1)^{n+1}}\right\}$. ◇

問題 3.2.5 次の関数の n 次の導関数を求めよ.

(1) $y = \log(1+x)$ (2) $y = \sin 2x$

(3) $\sin^2 x$ (4) $y = \dfrac{1}{\sqrt{1+x}}$

(5) $y = x^2 e^{-x}$ (6) $y = e^x \sin x$

(7) $y = (2x^2 + 1)e^{2x}$ (8) $y = x^3 \log x$

(9) $y = \dfrac{1+x}{1-2x}$ (10) $y = \dfrac{3x}{1+x}$

(11) $y = \dfrac{1}{x^2 - 3x - 4}$ (12) $y = \dfrac{1}{x^2 - 5x + 6}$

問題 3.2.6 次の関数について, $f''(a)$ を求めよ.

(1) $f(x) = \dfrac{1}{x^2 + a^2}$ (2) $f(x) = \dfrac{x}{x^2 + a^2}$

(3) $f(x) = \dfrac{x^2}{x^2 + a^2}$ (4) $f(x) = \dfrac{1}{(x^2 + a^2)^2}$

(5) $f(x) = \dfrac{x}{(x^2 + a^2)^2}$

例題 3.8 $\sin x$ にマクローリンの定理を適用して第 n 次の剰余項まで展開せよ.

【解答】 $\sin x$ の k 次の導関数は $(\sin x)^{(k)} = \sin\left(x + \dfrac{k\pi}{2}\right)$ である.これをマクローリンの定理に代入して,

$$\sin x = x + \frac{\sin\left(\dfrac{2\pi}{2}\right)}{2}x^2 + \cdots + \frac{\sin\left(\dfrac{(n-1)\pi}{2}\right)}{(n-1)!}x^{n-1} + \frac{\sin\left(\theta x + \dfrac{n\pi}{2}\right)}{n!}x^n$$

$$= \sum_{k=0}^{n-1} \frac{\sin\left(\dfrac{k\pi}{2}\right)}{k!}x^k + \frac{\sin\left(\theta x + \dfrac{n\pi}{2}\right)}{n!}x^n \quad (0 < \theta < 1). \qquad (\star) \quad \diamondsuit$$

解説 普通 $\sin x$ のマクローリン展開は式 $(\star)$ の形で書かれることは少ない.このことについて説明しておく.まず,次のことを注意する.

$$\sin\frac{k\pi}{2} = \begin{cases} (-1)^m & (k = 2m+1) \\ 0 & (k = 2m) \end{cases}, \quad \cos\frac{k\pi}{2} = \begin{cases} (-1)^m & (k = 2m) \\ 0 & (k = 2m+1) \end{cases}.$$

ただし,$m = 0, 1, 2, \cdots$ である.これを用いると式 $(\star)$ は

$$\sin x = \sum_{m=0}^{\lfloor \frac{n}{2} \rfloor - 1} \frac{(-1)^m}{(2m+1)!} x^{2m+1} + \frac{\sin\left(\theta x + \dfrac{n\pi}{2}\right)}{n!} x^n \quad (0 < \theta < 1)$$

と書かれる.この展開を n が奇数 $n = 2l+1$ のときに書くと,そのときは $\sin\left(\theta x + \dfrac{(2l+1)\pi}{2}\right) = (-1)^l \cos\theta x$ であるから

$$\sin x = \sum_{m=0}^{l-1} \frac{(-1)^m}{(2m+1)!} x^{2m+1} + \frac{(-1)^l \cos\theta x}{(2l+1)!} x^{2l+1} \quad (0 < \theta < 1)$$

となる.$n = 2l$(偶数)のときには,剰余項は $\dfrac{(-1)^l \sin\theta x}{(2l)!} x^{2l}$ となる.

問題 3.2.7 次の関数にマクローリンの定理を適用して,第 n 次の剰余項まで展開せよ.

(1) e^x (2) $a^x \quad (a > 0)$ (3) $\sqrt{1+x}$

(4) $\log(1+cx)$ (5) $\cos x$

問題 3.2.8 e^x にテイラーの定理を適用して, $x = \dfrac{1}{2}$ を中心とする展開を第 n 次の剰余項まで求めよ.

例題 3.9 次の極限値を求めよ.

(1) $\displaystyle\lim_{x\to\infty} \dfrac{e^x}{x^\alpha}$ $(\alpha > 0)$ (2) $\displaystyle\lim_{x\to 0} \dfrac{e - (1+x)^{\frac{1}{x}}}{x}$

【解答】 (1) $x > 1$ としてよい.

$$e^x > 1 + x + \frac{x^2}{2} + \cdots + \frac{1}{(n+1)!}x^{n+1} > \frac{1}{(n+1)!}x^{n+1}$$

である (e^x のマクローリン展開の剰余項が正であることに注意せよ. または 問題 3.2.4 (6) を参照せよ). このことと, $n > \alpha$ である自然数 n については $x^n > x^\alpha$ が成り立つことから,

$$\frac{e^x}{x^\alpha} > \frac{e^x}{x^n} > \frac{1}{(n+1)!}\frac{x^{n+1}}{x^n} = \frac{x}{(n+1)!} \to \infty \quad (x \to \infty)$$

を得る.

(2) x が十分小さい場合を考えれば十分である (このことを「$|x| \ll 1$ としてよい」と書くことがある). $\log(1+x)$ のマクローリン展開

$$\log(1+x) = x - \frac{x^2}{2} + O(x^3)$$

から, $\dfrac{1}{x}\log(1+x) = 1 - \dfrac{x}{2} + o(x)$ である. したがって,

$$\begin{aligned}(1+x)^{\frac{1}{x}} &= \exp\left\{\frac{1}{x}\log(1+x)\right\} = e^{1-\frac{x}{2}+o(x)} \\ &= e \cdot e^{-\frac{x}{2}+o(x)} = e\left(1 - \frac{x}{2} + o(x)\right).\end{aligned}$$

これから,

$$\lim_{x\to 0}\frac{e - (1+x)^{\frac{1}{x}}}{x} = \lim_{x\to 0}\frac{e - e\left(1 - \dfrac{x}{2} + o(x)\right)}{x} = \frac{e}{2}. \qquad \diamond$$

問題 3.2.9 次の極限値を求めよ.

(1) $\displaystyle\lim_{x\to +0}\dfrac{e^{-\frac{1}{x}}}{x}$ (2) $\displaystyle\lim_{x\to 0}\left(\dfrac{1}{x^2} - \dfrac{1}{\sin^2 x}\right)$ (3) $\displaystyle\lim_{x\to 0}\left(\dfrac{1+x}{1-x}\right)^{\frac{1}{x}}$

例題 3.10 関数 $f(x) = \mathrm{Tan}^{-1} x$ のマクローリン級数を求めよ.

【解答】 $f^{(n)}(0)$ を求めて，マクローリン級数の公式に代入する．まず，
$$f'(x) = \frac{1}{1+x^2} \quad \text{から} \quad f'(x) \cdot (1+x^2) = 1.$$
これにライプニッツの公式を適用して k 回微分すると，

$k=1$ のとき $f''(x) \cdot (1+x^2) + f'(x) \cdot 2x = 0,$

$k \geqq 2$ のとき
$$f^{(k+1)}(x) \cdot (1+x^2) + k f^{(k)}(x) \cdot 2x + \frac{k(k-1)}{2} f^{(k-1)}(x) \cdot 2 = 0.$$

これらの式で $x=0$ とおくことにより，
$$f'(0) = 1, \quad f''(0) = 0, \quad f^{(k+1)}(0) = -k(k-1) f^{(k-1)}(0).$$
$$\therefore f^{(2m)}(0) = 0, \quad f^{(2m+1)}(0) = (-1)^m (2m)! \quad (m = 0, 1, 2, \cdots)$$

となる．これから
$$f(x) = x - \frac{1}{3} x^3 + \frac{1}{5} x^5 + \cdots + \frac{(-1)^m}{2m+1} x^{2m+1} + \cdots$$

が求める級数である． $\diamondsuit$

問題 3.2.10 次の関数について，$f^{(n)}(0)$ を求め，かつマクローリン級数に展開せよ.

(1) $f(x) = \log(2-3x)$ (2) $f(x) = \log(x + \sqrt{1+x^2})$

(3) $f(x) = (\mathrm{Sin}^{-1} x)^2$ (4) $f(x) = (\mathrm{Tan}^{-1} x)^2$

参考 マクローリンの定理を用いて，e が無理数であることを証明してみよう.

e が有理数と仮定して，$e = \dfrac{m}{n}$ (m, n はある自然数) と表せるとしよう．問題 3.2.7 (1) より，
$$e^x = \sum_{k=0}^{n} \frac{x^k}{k!} + \frac{e^{\theta x} x^{n+1}}{(n+1)!}$$

が，ある $0 < \theta < 1$ に対して成り立つ．特に，$x=1$ を代入すると，

$$e = 1 + \frac{1}{1!} + \frac{1}{2!} + \frac{1}{3!} + \cdots + \frac{1}{n!} + \frac{e^\theta}{(n+1)!}$$

だから,両辺に $n!$ を掛けて,

$$\frac{e^\theta}{n+1} = (n-1)!\, m - n!\left(1 + \frac{1}{1!} + \frac{1}{2!} + \frac{1}{3!} + \cdots + \frac{1}{n!}\right)$$

を得る.この右辺に注意すると,$\dfrac{e^\theta}{n+1}$ が自然数であることがわかり,$\dfrac{e^\theta}{n+1} \geqq 1$ である.一方,$e < 3$(このこともマクローリンの定理から確認できる)および $0 < \theta < 1$ より,

$$2 \leqq n+1 \leqq e^\theta < 3.$$

上式が成り立つのは $n=1$ のみで,このとき $e(=m)$ が自然数となる.これは $2 < e < 3$ に矛盾する.したがって,背理法によって,e が無理数であることが示された.

4 積分

4.1 基本的な関数の不定積分

表 4.1, 表 4.2 に示すのは日常比較的よく現れる関数の不定積分の表である. 表 4.1 は完全に覚えておくこと. 表 4.2 はさまざまな問題を解いていくうちに覚えるようにするとよい.

注意 以下では積分定数は省略してある. これは積分定数が重要でないということではない (p. 31 の注意, および問題 4.3.1 (1) の解答へのコメント (p. 193) 参照).

表 4.1 基本的な関数の不定積分 (1)

$f(x)$	$\int f(x)\,dx$
c (定数)	cx
x^α $(\alpha \neq -1)$	$\dfrac{x^{\alpha+1}}{\alpha+1}$
$\dfrac{1}{x}$	$\log |x|$
e^x	e^x
$\sin x$	$-\cos x$
$\cos x$	$\sin x$
$\sec^2 x = \dfrac{1}{\cos^2 x}$	$\tan x$
$\dfrac{1}{x^2+a^2}$ $(a \neq 0)$	$\dfrac{1}{a}\operatorname{Tan}^{-1}\dfrac{x}{a}$
$\dfrac{1}{\sqrt{a^2-x^2}}$ $(a \neq 0)$	$\operatorname{Sin}^{-1}\dfrac{x}{|a|},\quad -\operatorname{Cos}^{-1}\dfrac{x}{|a|}$

4.1 基本的な関数の不定積分

表 4.2 基本的な関数の不定積分 (2)

$f(x)$	$\int f(x)\,dx$
$\operatorname{cosec}^2 x = \dfrac{1}{\sin^2 x}$	$-\cot x$
$\tan x$	$-\log|\cos x|$
$\cot x = \dfrac{\cos x}{\sin x}$	$\log|\sin x|$
$\log x$	$x(\log x - 1)$
$\dfrac{1}{x^2 - a^2}\quad (a \neq 0)$	$\dfrac{1}{2a}\log\left|\dfrac{x-a}{x+a}\right|$
$\dfrac{1}{\sqrt{x^2 + A}}\quad (A \neq 0)$	$\log\left|x + \sqrt{x^2 + A}\right|$
$\sqrt{x^2 + A}\quad (A \neq 0)$	$\dfrac{1}{2}\left(x\sqrt{x^2 + A} + A\log\left|x + \sqrt{x^2 + A}\right|\right)$
$\sqrt{a^2 - x^2}\quad (a \neq 0)$	$\dfrac{1}{2}\left(x\sqrt{a^2 - x^2} + a^2\operatorname{Sin}^{-1}\dfrac{x}{|a|}\right)$
$\sinh x$	$\cosh x$
$\cosh x$	$\sinh x$

注意 （積分定数は定数ではない？） 例えば，$\displaystyle\int\dfrac{dx}{x} = \log|x| + C$ と書くが，この C は $\log|x|$ が連続な範囲でのみ定数であればよい．実際，定数 C_1 と C_2 が必ずしも等しくなくても，

$$g(x) = \begin{cases} \log x + C_1 & (x > 0) \\ \log(-x) + C_2 & (x < 0) \end{cases}$$

とするとき，$g'(x) = \dfrac{1}{x}\ (x \neq 0)$ である．

[不定積分に関する基本的な公式]

(1) $\displaystyle\int kf(x)\,dx = k\int f(x)\,dx \qquad (k\text{ は定数})$

(2) $\displaystyle\int \{f(x) + g(x)\}\,dx = \int f(x)\,dx + \int g(x)\,dx$

(3) （置換積分）　$x = \varphi(t)$ のとき，$\displaystyle\int f(x)\,dx = \int f(\varphi(t))\varphi'(t)\,dt$

(4) （部分積分） $\displaystyle\int f(x)g'(x)\,dx = f(x)g(x) - \int f'(x)g(x)\,dx$

特に，$g(x)=x$ として $\displaystyle\int f(x)\,dx = xf(x) - \int xf'(x)\,dx$

例題 4.1 次の不定積分を求めよ．

(1) $\displaystyle\int \frac{dx}{\sin x}$ 　　(2) $\displaystyle\int \mathrm{Sin}^{-1} x\,dx$ 　　(3) $\displaystyle\int \sqrt{a^2-x^2}\,dx \quad (a>0)$

【解答】(1) 答は $\log\left|\tan\dfrac{x}{2}\right|$．これは結果を微分してみればすぐわかるが，次のように考えてもよい．

$$\int \frac{dx}{\sin x} = \int \frac{dx}{2\sin\dfrac{x}{2}\cos\dfrac{x}{2}} = \int \frac{\dfrac{1}{2}\sec^2\dfrac{x}{2}}{\tan\dfrac{x}{2}}\,dx = \log\left|\tan\dfrac{x}{2}\right|.$$

(2) $\displaystyle\int \mathrm{Sin}^{-1} x\,dx = x\,\mathrm{Sin}^{-1} x - \int x\cdot\frac{1}{\sqrt{1-x^2}}\,dx$

$\displaystyle\qquad = x\,\mathrm{Sin}^{-1} x + \int \frac{-2x}{2\sqrt{1-x^2}}\,dx = x\,\mathrm{Sin}^{-1} x + \sqrt{1-x^2}.$

(3) $\displaystyle\int \sqrt{a^2-x^2}\,dx = x\sqrt{a^2-x^2} - \int x\cdot\frac{-x}{\sqrt{a^2-x^2}}\,dx$

$\displaystyle\qquad = x\sqrt{a^2-x^2} - \int \frac{a^2-x^2-a^2}{\sqrt{a^2-x^2}}\,dx$

$\displaystyle\qquad = x\sqrt{a^2-x^2} - \int \sqrt{a^2-x^2}\,dx + a^2\int \frac{dx}{\sqrt{a^2-x^2}}.$

したがって，

$$\int \sqrt{a^2-x^2}\,dx = \frac{1}{2}\left(x\sqrt{a^2-x^2} + a^2\int \frac{dx}{\sqrt{a^2-x^2}}\right)$$

$$= \frac{1}{2}\left(x\sqrt{a^2-x^2} + a^2\,\mathrm{Sin}^{-1}\frac{x}{a}\right).$$

あるいは，次のようにすることもできる．$x = a\sin t$ なる置き換えをすると，

$$\int \sqrt{a^2-x^2}\,dx = a^2\int \cos^2 t\,dt = a^2\int \frac{1+\cos 2t}{2}\,dt = \frac{a^2}{2}t + a^2\frac{\sin 2t}{4}$$

$$= \frac{a^2}{2}\mathrm{Sin}^{-1}\frac{x}{a} + a^2\frac{2\sin t\cos t}{4} = \frac{a^2}{2}\mathrm{Sin}^{-1}\frac{x}{a} + \frac{x}{2}\sqrt{a^2-x^2}. \qquad \diamondsuit$$

問題 4.1.1 次の不定積分を求めよ．

(1) $\displaystyle\int (ax+b)^2\,dx \quad (a\neq 0)$

(2) $\displaystyle\int \left(\tan\frac{\pi}{2}x + \cot\frac{\pi}{2}x\right) dx$

(3) $\displaystyle\int \left(\frac{1}{\sin^2 x} + \frac{1}{\cos^2 x}\right) dx$

(4) $\displaystyle\int \frac{dx}{\sqrt{x^2+ax}} \quad (a\neq 0)$

(5) $\displaystyle\int \frac{e^x}{\sqrt{1+e^x}}\,dx$

(6) $\displaystyle\int \sin^3 x\,dx$

(7) $\displaystyle\int \frac{dx}{x^2\sqrt{a^2-x^2}} \quad (a>0)$

(8) $\displaystyle\int \frac{(\log x)^n}{x}\,dx$

(9) $\displaystyle\int x^\alpha \log x\,dx \quad (\alpha\neq -1)$

(10) $\displaystyle\int xe^x\,dx$

(11) $\displaystyle\int \operatorname{Tan}^{-1} x\,dx$

(12) $\displaystyle\int e^x \cos x\,dx$

(13) $\displaystyle\int x\sqrt{x^2+1}\,dx$

(14) $\displaystyle\int \frac{x^3}{x^4+1}\,dx$

(15) $\displaystyle\int xe^{x^2}\,dx$

(16) $\displaystyle\int \frac{dx}{e^x+1}$

4.2 有理関数の不定積分

例題 4.2 次の有理関数を部分分数に分解し，不定積分を求めよ．

(1) $\dfrac{1}{3x^2-4}$

(2) $\dfrac{1}{4^2+4x+8}$

(3) $\dfrac{x+2}{x^2-5x+6}$

(4) $\dfrac{1}{x^3+1}$

(5) $\dfrac{x^3-1}{x(x+1)^3}$

(6) $\dfrac{2x^3+3x^2+1}{x^2+x-2}$

【解答】 (1) 分母の因数分解: $3x^2-4 = (\sqrt{3}x-2)(\sqrt{3}x+2)$.
そこで，
$$\frac{1}{3x^2-4} = \frac{A}{\sqrt{3}x-2} - \frac{B}{\sqrt{3}x+2}$$

とおいて，A, B を求める．この式で分母を払うと $1 = A(\sqrt{3}x+2)+B(\sqrt{3}x-2)$ を得るから，

$x = \dfrac{2}{\sqrt{3}}$ を代入して，$1 = A(2+2)$. したがって $A = \dfrac{1}{4}$.

$x = -\dfrac{2}{\sqrt{3}}$ を代入して，$1 = B(-2-2)$. したがって $B = -\dfrac{1}{4}$.

求める部分分数分解†は，

$$\dfrac{1}{3x^2-4} = \dfrac{1}{4}\left(\dfrac{1}{\sqrt{3}x-2} - \dfrac{1}{\sqrt{3}x+2}\right).$$

求める積分は，

$$\int \dfrac{1}{3x^2-4}\,dx = \dfrac{1}{4\sqrt{3}}\left(\log\left|\sqrt{3}\,x-2\right| - \log\left|\sqrt{3}x+2\right|\right)$$
$$= \dfrac{1}{4\sqrt{3}}\log\left|\dfrac{\sqrt{3}x-2}{\sqrt{3}x+2}\right|.$$

(2) 分母の判別式が負 $(D/4 = 4-32 < 0)$ であるから，この関数は実数の範囲内ではこれ以上部分分数分解はできない．

$$\int \dfrac{dx}{4x^2+4x+8} = \int \dfrac{dx}{(2x+1)^2+(\sqrt{7})^2} = \dfrac{1}{2\sqrt{7}}\mathrm{Tan}^{-1}\dfrac{2x+1}{\sqrt{7}}.$$

(3) 分母の因数分解: $x^2 - 5x + 6 = (x-2)(x-3)$. そこで，

$$\dfrac{x+2}{x^2-5x+6} = \dfrac{A}{x-3} + \dfrac{B}{x-2}$$

とおいて，A, B を (1) と同様にして求める．$A = 5, \quad B = -4$.

$$\dfrac{x+2}{x^2-5x+6} = \dfrac{5}{x-3} - \dfrac{4}{x-2}.$$

$$\int \dfrac{x+2}{x^2-5x+6}\,dx = 5\log|x-3| - 4\log|x-2| \left(= \log\dfrac{|x-3|^5}{|x-2|^4}\right).$$

(4) 分母の因数分解: $x^3 + 1 = (x+1)(x^2-x+1)$. そこで，

$$\dfrac{1}{x^3+1} = \dfrac{Ax+B}{x^2-x+1} + \dfrac{C}{x+1}$$

---

† この部分分数分解は，次の公式

$$\dfrac{1}{(x+a)(x+b)} = \dfrac{1}{b-a}\left(\dfrac{1}{x+a} - \dfrac{1}{x+b}\right) \quad (a \neq b)$$

を覚えておけば簡単に得られる．以下でも計算にはさまざまな工夫があり得ることに注意すべきである．

とおく[†]．こうしておいて A, B, C を求める．求め方はいろいろあるだろうが，例えば次のようにする．

分母を払って， $1 = (Ax + B)(x + 1) + C(x^2 - x + 1).$

$x = -1$ とおいて， $1 = C \cdot 3$, したがって $C = \dfrac{1}{3}$.

$x = 0$ とおき， $1 = B + \dfrac{1}{3}$, したがって $B = \dfrac{2}{3}$.

$x = 1$ とおくと， $1 = \left(A + \dfrac{2}{3}\right) \cdot 2 + \dfrac{1}{3}(1 - 1 + 1) = 2A + \dfrac{5}{3}$. これから $A = -\dfrac{1}{3}$.

求める部分分数分解は
$$\frac{1}{x^3 + 1} = \frac{1}{3}\left(\frac{-x + 2}{x^2 - x + 1} + \frac{1}{x + 1}\right)$$
となる．積分を求めるために，まず $\dfrac{-x + 2}{x^2 - x + 1}$ の積分を求めなければならない．そのために

$$\frac{-x + 2}{x^2 - x + 1} = \frac{-\dfrac{1}{2}(x^2 - x + 1)' + \dfrac{3}{2}}{x^2 - x + 1}$$
$$= -\frac{1}{2} \cdot \frac{(x^2 - x + 1)'}{x^2 - x + 1} + \frac{3}{2} \cdot \frac{1}{\left(x - \dfrac{1}{2}\right)^2 + \dfrac{3}{4}}$$

となることに注意する．これから
$$\int \frac{-x + 2}{x^2 - x + 1} dx = -\frac{1}{2}\log(x^2 - x + 1) + \sqrt{3}\,\mathrm{Tan}^{-1}\left(\frac{2x - 1}{\sqrt{3}}\right)$$
を得るから，最後に
$$\int \frac{dx}{x^3 + 1} = \frac{1}{3}\left(\int \frac{-x + 2}{x^2 - x + 1} dx + \int \frac{1}{x + 1} dx\right)$$
$$= -\frac{1}{6}\log(x^2 - x + 1) + \frac{1}{\sqrt{3}}\mathrm{Tan}^{-1}\frac{2x - 1}{\sqrt{3}} + \frac{1}{3}\log|x + 1|$$
を得る．

(5) 分母は既に因数分解された形で与えられている．

[†] ここで， $x^2 - x + 1$ を分母とする項の分子は定数ではなく 1 次式とすることに注意せよ．

$$\frac{x^3-1}{x(x+1)^3} = \frac{A}{(x+1)^3} + \frac{B}{(x+1)^2} + \frac{C}{x+1} + \frac{D}{x}$$

とおき，これの分母を払って，

$$x^3 - 1 = Ax + Bx(x+1) + Cx(x+1)^2 + D(x+1)^3.$$

$x = -1$ とおいて $A = 2$, $x = 0$ とおいて $D = -1$ を得る．B, C を得るには，例えば，$x = 1, x = 2$ とおいて得られる連立方程式 $B + 2C = 3$, $B + 3C = 5$ を解けばよい．$B = -1$, $C = 2$ を得る．結局

$$\frac{x^3-1}{x(x+1)^3} = \frac{2}{(x+1)^3} - \frac{1}{(x+1)^2} + \frac{2}{x+1} - \frac{1}{x}.$$

$$\int \frac{x^3-1}{x(x+1)^3}\,dx = -\frac{1}{(x+1)^2} + \frac{1}{x+1} + 2\log|x+1| - \log|x|.$$

(6) 分子の次数が分母の次数より高いから，まず割り算を実行する．

$$\frac{2x^3 + 3x^2 + 1}{x^2 + x - 2} = 2x + 1 + \frac{3x+2}{x^2+x-2}.$$

このあと，分数部分を部分分数に分解する．

$$\frac{2x^3 + 3x^2 + 1}{x^2 + x - 2} = 2x + 1 + \frac{2}{x-1} + \frac{1}{x+2}.$$

$$\int \frac{2x^3 + 3x^2 + 1}{x^2 + x - 2}\,dx = x^2 + x + 2\log|x-1| + \log|x+2|. \qquad \diamondsuit$$

問題 4.2.1 次の関数の不定積分を求めよ．

(1) $\dfrac{1}{4 - 3x - x^2}$

(2) $\dfrac{1}{4x^2 + 2x + 1}$

(3) $\dfrac{1}{(3x+7)^5}$

(4) $\dfrac{1}{(x+1)^2(x^2+1)}$

(5) $\dfrac{x^2}{x+1}$

(6) $\dfrac{x}{(x+1)^2}$

(7) $\dfrac{x^4+1}{x^4-1}$

(8) $\dfrac{1}{x(x^2+1)^2}$

(9) $\dfrac{x^2+1}{x^4+1}$

(10) $\dfrac{1}{(x-a)^m}$

(11) $\dfrac{1-x}{x^2-2x-154}$

(12) $\dfrac{1-x}{x^2-3x-154}$

(13) $\dfrac{2x^3+5x}{x^2+2}$

(14) $\dfrac{x^2+3}{x^2+4}$

(15) $\dfrac{1}{(x^2+4)(x^2-4)}$

(16) $\dfrac{x^2+9x+12}{(x-3)(x+1)^2}$

(17) $\dfrac{x^2+x}{(x^2+1)^2}$

(18) $\dfrac{1}{(x^2+1)^3}$

(19) $\dfrac{1}{(x^2+x+1)^2}$

(20) $\dfrac{1}{x^3-8}$

(21) $\dfrac{1}{(2x^2+3)^2}$

(22) $\dfrac{x^2-x+1}{x^2+x+1}$

(23) $\dfrac{1}{(x^2+1)(x^2-2)}$

4.3　無理関数，その他の関数の不定積分

例題 4.3　次の不定積分を求めよ．

(1) $\displaystyle\int \dfrac{\sqrt{x+1}}{x\sqrt{x-2}}\,dx$

(2) $\displaystyle\int \dfrac{dx}{x+\sqrt{x^2-1}}$

(3) $\displaystyle\int \dfrac{x}{1+\sqrt{1-3x^2}}\,dx$

【解答】　(1) $\dfrac{\sqrt{x+1}}{\sqrt{x-2}}=t$ と変数変換する．$x=\dfrac{2t^2+1}{t^2-1}$, $dx=\dfrac{-6t}{(t^2-1)^2}\,dt$ から

$$\int \dfrac{\sqrt{x+1}}{x\sqrt{x-2}}\,dx = \int \dfrac{t}{\frac{2t^2+1}{t^2-1}}\cdot\dfrac{-6t}{(t^2-1)^2}\,dt = \int \dfrac{-6t^2}{(2t^2+1)(t^2-1)}\,dt$$

と有理関数の積分に直して積分を実行する．結果は，

$$\log(t+1) - \log(t-1) - \sqrt{2}\operatorname{Tan}^{-1}(\sqrt{2}\,t)$$
$$= \log\left(\sqrt{\frac{x+1}{x-2}} + 1\right) - \log\left(\sqrt{\frac{x+1}{x-2}} - 1\right) - \sqrt{2}\operatorname{Tan}^{-1}\left(\sqrt{2}\sqrt{\frac{x+1}{x-2}}\right)$$
$$= 2\log(\sqrt{x+1} + \sqrt{x-2}) - \sqrt{2}\operatorname{Tan}^{-1}\sqrt{\frac{2x+2}{x-2}} + \underbrace{(-\log 3)}_{\text{定数}}.$$

(2) $x + \sqrt{x^2-1} = t$ と変数変換する．$\sqrt{x^2-1} = t - x$ から $x^2 - 1 = t^2 - 2tx + x^2$．したがって，$x = \dfrac{t^2+1}{2t}, dx = \dfrac{t^2-1}{2t^2}\,dt$ から

$$\int \frac{1}{x+\sqrt{x^2-1}}\,dx = \int \frac{1}{t}\cdot\frac{t^2-1}{2t^2}\,dt = \frac{1}{2}\int\left(\frac{1}{t} - \frac{1}{t^3}\right)dt$$
$$= \frac{1}{2}\log|t| + \frac{1}{4}\frac{1}{t^2} = \frac{1}{2}\log|x+\sqrt{x^2-1}| + \frac{1}{4(x+\sqrt{x^2-1})^2}.$$

(3) $\sqrt{1-3x^2} = t$ とおく．$1 - 3x^2 = t^2, -3x\,dx = t\,dt$ より

$$\int \frac{x}{1+\sqrt{1-3x^2}}\,dx = -\frac{1}{3}\int \frac{t}{1+t}\,dt = \frac{1}{3}\int\left(\frac{1}{1+t} - 1\right)dt$$
$$= \frac{1}{3}(\log|1+t| - t) = \frac{1}{3}\{\log(1+\sqrt{1-3x^2}\,) - \sqrt{1-3x^2}\,\}. \qquad \diamondsuit$$

問題 4.3.1 次の関数の不定積分を求めよ．$(a \neq 0)$

(1) $\dfrac{1}{\sqrt{x-x^2}}$ 　　(2) $\dfrac{1}{\sqrt{x^2-x}}$ 　　(3) $x\sqrt[4]{1-x}$

(4) $\dfrac{1}{1+\sqrt{x}}$ 　　(5) $x\sqrt{x+1}$ 　　(6) $\dfrac{x}{\sqrt{x^2+1}}$

(7) $\dfrac{x}{\sqrt{1-x}}$ 　　(8) $\dfrac{1}{x+\sqrt{x^2+1}}$ 　　(9) $\dfrac{1}{(x+8)\sqrt[3]{x}}$

(10) $\dfrac{1}{x^2\sqrt{1-x}}$ 　　(11) $\sqrt{\dfrac{x-1}{x}}$ 　　(12) $\sqrt{\dfrac{x+a}{x-a}}$

(13) $\sqrt{\dfrac{x+a}{a-x}}$ 　　(14) $\dfrac{x}{\sqrt{x^2+bx+c}}$ 　　$((b,c) \neq (0,0))$

(15) $\dfrac{1}{x\sqrt{x^2+3x-1}}$ 　　(16) $\dfrac{1}{x\sqrt{x^2+2x+3}}$

例題 4.4 次の不定積分を求めよ．

$$\int \frac{dx}{\cos x - \sin x}$$

【解答】 $t = \tan \dfrac{x}{2}$ と変数変換する．$\cos x = \dfrac{1-t^2}{1+t^2}$, $\sin x = \dfrac{2t}{1+t^2}$, $dx = \dfrac{2}{1+t^2} dt$ となるから，

$$\int \frac{1}{\cos x - \sin x} dx = \int \frac{1}{\dfrac{1-t^2}{1+t^2} - \dfrac{2t}{1+t^2}} \cdot \frac{2}{1+t^2} dt$$

$$= \int \frac{2}{1-t^2-2t} dt = -\int \frac{2}{(t+1)^2 - 2} dt$$

$$= -\frac{1}{\sqrt{2}} \int \left(\frac{1}{t+1-\sqrt{2}} - \frac{1}{t+1+\sqrt{2}} \right) dt$$

$$= -\frac{1}{\sqrt{2}} \log \left| t+1-\sqrt{2} \right| + \frac{1}{\sqrt{2}} \log \left| t+1+\sqrt{2} \right|$$

$$= \frac{1}{\sqrt{2}} \log \left| \frac{t+1+\sqrt{2}}{t+1-\sqrt{2}} \right| = \frac{1}{\sqrt{2}} \log \left| \frac{\tan \dfrac{x}{2} + 1 + \sqrt{2}}{\tan \dfrac{x}{2} + 1 - \sqrt{2}} \right|. \qquad \diamondsuit$$

問題 4.3.2 次の不定積分を求めよ．

(1) $\displaystyle \int \frac{dx}{1+\sin x}$ 　　(2) $\displaystyle \int \frac{1+\sin x}{\sin x(1+\cos x)} dx$

(3) $\displaystyle \int \frac{dx}{a+\cos x}$ 　　(4) $\displaystyle \int \frac{dx}{a^2 \cos^2 x + b^2 \sin^2 x}$ 　$(ab \neq 0)$

(5) $\displaystyle \int \cos^4 x\, dx$ 　　(6) $\displaystyle \int \frac{\sin^2 x}{\cos^3 x} dx$

(7) $\displaystyle \int \frac{dx}{2\cos^2 x - \sin^2 x}$ 　　(8) $\displaystyle \int \frac{2-\sin x}{2+\cos x} dx$

参考 次のような計算も参考になる.

$$\int \frac{(\cos x)e^{\sin x} - (\sin x)e^{\cos x}}{e^{\sin x} + e^{\cos x}}\,dx = \int \frac{(e^{\sin x} + e^{\cos x})'}{e^{\sin x} + e^{\cos x}}\,dx$$
$$= \log(e^{\sin x} + e^{\cos x}) + C$$

$$\int \frac{(\sin x)e^{\sin x} - (\cos x)e^{\cos x}}{e^{\sin x} + e^{\cos x}}\,dx$$
$$= \int \left\{ \sin x - \cos x + \frac{(e^{\sin x} + e^{\cos x})'}{e^{\sin x} + e^{\cos x}} \right\} dx$$
$$= -\cos x - \sin x + \log(e^{\sin x} + e^{\cos x}) + C$$
$$= \log((e^{-\cos x - \sin x})(e^{\sin x} + e^{\cos x})) + C$$
$$= \log(e^{-\cos x} + e^{-\sin x}) + C.$$

4.4 定積分とその応用

例題 4.5 次の定積分を求めよ.

(1) $\displaystyle\int_0^1 \sqrt[4]{x^3}\,dx$ (2) $\displaystyle\int_0^1 \frac{dx}{3+x^2}$ (3) $\displaystyle\int_0^{\sqrt{3}} \mathrm{Sin}^{-1} \frac{x}{2}\,dx$

【解答】 (1) $\displaystyle\int_0^1 \sqrt[4]{x^3}\,dx = \frac{4}{7}\left[x^{7/4}\right]_0^1 = \frac{4}{7}(1-0) = \frac{4}{7}$.

(2) $\displaystyle\int_0^1 \frac{dx}{3+x^2} = \frac{1}{\sqrt{3}}\left[\mathrm{Tan}^{-1} \frac{x}{\sqrt{3}}\right]_0^1 = \frac{1}{\sqrt{3}}\left(\frac{\pi}{6} - 0\right) = \frac{\pi}{6\sqrt{3}}$.

(3) $\displaystyle\int_0^{\sqrt{3}} \mathrm{Sin}^{-1} \frac{x}{2}\,dx = \int_0^{\sqrt{3}} x'\,\mathrm{Sin}^{-1} \frac{x}{2}\,dx$

$$= \left[x\,\mathrm{Sin}^{-1} \frac{x}{2}\right]_0^{\sqrt{3}} - \int_0^{\sqrt{3}} \frac{x}{2\sqrt{1-\left(\frac{x}{2}\right)^2}}\,dx$$

$$= \sqrt{3}\,\mathrm{Sin}^{-1} \frac{\sqrt{3}}{2} - \int_0^{\sqrt{3}} \frac{x}{\sqrt{4-x^2}}\,dx$$

$$= \sqrt{3} \cdot \frac{\pi}{3} + \left[\sqrt{4-x^2}\right]_0^{\sqrt{3}} = \frac{\pi}{\sqrt{3}} - 1. \qquad \diamondsuit$$

問題 4.4.1 次の定積分を求めよ.

(1) $\displaystyle\int_0^1 \frac{x^2}{x^2+1}\,dx$
(2) $\displaystyle\int_0^1 \frac{dx}{\sqrt{1+x^2}}$

(3) $\displaystyle\int_0^1 \frac{x}{\sqrt{x^2+1}}\,dx$
(4) $\displaystyle\int_0^1 \sqrt[3]{3x+1}\,dx$

(5) $\displaystyle\int_0^{\frac{1}{2}} \frac{dx}{\sqrt{1-x^2}}$
(6) $\displaystyle\int_0^1 x^2\sqrt{1-x}\,dx$

(7) $\displaystyle\int_0^1 x\sqrt[4]{1-x}\,dx$
(8) $\displaystyle\int_0^1 \sqrt{1-x^2}\,dx$

(9) $\displaystyle\int_0^1 \frac{dx}{1+\sqrt{x}}$
(10) $\displaystyle\int_1^3 x\sqrt{x-1}\,dx$

(11) $\displaystyle\int_{-1}^1 (3-x^2)\sqrt{1-x^2}\,dx$
(12) $\displaystyle\int_0^2 \sqrt{2x-x^2}\,dx$

(13) $\displaystyle\int_0^1 \frac{dx}{2x^2+3x+2}$
(14) $\displaystyle\int_0^1 \frac{dx}{x^2+4x+2}$

(15) $\displaystyle\int_2^4 \frac{\sqrt{x^2-4}}{x}\,dx$

問題 4.4.2 次の定積分を求めよ.

(1) $\displaystyle\int_0^{\frac{\pi}{4}} \tan x\,dx$
(2) $\displaystyle\int_0^{\pi} \sin^2 x\,dx$

(3) $\displaystyle\int_0^{\frac{\pi}{2}} \frac{\sin x}{1+\cos x}\,dx$
(4) $\displaystyle\int_0^{\pi} x\sin x\,dx$

(5) $\displaystyle\int_0^{\frac{\pi}{2}} \sin^4 x\,dx$
(6) $\displaystyle\int_0^{\pi} x\sin^2 x\,dx$

(7) $\displaystyle\int_0^\pi x^2 \sin x\, dx$ (8) $\displaystyle\int_0^{\frac{\pi}{2}} \sin^4 x \cos^2 x\, dx$

(9) $\displaystyle\int_0^{\frac{\pi}{4}} \frac{\sin^2 x}{\cos^4 x}\, dx$ (10) $\displaystyle\int_0^1 (ax^2+bx+c)\sin\left(\frac{\pi}{2}x\right)\, dx$

問題 4.4.3 次の定積分を求めよ.

(1) $\displaystyle\int_0^1 \mathrm{Sin}^{-1} x\, dx$ (2) $\displaystyle\int_0^{\frac{1}{2}} \frac{\mathrm{Sin}^{-1} x}{\sqrt{1-x^2}}\, dx$ (3) $\displaystyle\int_0^1 \frac{\mathrm{Tan}^{-1} x}{1+x^2}\, dx$

(4) $\displaystyle\int_0^1 \mathrm{Tan}^{-1} x\, dx$ (5) $\displaystyle\int_0^1 x\,\mathrm{Sin}^{-1} x\, dx$

問題 4.4.4 次の定積分を求めよ（一部広義積分を含む）.

(1) $\displaystyle\int_0^e \log x\, dx$ (2) $\displaystyle\int_0^e (\log x)^2\, dx$ (3) $\displaystyle\int_0^1 \frac{dx}{e^{2x}+1}$

(4) $\displaystyle\int_0^1 xe^{-x^2}\, dx$ (5) $\displaystyle\int_0^1 x^3 e^x\, dx$

(6) $\displaystyle\int_1^e \frac{\sin\left(\frac{\pi}{2}\log x\right)}{x}\, dx$ (7) $\displaystyle\int_0^1 \frac{e^{ax}-1}{e^{ax}+1}\, dx$

- 広義積分のことを変格積分，特異積分ともいう.

例題 4.6 次の広義積分は収束するか. 収束するならその値を求めよ.

(1) $\displaystyle\int_0^1 \frac{dx}{\sqrt{1-x^2}}$ (2) $\displaystyle\int_0^{\frac{\pi}{2}} \frac{dx}{\sin x}$

【解答】 (1) 被積分関数は $[0,1)$ で連続である. $[0, 1-\varepsilon]$ で積分すると，

$$\int_0^{1-\varepsilon} \frac{dx}{\sqrt{1-x^2}} = \mathrm{Sin}^{-1}(1-\varepsilon). \text{ これは } \varepsilon \to +0 \text{ のとき } \frac{\pi}{2} \text{ に収束する.}$$

(2) 被積分関数は $\left(0, \dfrac{\pi}{2}\right]$ で連続である. また，そこで $\sin x < x$ が成り立つから $\dfrac{1}{\sin x} > \dfrac{1}{x}$，したがって

$$\int_\varepsilon^{\frac{\pi}{2}} \frac{dx}{\sin x} > \int_\varepsilon^{\frac{\pi}{2}} \frac{dx}{x} = \log \frac{\pi}{2} - \log \varepsilon$$

となるが，最後のものは $\varepsilon \to +0$ のとき ∞ に発散する．よって，問題の広義積分は収束しない． ◇

問題 4.4.5 次の広義積分は収束するか．収束するならその値を求めよ．

(1) $\displaystyle\int_1^\infty \frac{dx}{x(x+1)}$ (2) $\displaystyle\int_0^1 \frac{x^2}{\sqrt{1-x^2}}\,dx$ (3) $\displaystyle\int_{-\infty}^\infty \frac{dx}{x^2+2x+3}$

(4) $\displaystyle\int_0^1 \frac{\log x}{x}\,dx$ (5) $\displaystyle\int_0^1 \frac{dx}{\sqrt{x}(x+1)}$ (6) $\displaystyle\int_0^1 \sqrt{x}\log x\,dx$

(7) $\displaystyle\int_1^\infty \frac{\log x}{x}\,dx$ (8) $\displaystyle\int_1^\infty \frac{\log x}{x^2}\,dx$

例題 4.7 次の広義積分が収束するかどうかを判定せよ．

$$\int_0^{\frac{\pi}{2}} \frac{dx}{\sqrt{\sin x}}$$

【解答】 被積分関数は $\left(0, \dfrac{\pi}{2}\right]$ で連続，かつそこで $\sin x \geqq \dfrac{2}{\pi}x$ が成り立つから，$\dfrac{1}{\sqrt{\sin x}} \leqq \dfrac{\sqrt{\frac{\pi}{2}}}{\sqrt{x}}$ となる．広義積分 $\displaystyle\int_0^{\frac{\pi}{2}} \frac{dx}{\sqrt{x}}$ は収束するから，問題の広義積分も収束する． ◇

問題 4.4.6 次の広義積分が収束するかどうかを判定せよ．

(1) $\displaystyle\int_0^1 \frac{\log x}{1-x}\,dx$ (2) $\displaystyle\int_0^\infty \frac{dx}{1+x^\alpha}$ ($\alpha > 0$) (3) $\displaystyle\int_0^1 \frac{\log x}{x^2}\,dx$

(4) $\displaystyle\int_0^\infty \frac{|\sin x|}{x}\,dx$ (5) $\displaystyle\int_0^\infty \frac{\sin x}{x}\,dx$

例題 4.8 次の積分で定義された x の関数の導関数を求めよ．

(1) $\displaystyle\int_x^a f(t)\,dt$ (2) $\displaystyle\int_a^{x^2} f(t)\,dt$

【解答】 (1) $\displaystyle\int_x^a f(t)\,dt = -\int_a^x f(t)\,dt$，これを微分して $-f(x)$ を得る．

(2) $F(X) = \displaystyle\int_a^X f(t)\,dt$ と $X = x^2$ の合成関数の微分と考えればよい．

$$\frac{d}{dx}F(X(x)) = \frac{dF}{dX}\frac{dX}{dx} = f(X)\cdot 2x = 2xf(x^2).$$ ◇

問題 4.4.7 次の積分で定義された x の関数の導関数を求めよ．

(1) $\displaystyle\int_x^{x^2} f(t)\,dt$ 　　(2) $\displaystyle\int_a^x (x-t)f'(t)\,dt$

問題 4.4.8 次を計算せよ．

(1) $\displaystyle\frac{d}{dx}\int_0^{x^2+x}\frac{dt}{\sqrt{t+1}}$ 　　(2) $\displaystyle\frac{d}{dx}\int_x^{x^2+x}\frac{dt}{t}$

(3) $\displaystyle\frac{d}{dx}\int_{\sqrt{x}}^x \frac{dt}{1+\sqrt{t}}$ 　　(4) $\displaystyle\frac{d}{dx}\int_x^{x^2}(x-t)(t-x^2)\,dt$

例題 4.9 次の不等式を証明せよ．

$$\frac{\pi}{2} < \int_0^{\frac{\pi}{2}}\frac{dx}{\sqrt{1-\frac{1}{2}\sin^2 x}} < \frac{\pi}{\sqrt{2}}$$

【解答】 $0 \leqq \sin^2 x \leqq 1$ であるから，$1 \leqq \dfrac{1}{\sqrt{1-\frac{1}{2}\sin^2 x}} \leqq \sqrt{2}$ が成り立つ．これを区間 $\left[0, \dfrac{\pi}{2}\right]$ で積分すればよい． ◇

問題 4.4.9 次の不等式を証明せよ．

(1) $\displaystyle\frac{1}{2} < \int_0^{\frac{1}{2}}\frac{dx}{\sqrt{1-x^n}} < \frac{\pi}{6}$ 　$(n>2)$

(2) $\displaystyle 1 - e^{-\frac{\pi}{2}} < \int_0^{\frac{\pi}{2}} e^{-\sin x}\,dx < \frac{\pi}{2}(1-e^{-1})$

(3) $\displaystyle\frac{3}{4} < \int_0^1 \sqrt[3]{1-x^3}\,dx < 1$

(4) $\displaystyle\log(1+\sqrt{2}) < \int_0^1\frac{dx}{\sqrt{1+x^n}} < 1$ 　$(n>2)$

例題 4.10 曲線 $\sqrt{x}+\sqrt{y}=1$ と x 軸, y 軸によって囲まれた図形の面積を求めよ.

【解答】 与えられた曲線は $y=1-2\sqrt{x}+x$ $(0 \leqq x \leqq 1)$ と書き換えられる (図を描いてみよ).

$$\int_0^1 (1-2\sqrt{x}+x)\,dx = \left[1-\frac{4}{3}x^{\frac{3}{2}}+\frac{x^2}{2}\right]_0^1 = \frac{1}{6}.$$

よって，求める面積は $\dfrac{1}{6}$. ◇

問題 4.4.10 次の図形の面積を求めよ.

(1) $y=x^2(x+1)$ と x 軸で囲まれる部分.

(2) $x^2+y^2-2ay=0$ と $y^2=ax$ で囲まれる部分 $(a>0)$.

(3) $x=a\cos t,\ y=b\sin t$ $(0 \leqq t \leqq 2\pi)$ $(a,b>0)$ が囲む部分.

(4) $(y-a)^2=a^2-x^2$ $(a>0)$ が囲む部分.

(5) $x=a(t-\sin t),\ y=a(1-\cos t)$ $(0 \leqq t \leqq 2\pi)$ と x 軸が囲む部分.

(6) $x=a\cos^3 t,\ y=b\sin^3 t$ $(0 \leqq t \leqq 2\pi)$ $(a,b>0)$ が囲む部分.

(7) 極座標による表示で $r=a\cos 2\theta$ $\left(-\dfrac{\pi}{4} \leqq \theta \leqq \dfrac{\pi}{4}\right)$ $(a>0)$ が囲む部分.

例題 4.11 曲線 $y=\log(1-x^2)$ $\left(0 \leqq x \leqq \dfrac{1}{2}\right)$ の長さを求めよ.

【解答】
$$\int_0^{\frac{1}{2}} \sqrt{1+\left(\frac{dy}{dx}\right)^2}\,dx = \int_0^{\frac{1}{2}} \frac{1+x^2}{1-x^2}\,dx = \int_0^{\frac{1}{2}} \left(-1+\frac{2}{1-x^2}\right)dx$$
$$= \left[-x+\log\frac{1+x}{1-x}\right]_0^{\frac{1}{2}} = -\frac{1}{2}+\log 3.$$
◇

問題 4.4.11 次の曲線の長さを求めよ.

(1) $y = x^2, \quad x \in [0, 2]$　　(2) $y = \sqrt{x}, \quad x \in [0, 2]$

(3) $\left(\dfrac{x}{a}\right)^{\frac{2}{3}} + \left(\dfrac{y}{b}\right)^{\frac{2}{3}} = 1 \quad (a, b > 0)$

(4) $x = a(t - \sin t), \; y = a(1 - \cos t), \quad t \in [0, 2\pi] \quad (a > 0)$

問題 4.4.12 極座標表示で次のように与えられる曲線の長さを求めよ.

(1) $r = \theta, \quad \theta \in [0, 3]$　　(2) $r = a\cos\theta, \quad \theta \in \left[0, \dfrac{\pi}{2}\right] \quad (a > 0)$

(3) $r = ae^{b\theta}, \quad \theta \in [0, 2\pi] \quad (a, b > 0)$

|参考| 次の曲線は懸垂曲線と呼ばれる（紐の両端を持ち，紐の長さより小さい間隔に垂らすと紐は概ねこの形になると考えられる）.

$$y = \dfrac{a}{2}\left(e^{\frac{x}{a}} + e^{-\frac{x}{a}}\right) \quad \left(= a\cosh\dfrac{x}{a}\right) \quad (a > 0).$$

これについて，$1 + \left(\dfrac{dy}{dx}\right)^2 = \left(\dfrac{y}{a}\right)^2$ が成り立つ．これは $(\cosh x)' = \sinh x$, $\cosh^2 x - \sinh^2 x = 1$ からわかる．これを使うと，この曲線の $-l \leqq x \leqq l$ にある部分の長さが次のように少し楽に計算できる．

$$\int_{-l}^{l} \sqrt{1 + \left(\dfrac{dy}{dx}\right)^2}\, dx = \int_{-l}^{l} \dfrac{y}{a}\, dx = \int_{-l}^{l} \cosh\dfrac{x}{a}\, dx$$
$$= \left[a\sinh\dfrac{x}{a}\right]_{-l}^{l} = 2a\sinh\dfrac{l}{a} = a\left(e^{\frac{l}{a}} - e^{-\frac{l}{a}}\right)$$

|参考| テイラーの定理の剰余項を積分形で与えることについて注意しておく．$f(x)$ が区間 $[a, b]$（または $[b, a]$）で n 階までの連続な導関数を持つとき，

$$f(b) = \sum_{m=0}^{n-1} \dfrac{f^{(m)}(a)}{m!}(b - a)^m + \int_a^b \dfrac{(b-t)^{n-1}}{(n-1)!} f^{(n)}(t)\, dt$$

が成り立つ．これは，$f^{(n)}(x)$ の連続性を要求しただけ定理が成立するための条件が厳しくなっているが，剰余項の形を積分形にしたことによって応用上便利なことも多い．

4.4 定積分とその応用

証明 部分積分の繰り返しによる．

$$f(b) = f(a) + \int_a^b f'(t)dt = f(a) - \bigl[(b-t)f'(t)\bigr]_a^b + \int_a^b (b-t)f''(t)dt$$

$$= f(a) + \frac{f'(a)}{1!}(b-a) - \left[\frac{(b-t)^2}{2!}f''(t)\right]_a^b + \int_a^b \frac{(b-t)^2}{2!}f'''(t)dt$$

$$= \cdots$$

$$= f(a) + \frac{f'(a)}{1!}(b-a) + \cdots + \frac{f^{(n-1)}(a)}{(n-1)!}(b-a)^{n-1}$$

$$+ \int_a^b \frac{(b-t)^{n-1}}{(n-1)!}f^{(n)}(t)\,dt. \qquad \square$$

(以下級数の知識があれば理解が深まるだろう) テイラーの定理の剰余項を積分形で与えることの応用として，実数 α に対して 2 項定理の一般形

$$(1+x)^\alpha = \sum_{k=0}^\infty \binom{\alpha}{k} x^k \quad (|x|<1)$$

の証明を与えておこう[†]．

証明 区間 $[0,x]$ (または $[x,0]$) で 上のテイラー (マクローリン) の定理を適用して

$$(1+x)^\alpha = \sum_{k=0}^{n-1} \binom{\alpha}{k} x^k + R_n(x),$$

$$R_n(x) = \int_0^x \frac{(x-t)^{n-1}}{(n-1)!} \frac{d^n}{dt^n}(1+t)^\alpha \, dt$$

である．そこでわれわれの示すべきことは，$|x|<1$ のとき，$R_n(x) \to 0 \ (n \to \infty)$ となることである．

$$\frac{d^n}{dt^n}(1+t)^\alpha = \alpha(\alpha-1)\cdots(\alpha-n+1)(1+t)^{\alpha-n}$$

だから

$$R_n(x) = n\binom{\alpha}{n} \int_0^x \left(\frac{x-t}{1+t}\right)^{n-1} (1+t)^{\alpha-n} \, dt$$

[†] $\binom{\alpha}{k} = \begin{cases} \dfrac{\alpha(\alpha-1)\cdots(\alpha-n+1)}{k!} & (k \in \mathbb{N}) \\ 1 & (k=0) \end{cases}$ (一般化された 2 項係数)

α が非負整数のときは，2 項係数 ${}_k\mathrm{C}_\alpha$ にほかならない．

となる．条件 $|x|<1$ と上の積分は 0 と x の間で行われることから，問題 1.2.3 (p.7) とその解答を参照して $\left|\dfrac{x-t}{1+t}\right|<|x|$ と考えてよい．したがって

$$|R_n(x)| \leqq \left|n\binom{\alpha}{n}\right||x|^{n-1}\int_0^x (1+t)^{\alpha-1}dt$$

である．ここで，

$$\left|n\binom{\alpha}{n}\right| = \left|\frac{\alpha(\alpha-1)\cdots(\alpha-n+1)}{(n-1)!}\right| \leqq |\alpha|\cdot\left(1+\frac{|\alpha|}{1}\right)\cdots\left(1+\frac{|\alpha|}{n-1}\right)$$

であるが，$|x|<r<1$ であるような r をとると $\dfrac{1}{r}>1$ である．そこで十分大きな N をとれば，$1+\dfrac{|\alpha|}{N}<\dfrac{1}{r}$ となる．したがって，$n>N$ とすれば

$$\left|n\binom{\alpha}{n}\right| \leqq |\alpha|\cdot\left(1+\frac{|\alpha|}{1}\right)\cdots\left(1+\frac{|\alpha|}{N}\right)\cdot\left(\frac{1}{r}\right)^{n-N-1} = K\cdot\left(\frac{1}{r}\right)^{n-1}.$$

ここで，

$$K = |\alpha|\left(1+\frac{|\alpha|}{1}\right)\cdots\left(1+\frac{|\alpha|}{N}\right)r^N.$$

これより

$$|R_n(x)| \leqq K\left(\int_0^x (1+t)^{\alpha-1}dt\right)\left(\frac{|x|}{r}\right)^{n-1} \to 0 \quad (n\to\infty)$$

を得る． □

5 多変数関数，偏微分とその応用

5.1 多変数関数の極限値と偏導関数

例題 5.1 次の極限値はあるか．あればその値を求めよ．
(1) $\displaystyle\lim_{(x,y)\to(0,0)} \frac{xy}{\sqrt{x^2+y^2}}$ (2) $\displaystyle\lim_{(x,y)\to(0,0)} \frac{x}{\sqrt{x^2+y^2}}$

【解答】 (1) $|xy| \leqq \frac{1}{2}(x^2+y^2)$ が成り立つから

$$\frac{|xy|}{\sqrt{x^2+y^2}} \leqq \frac{1}{2}\sqrt{x^2+y^2}.$$

この右辺は，$(0,0)$ と (x,y) の距離 $\sqrt{x^2+y^2}$ が小さくなるとき，もちろん小さくなる．したがって，求める極限値は 0 である．

注意 $\displaystyle\lim_{y\to 0}\left(\lim_{x\to 0}\frac{xy}{\sqrt{x^2+y^2}}\right) = \lim_{x\to 0}\left(\lim_{y\to 0}\frac{xy}{\sqrt{x^2+y^2}}\right) = 0$

(2) (x,y) を x 軸に沿って $(0,0)$ に近づける（すなわち $(x,y)=(h,0)$ として $h\to 0$ とする）．x の正の側から近づくとき（すなわち $h>0$ のとき）$\frac{x}{\sqrt{x^2+y^2}} = \frac{h}{\sqrt{h^2}}$ は 1 に近づき，x の負の側から近づくとき（$h<0$ のとき）-1 に近づく．つまり $\frac{x}{\sqrt{x^2+y^2}}$ は (x,y) の $(0,0)$ への近づけ方によって近づく値が異なるから，問題の極限値は存在しない．

注意 $\displaystyle\lim_{y\to 0}\left(\lim_{x\to 0}\frac{x}{\sqrt{x^2+y^2}}\right) = 0$ である．一方 $\displaystyle\lim_{x\to 0}\left(\lim_{y\to 0}\frac{x}{\sqrt{x^2+y^2}}\right)$ は存在しない． ◇

問題 5.1.1 次の関数 $f(x,y)$ について 3 種類の極限値

(a) $\displaystyle\lim_{y\to 0}\left(\lim_{x\to 0}f(x,y)\right)$ (b) $\displaystyle\lim_{x\to 0}\left(\lim_{y\to 0}f(x,y)\right)$ (c) $\displaystyle\lim_{(x,y)\to(0,0)}f(x,y)$

は存在するか．存在すればその値を求めよ．

(1) $f(x,y) = \dfrac{xy}{x^2+y^2}$ (2) $f(x,y) = \dfrac{x+y}{x^2+y^2}$

(3) $f(x,y) = \dfrac{x^2-y^2}{x^2+y^2}$ (4) $f(x,y) = \dfrac{x^3-y^2}{x^2+y^2}$

(5) $f(x,y) = \dfrac{x^3-y^3}{x^2+y^2}$ (6) $f(x,y) = \begin{cases} x\sin\dfrac{1}{y} & (y \neq 0) \\ 0 & (y = 0) \end{cases}$

(7) $f(x,y) = \begin{cases} x\sin\dfrac{1}{y} + y\sin\dfrac{1}{x} & (xy \neq 0) \\ 0 & (xy = 0) \end{cases}$

問題 5.1.2 次の関数の連続性を調べよ．

(1) $f(x,y) = \begin{cases} \dfrac{xy}{x^2+y^2} & ((x,y) \neq (0,0)) \\ 0 & ((x,y) = (0,0)) \end{cases}$

(2) $f(x,y) = \begin{cases} \dfrac{x^2 y}{x^2+y^2} & ((x,y) \neq (0,0)) \\ 0 & ((x,y) = (0,0)) \end{cases}$

(3) $f(x,y) = \begin{cases} \dfrac{x}{\sqrt{x^2+y^2}} & ((x,y) \neq (0,0)) \\ 0 & ((x,y) = (0,0)) \end{cases}$

例題 5.2 次の関数の 1 階および 2 階の偏導関数を求めよ．

$f(x,y) = x^y$

【解答】 $f_x = yx^{y-1}, \quad f_y = x^y \log x, \quad f_{xx} = y(y-1)x^{y-2},$

$f_{xy} = f_{yx} = x^{y-1} + yx^{y-1}\log x, \quad f_{yy} = x^y(\log x)^2.$ ◇

問題 5.1.3 次の関数 $f(x,y)$ について 1 階および 2 階の偏導関数を求めよ.

(1) $f(x,y) = 3x^2 - 4xy + 5y^2$ (2) $f(x,y) = \sqrt{x^2 - y^2}$

(3) $f(x,y) = \dfrac{x}{y}$ (4) $f(x,y) = \sin(xy)$

(5) $f(x,y) = \sin\left(\dfrac{x}{y}\right)$ (6) $f(x,y) = e^{x^2+y^2}$

(7) $f(x,y) = e^{xy}$ (8) $f(x,y) = \log_y x$

(9) $f(x,y) = \dfrac{xy}{x^2+y^2}$ $((x,y) \neq (0,0))$ (10) $f(x,y) = \mathrm{Sin}^{-1}\dfrac{y}{x}$

問題 5.1.4 次の $f(x,y)$ について, $\left(\dfrac{\partial^2}{\partial x^2} + \dfrac{\partial^2}{\partial y^2}\right)f(x,y)$ を計算せよ.

(1) $f(x,y) = x^2 - y^2$ (2) $f(x,y) = \dfrac{1}{\sqrt{x^2+y^2}}$

(3) $f(x,y) = \mathrm{Tan}^{-1}\dfrac{y}{x}$ (4) $f(x,y) = \log(x^2+y^2)$

(5) $f(x,y) = x^3 - 3xy^2$ (6) $f(x,y) = e^x(x\sin y + y\cos y)$

(7) $f(x,y) = \dfrac{y}{x^2+y^2}$

5.2 偏導関数の応用

例題 5.3 (1) $f(x,y) = \sin x \cos y$ と $x(t) = e^t$, $y(t) = \log t$ を合成して, $g(t) = f(x(t), y(t))$ とする. $\dfrac{dg}{dt}(1)$ を求めよ.

(2) $z = r^2 \sin(2\theta)$ を, $r = \sqrt{x^2+y^2}$, $\theta = \mathrm{Tan}^{-1}\dfrac{y}{x}$ $(x > 0)$ によって x, y の関数とみなすとき, 偏導関数 $z_x(x,y)$ を求めよ.

【解答】 (1) 合成関数の微分により, $\dfrac{dg}{dt} = \dfrac{\partial f}{\partial x} \cdot \dfrac{dx}{dt} + \dfrac{\partial f}{\partial y} \cdot \dfrac{dy}{dt} = (\cos x \cos y)e^t - (\sin x \sin y) \cdot \dfrac{1}{t}$ である. $t = 1$ のとき, $(x,y) = (e, 0)$ であることに注意して上に

代入すれば, $\dfrac{dg}{dt}(1) = e\cos e.$

(2) 連鎖律を使うと,
$$f_x = \frac{\partial f}{\partial r}\cdot\frac{\partial r}{\partial x} + \frac{\partial f}{\partial \theta}\cdot\frac{\partial \theta}{\partial x} = 2r\sin 2\theta \cdot \frac{x}{\sqrt{x^2+y^2}} + 2r^2\cos 2\theta \cdot \frac{-y}{x^2+y^2}$$
$$= 2x\sin 2\theta - 2y\cos 2\theta = 2\cdot\frac{y}{\tan\theta}\cdot\sin 2\theta - 2y\cos 2\theta \quad \left(\because \tan\theta = \frac{y}{x}\right)$$
$$= 4y\cos^2\theta - 2y(2\cos^2\theta - 1) = 2y.$$

注意 代入して $(x^2+y^2)\sin\left(2\mathrm{Tan}^{-1}\dfrac{y}{x}\right)$ を x に関して直接偏微分するのは面倒である. $\sin 2z = 2\tan z\cos^2 z = \dfrac{2\tan z}{1+\tan^2 z}$ に注意すれば, $f(x,y) = (x^2+y^2)\dfrac{2\cdot\dfrac{y}{x}}{1+\dfrac{y^2}{x^2}} = 2xy$ が出るので, ここから $2y$ を出してもよい. また, $r = \sqrt{x^2+y^2}, \theta = \mathrm{Tan}^{-1}\dfrac{y}{x}\ (x>0)$ は, $x = r\cos\theta, y = r\sin\theta$ という極座標表示であるから, このことを使えば $z = 2r^2\sin\theta\cos\theta = 2xy$ とわかる. これを用いてもよい. ◇

問題 5.2.1 $f(x,y)$ と $x = x(t), y = y(t)$ を合成して, t の関数 $g(t) = f(x(t),y(t))$ を考える. 合成関数の微分を利用して次の問に答えよ.

(1) $f(x,y) = \mathrm{Tan}^{-1}\dfrac{y}{x}\ (x \neq 0), x = 2t, y = 1-t^2$ のとき, $\dfrac{dg}{dt}$ を求めよ.

(2) $f(x,y) = \mathrm{Tan}^{-1}\dfrac{y}{x}\ (x \neq 0), x = \sqrt{3}t, y = t^4$ のとき, $\dfrac{dg}{dt}(1)$ を求めよ.

(3) $f(x,y) = \log\sqrt{1+x^2+3y^2},\ x = t^2+1, y = t^3+1$ のとき, $\dfrac{dg}{dt}(1)$ を求めよ.

問題 5.2.2 $f(x,y)$ と $x = x(u,v), y = y(u,v)$ を合成して, u,v の関数 $z(u,v) = f(x(u,v),y(u,v))$ を考える. 連鎖律を用いて次の問に答えよ.

(1) $f(x,y) = \log\sqrt{1+x^2+3y^2},\ x = u\cos v, y = u\sin v$ のとき, 偏微分係数 $z_u\left(2, \dfrac{\pi}{6}\right)$ を求めよ.

(2) $f(x,y) = \mathrm{Tan}^{-1}(x+y),\ x = 2u^2-v^2, y = u^2v$ のとき, 偏導関数 z_u, z_v を求めよ.

(3) $f(x,y) = \dfrac{e^{-x}}{y},\ x = \dfrac{v}{u}, y = u^2+v^2$ のとき, 偏導関数 z_u, z_v を求めよ.

(4) $f(x,y) = \dfrac{x^2 - y^2}{x^2 + y^2}$, $x = e^{u+v}$, $y = e^{u-v}$ のとき，偏導関数 z_u, z_v を求めよ．

問題 5.2.3 (1) C^2 級関数 $f(x,y)$ と C^2 級関数 $y = \varphi(x)$ に対して，$\dfrac{d}{dx} f(x, \varphi(x))$ を求めよ．

(2) C^2 級関数 $f(x), g(x)$ に対して，$u(x,t) = f(x+ct) + g(x-ct)$ とおく．$c^2 u_{xx} - u_{tt}$ を求めよ．

(3) C^2 級関数 $f(x,y)$ に対し，$x = r\cos\theta, y = r\sin\theta$ により，$z(r,\theta) = f(x(r,\theta), y(r,\theta))$ とみなすとき，$(f_x)^2 + (f_y)^2$ を z_r, z_θ で表せ．

(4) 任意の実数 t に対して $f(tx, ty) = t^n f(x,y)$ を満たす $f(x,y)$ を n 次同次関数という．f が C^1 級のとき，$xf_x(x,y) + yf_y(x,y) = nf(x,y)$ が成り立つことを示せ．

問題 5.2.4 C^2 級関数 $f(x,y)$ に対し，$x = e^s \cos t, y = e^s \sin t$ により，$z(s,t) = f(x(s,t), y(s,t))$ とみなす．$f_{xx} + f_{yy}$ と $z_{ss} + z_{tt}$ の間に成り立つ関係式を次に従って求めよ．

(1) 偏導関数 $x_s, x_t, y_s, y_t, x_{ss}, x_{tt}, y_{ss}, y_{tt}$ をそれぞれ x, y を用いて表せ．

(2) z_s を f_x, f_y, x_s, y_s を用いて表せ．

(3) z_{ss} を $f_{xx}, f_{xy}, f_{yy}, f_x, f_y$ および x_s, y_s, x_{ss}, y_{ss} を用いて表せ．

(4) $e^{-2s}(z_{ss} + z_{tt}) = f_{xx} + f_{yy}$ が成り立つことを示せ．

例題 5.4 (1) 次の関数の導関数を求めよ．

$$f(x) = x^x$$

(2) 次の関数の偏導関数を求めよ．

$$f(x,y) = (x^2 + y)^{x+y^2}$$

【解答】 (1) これは 1 変数関数の問題で通常は対数微分法を使って解を求めることが多いが，ここでは合成関数の微分法を使ってみよう．

$F(X,Y) = X^Y$, $X = x$, $Y = x$ とすると，$f(x)$ は $F(X,Y)$ と $X = x$, $Y = x$ の合成関数である．したがって，

$$\frac{df}{dx} = \frac{\partial F}{\partial X} \cdot \frac{dX}{dx} + \frac{\partial F}{\partial Y} \cdot \frac{dY}{dx}$$

となるが，これに

$$\frac{\partial F}{\partial X} = YX^{Y-1}, \quad \frac{\partial F}{\partial Y} = X^Y \log X, \quad \frac{dX}{dx} = 1, \quad \frac{dY}{dx} = 1$$

を代入して

$$\frac{df}{dx} = YX^{Y-1} + X^Y \log X = xx^{x-1} + x^x \log x = x^x(1 + \log x)$$

を得る．

(2) これも対数微分法を使う方法と合成関数の微分法を使う方法がある．まず，対数微分法を使うと，

$\log f = (x+y^2)\log(x^2+y)$ を x で偏微分して，

$$\frac{f_x}{f} = \log(x^2+y) + \frac{(x+y^2)\cdot 2x}{x^2+y}.$$

これから，

$$f_x = (x^2+y)^{x+y^2} \cdot \left(\log(x^2+y) + \frac{2x(x+y^2)}{x^2+y}\right).$$

同様に y で偏微分すると，

$$\frac{f_y}{f} = 2y\log(x^2+y) + \frac{x+y^2}{x^2+y}.$$

これから，

$$f_y = (x^2+y)^{x+y^2} \cdot \left(2y\log(x^2+y) + \frac{x+y^2}{x^2+y}\right).$$

合成関数の微分法を使う場合には，次のようにする．$f(x,y)$ は $F(X,Y) = X^Y$ と $X = x^2+y$, $Y = x+y^2$ の合成関数であるから，

$$f_x = \frac{\partial F}{\partial X} \cdot \frac{\partial X}{\partial x} + \frac{\partial F}{\partial Y} \cdot \frac{\partial Y}{\partial x}.$$

これに，

$$\frac{\partial F}{\partial X} = YX^{Y-1}, \quad \frac{\partial F}{\partial Y} = X^Y \log X, \quad \frac{\partial X}{\partial x} = 2x, \quad \frac{\partial Y}{\partial x} = 1$$

を代入して，

$$f_x = YX^{Y-1} \cdot 2x + X^Y \log X$$

$$= 2x(x+y^2)(x^2+y)^{x+y^2-1} + (x^2+y)^{x+y^2}\log(x^2+y)$$
$$= (x^2+y)^{x+y^2}\left(\frac{2x(x+y^2)}{x^2+y} + \log(x^2+y)\right)$$

を得る．f_y も同様にして計算できる． ◇

問題 5.2.5 対数微分法を使わずに次の関数 $f(x)$ の導関数を求めよ．

(1)　$f(x) = (x^x)^x$ 　　　(2)　$f(x) = x^{x^x}$

(3)　$f(x) = x^{\sqrt{x}}$ 　　　(4)　$f(x) = (\sin x)^{\sin x}$

問題 5.2.6 次の関数 $f(x,y)$ の偏導関数を求めよ．

(1)　$f(x,y) = (xy)^{xy}$　　　　　　(2)　$f(x,y) = x^{(y^x)}$

(3)　$f(x,y) = (x^y)^{(x^y)}$　　　　　(4)　$f(x,y) = x^{(y^{(x^y)})}$

(5)　$f(x,y) = (\cos(x+y))^{\sin(x+y)}$

例題 5.5 $x^3 - 3axy + y^3 = 0$ で定義される陰関数 $y = y(x)$ について，$\dfrac{dy}{dx}, \dfrac{d^2y}{dx^2}$ を求めよ．

【解答】 $f(x,y) = x^3 - 3axy + y^3$ とおく．$f = 0$ を x で微分して，

$$\frac{\partial f}{\partial x} + \frac{\partial f}{\partial y}\frac{dy}{dx} = 3x^2 - 3ay + (-3ax + 3y^2)\frac{dy}{dx} = 0.$$

すなわち，

$$x^2 - ay + (-ax + y^2)\frac{dy}{dx} = 0. \qquad (\star)$$

これより，

$$\frac{dy}{dx} = \frac{x^2 - ay}{ax - y^2}$$

を得る．式 $(\star)$ をもう一度 x で微分して

$$2x - a\frac{dy}{dx} + \left(-a + 2y\frac{dy}{dx}\right)\frac{dy}{dx} + (-ax + y^2)\frac{d^2y}{dx^2}$$
$$= 2x - 2a\frac{dy}{dx} + 2y\left(\frac{dy}{dx}\right)^2 + (-ax + y^2)\frac{d^2y}{dx^2} = 0.$$

これより,
$$\frac{d^2y}{dx^2} = \frac{2}{ax-y^2}\left(x - a\frac{x^2-ay}{ax-y^2} + y\frac{(x^2-ay)^2}{(ax-y^2)^2}\right)$$
$$= 2 \cdot \frac{xy(x^3 - 3axy + y^3) + a^3xy}{(ax-y^2)^3}$$
$$= \frac{2a^3xy}{(ax-y^2)^3}.$$

(もちろん,$f(x,y) = 0$ で $y = y(x)$ が定義されたときの導関数を与える公式
$$y' = -\frac{f_x}{f_y}, \qquad y'' = -\frac{f_{xx}f_y^2 - 2f_{xy}f_xf_y + f_{yy}f_x^2}{f_y^3}$$
を直接用いても計算できる.) $\diamondsuit$

問題 5.2.7 次の $f(x,y)$ を考え,$f(x,y) = 0$ で定まる陰関数 $y = y(x)$ について y', y'' を求めよ.

(1)　$f(x,y) = y^3 - xy^2 + y - x$

(2)　$f(x,y) = \sqrt{x} + \sqrt{y} - \sqrt{a}$　　　$(a > 0)$

(3)　$f(x,y) = e^x + e^y - e^x e^y$

(4)　$f(x,y) = \log\sqrt{x^2 + y^2} - \mathrm{Tan}^{-1}\frac{y}{x}$

(5)　$f(x,y) = xe^y - y + 1$

例題 5.6 次の関数の極値を調べよ.

(1)　$f(x,y) = x^3 + y^3 - 3xy$　　　(2)　$f(x,y) = \sqrt{x^2 + y^2}$

【解答】(1) $f_x = 3(x^2 - y)$, $f_y = 3(y^2 - x)$. まず $f_x = f_y = 0$ となる点を見つける.$f_x = 0$ から $y = x^2$ を得る.これを $f_y = 0$ から得られる $y^2 - x = 0$ に代入して,
$$x^4 - x = x(x^3 - 1) = 0. \qquad \therefore\ x = 0,\ 1$$

それぞれの x の値に対応して $y = 0, 1$ を得る.すなわち,$f_x = f_y = 0$ を満たす点は $(0,0)$ と $(1,1)$ である.次に

$$f_{xx} = 6x, \quad f_{xy} = -3, \quad f_{yy} = 6y$$

だから, $(0,0)$ では $f_{xx} \cdot f_{yy} - f_{xy}^2 = -9 < 0$ となり, $f(x,y)$ は $(0,0)$ では極値をとらない. $(1,1)$ では $f_{xx} = 6$ かつ $f_{xx} \cdot f_{yy} - f_{xy}^2 = 27 > 0$ となり, $f(x,y)$ は $(1,1)$ で極小値 $f(1,1) = -1$ をとる.

(2) 与えられた関数は $(0,0)$ 以外で f_x, f_y を持つが, これらが同時に 0 になることはない. したがって $(0,0)$ 以外で $f(x,y)$ が極値をとることはない. 一方 $f(0,0) = 0$ で $(x,y) \neq (0,0)$ のとき明らかに $f(x,y) > 0$ だから, f は $(0,0)$ で極小値 0 をとる (この場合 0 は $f(x,y)$ の最小値でもある). ◇

問題 5.2.8 次の関数の極値を調べよ.

(1) $f(x,y) = x^2 - xy + y^2 - x - 4y$

(2) $f(x,y) = 2x^3 - 3x^2 + y^2$

(3) $f(x,y) = x^2 + y^2 + y^3$

(4) $f(x,y) = x^2 + y^3$

(5) $f(x,y) = ax^2 + 2hxy + by^2 + cx + dy + g \quad (ab - h^2 \neq 0)$

(6) $f(x,y) = \sin x + \sin y$

(7) $f(x,y) = \sin x + \sin y \quad (0 \leqq x \leqq 2\pi, 0 \leqq y \leqq 2\pi)$

(8) $f(x,y) = xy + \dfrac{1}{x} + \dfrac{1}{y}$

問題 5.2.9 次の関数の極値は存在するか. 存在すれば求めよ.

(1) $f(x,y) = x^2 - 4xy^2 + 4y^4 + y^6$

(2) $f(x,y) = (y - x^2)(y - 3x^2)$

(3) $f(x,y) = \dfrac{1 + xy}{1 + x^2 + y^2}$

例題 5.7 $f(x,y) = \dfrac{\cos(2x)}{1-x+3y}$ のマクローリン展開を 2 次の項まで求めよ．（剰余項は求めなくてよい．）

【解答】 $f(x,y)$ の高階偏導関数を計算して定義通り係数を計算することもできるが，1 変数の場合のマクローリン展開を組み合わせるほうが早い．
$$\cos(2t) = 1 - \frac{1}{2}(2t)^2 + o(t^2), \quad \frac{1}{1-t} = 1 + t + t^2 + o(t^2) \quad (t \to 0)$$
より，
$$f(x,y) = (1 - 2x^2 + o(r^2))(1 + (x-3y) + (x-3y)^2 + o(r^2))$$
$$= 1 + x - 3y - x^2 - 6xy + 9y^2 + o(r^2) \quad ((x,y) \to (0,0))$$
と 2 次までのマクローリン展開が求められる．ここで $r = \sqrt{x^2 + y^2}$ である． ◇

問題 5.2.10 次の関数を $(0,0)$ を中心として 4 次の項までテイラー展開せよ (剰余項は求めなくてよい)．

(1) $e^{ax}\sin by$ (2) $\dfrac{1}{3+2x-y}$

(3) $\sqrt{1-x^2-y^2}$ (4) $(1+x)^y$

問題 5.2.11 次の関数を $(0,0)$ を中心にしてテイラー展開し，3 次の剰余項まで求めよ．

(1) $\log\left(1 + \dfrac{x}{a} + \dfrac{y}{b}\right)$ (2) $\exp\left\{-\left(\dfrac{x}{a} + \dfrac{y}{b}\right)\right\}$

参考 p.46 で述べたテイラーの定理の剰余項を積分形で与えることについて，2 変数の場合を述べておこう．$f(x,y)$ が 2 点 (a,b), $(a+h, b+k)$ を結ぶ線分を内に含むような開領域で C^n 級 の関数とするとき，
$$f(a+h, b+k) = \sum_{m=0}^{n-1} \frac{1}{m!}\left(h\frac{\partial}{\partial x} + k\frac{\partial}{\partial y}\right)^m f(a,b)$$
$$+ \int_0^1 \frac{(1-t)^{n-1}}{(n-1)!}\left(h\frac{\partial}{\partial x} + k\frac{\partial}{\partial y}\right)^n f(a+th, b+tk)\, dt$$

が成り立つ.

証明は, t の関数 $F(t) = f(a+th, b+tk)$ に区間 $[0,1]$ で, p.46 で述べた1変数関数のテイラーの公式を適用すればよい.

例題 5.8 曲面 $z = xy - 2x + 2y - 1$ 上の点 $(0, 0, -1)$ における接平面および法線の方程式を求めよ.

【解答】 曲面 $z = z(x, y)$ 上の点 (x_0, y_0, z_0) における接平面は

$$z_x(x_0, y_0)(x - x_0) + z_y(x_0, y_0)(y - y_0) - (z - z_0) = 0$$

で与えられ, 法線の方程式は

$$\frac{x - x_0}{z_x(x_0, y_0)} = \frac{y - y_0}{z_y(x_0, y_0)} = \frac{z - z_0}{-1}$$

で与えられる. これらのものを与えられた関数について計算すればよい.

今の場合 $z_x(0,0) = -2$, $z_y(0,0) = 2$ であるから, 接平面の方程式は

$$-2 \cdot x + 2 \cdot y - (z+1) = 0 \quad \therefore \quad -2x + 2y - z = 1$$

法線の方程式は

$$\frac{x}{-2} = \frac{y}{2} = \frac{z+1}{-1}$$

である. ◇

問題 5.2.12 次の曲面上の (x_0, y_0, z_0) における接平面と法線の方程式を求めよ. ただし, $x_0 y_0 z_0 \neq 0$ とする.

(1) $z = xy$

(2) $2z = \dfrac{x^2}{a^2} + \dfrac{y^2}{b^2}$

(3) $x^2 + y^2 + z^2 = a^2$

例題 5.9 ラグランジュの未定乗数法を用いて，$g(x,y) = 0$ の下で $f(x,y)$ の極値を求めよ．また，最大値・最小値があれば求めよ．

(1) $g(x,y) = x^2 + y^2 - 1$, $f(x,y) = x^2 - y^2$.
(2) $g(x,y) = x^2 - y^2 - 1$, $f(x,y) = (x-1)^3 + y^2$.

【解答】 (1) $F(x,y,\lambda) = x^2 - y^2 - \lambda(x^2 + y^2 - 1)$ とおく．$F_x = 2x - 2\lambda x, F_y = -2y - 2\lambda y, F_\lambda = x^2 + y^2 - 1$. 連立方程式 $F_x = 0, F_y = 0, F_\lambda = 0$ を解くと，$(x,y,\lambda) = (0, \pm 1, -1), (\pm 1, 0, 1)$. これが極値の候補になる．

$(x,y) = (0, \pm 1)$ で $g_y(0, \pm 1) = \pm 2 \neq 0$ であることに注意し，$g(x,y) = 0$ から定まる陰関数 $y = \varphi(x)$ をとる．このとき，$g(x, \varphi(x)) = 0$ を x で微分して，$2x + 2\varphi\varphi' = 0$. さらに x で微分して $2 + 2(\varphi')^2 + 2\varphi\varphi'' = 0$. よって $\varphi'(0) = 0, \varphi''(0) = \mp 1$. 他方，$h(x) = f(x, \varphi(x)) = x^2 - \{\varphi(x)\}^2$ は，$h'(x) = 2x - 2\varphi(x)\varphi'(x)$, $h''(x) = 2 - 2(\varphi'(x))^2 - 2\varphi(x)\varphi''(x)$ より，$h''(0) = 4 > 0$ となることがわかるので，$(x,y) = (0, \pm 1)$ はいずれも極小で値は -1.

$(x,y) = (\pm 1, 0)$ で $g_x(\pm 1, 0) = \pm 2 \neq 0$ であることに注意し，$x^2 + y^2 - 1 = 0$ から定まる陰関数 $x = \psi(y)$ をとる．このとき，$g(\psi(y), y) = 0$ を y で微分して，$2\psi\psi' + 2y = 0$. さらに y で微分して $2(\psi')^2 + 2\psi\psi'' + 2 = 0$. よって $\psi'(0) = 0, \psi''(0) = \mp 1$. 他方，$k(y) = f(\psi(y), y) = \psi(y)^2 - y^2$ は，$k'(y) = 2\psi(y)\psi'(y) - 2y$, $k''(y) = 2(\psi'(y))^2 + 2\psi(y)\psi''(y) - 2$ より，$k''(0) = -4 < 0$ となることがわかるので，$(x,y) = (\pm 1, 0)$ はいずれも極大で値は 1. また，$-1 \leqq -y^2 \leqq x^2 - y^2 \leqq x^2 \leqq 1$ より，$f(x,y)$ の最大値は 1, 最小値は -1.

(2) $F(x,y,\lambda) = (x-1)^3 + y^2 - \lambda(x^2 - y^2 - 1)$ とおくと，$F_x = 3(x-1)^2 - 2\lambda x, F_y = 2y + 2\lambda y, F_\lambda = x^2 - y^2 - 1$. 連立方程式 $F_x = F_y = F_\lambda = 0$ を解くと，$\lambda = -1$ のときは $F_x = 0$ が $3x^2 - 4x + 3 = 0$ となり実数解を持たない．よって，$y = 0$. このとき，$x = \pm 1$. したがって，$(x,y) = (\pm 1, 0)$ が極値の候補をとなる．

この 2 点で $g_x(x,y) = \pm 2 \neq 0$ だから，$g(x,y) = 0$ から定まる陰関数 $x = \psi(y)$ をとる．$g(\psi(y), y) = 0$ を y で微分して，$2\psi\psi' - 2y = 0$. さらに y で微分して $2(\psi')^2 + 2\psi\psi'' - 2 = 0$. よって $\psi'(0) = 0$, $\psi''(0) = \pm 1$. 他方，$h(y) = f(\psi(y), y) = (\psi(y) - 1)^3 + y^2$ は，$h'(y) = 3(\psi(y) - 1)^2 \psi'(y) + 2y$, $h''(y) = 6(\psi(y)-1)\{\psi'(y)\}^2 + 3(\psi(y)-1)^2 \psi''(y) + 2$. したがって，$(x,y) = (1,0)$ のとき $h''(0) = 2 > 0$ となり，極小で値は 0. $(x,y) = (-1, 0)$ のとき，$h''(0) = -10 < 0$

となり，極大で値は -8. このことから，$f(x,y)$ には最大値も最小値もない． ◇

> **注意** $g(x,y) = 0$ が有界で滑らかな閉曲線である場合，「有界閉集合上の連続関数には最大値・最小値が存在する．」という定理を使うことで，連立方程式 $F_x = F_y = F_\lambda = 0$ を解いて見つかる極値の候補 (a,b) の中で，$f(a,b)$ が最大となるものは極大値かつ最大値であり，最小となるものが極小値かつ最小値である，ということがわかる．このことを使うと，例えば (1) なら $f(\pm 1, 0) = -1, f(0, \pm 1) = 1$ という値の比較から，$(\pm 1, 0)$ で最小かつ極小であり，$(0, \pm 1)$ で最大かつ極大というように，$g(x,y) = 0$ から定まる陰関数を利用して極値を判定する作業なしで，最大・最小も極大・極小も判定できる．しかし (2) では $g(x,y) = 0$ は閉曲線ではないので陰関数をとって極値を調べる必要がある．また，滑らかな閉曲線の場合でも最大・最小以外の極値の候補については，陰関数を利用するなどして極大か極小かを判定する必要がある．

> **注意** 極値の候補 (a,b) で $g_y(a,b), g_x(a,b)$ がともに 0 でないときは，$y = \varphi(x), x = \psi(y)$ どちらの陰関数をとることもできるが，どちらをとるかで極値を調べる計算が面倒になることもある．

問題 5.2.13 ラグランジュの未定乗数法を用いて，$g(x,y) = 0$ の下での $f(x,y)$ の極値を求めよ．また最大値・最小値があれば求めよ．

(1) $g(x,y) = x^2 + y^2 - 1$, $f(x,y) = xy$.
(2) $g(x,y) = x^4 + y^4 - 1$, $f(x,y) = x + 8y$.
(3) $g(x,y) = 3x^2 - 2xy + 3y^2 - 24$, $f(x,y) = xy$.
(4) $g(x,y) = x^2 + 8xy + 7y^2 - 225$, $f(x,y) = x^2 + y^2$.
(5) $g(x,y) = x^2 + y^4 - 3$, $f(x,y) = xy$.
(6) $g(x,y) = x^2 + y^2 - 2$, $f(x,y) = x^3 + y^3$.
(7) $g(x,y) = x^2 - y^2 + 1$, $f(x,y) = 2x + y^3$.
(8) $g(x,y) = x^2 - y^2 - 1$, $f(x,y) = x^2 + (y-2)^2$.

6 重積分とその応用

6.1 重積分

2重積分の計算では，被積分関数の定義域をしかるべき形で表示することが出発点になる．そこで次の例題から始めよう．

例題 6.1 二つの放物線 $y = x^2$ と $y = \sqrt{3x}$ で囲まれた範囲 D (閉領域) を図示し，さらに関数 $\varphi_1, \varphi_2, \psi_1, \psi_2$ を適当に定めて D を

$$\{(x,y) \mid \varphi_1(x) \leqq y \leqq \varphi_2(x),\ a \leqq x \leqq b\},$$
$$\{(x,y) \mid \psi_1(y) \leqq x \leqq \psi_2(y),\ c \leqq y \leqq d\}$$

の2通りに表せ．

【解答】 図は省略する．$y = x^2$ と $y = \sqrt{3x}$ は $(0,0)$ と $(\sqrt[3]{3}, \sqrt[3]{9})$ で交わる．そこで，求める範囲は

$$\{(x,y) \mid x^2 \leqq y \leqq \sqrt{3x},\ 0 \leqq x \leqq \sqrt[3]{3}\},$$
$$\left\{(x,y) \:\middle|\: \frac{y^2}{3} \leqq x \leqq \sqrt{y},\ 0 \leqq y \leqq \sqrt[3]{9}\right\}$$

の2通りに表せる． ◇

問題 6.1.1 次の範囲 D を図示し，関数 $\varphi_1, \varphi_2, \psi_1, \psi_2$ を適当に定めて D を

$$\{(x,y) \mid \varphi_1(x) \leqq y \leqq \varphi_2(x),\ a \leqq x \leqq b\} \text{ (またはこの形の集合の合併)},$$
$$\{(x,y) \mid \psi_1(y) \leqq x \leqq \psi_2(y),\ c \leqq y \leqq d\} \text{ (またはこの形の集合の合併)}$$

の2通りに表せ．

(1) $(0, a)\ (a > 0)$ を中心とする半径 a の円の内部および境界．

(2) 直線 $2x-y=1$ の左側，$x+2y=1$ の下側，y 軸の右側の三つの条件を満たす範囲 (および境界)．

(3) $(a,0)$ $(a>0)$ を中心とする半径 a の円の内部で直線 $y=x$ の下側にあり，かつ x 軸より上側にある領域 (および境界)．

(4) 放物線 $y=x^2$ の下側，$y=2x^2-1$ の上側にあり，y 軸の右側にある部分 (および境界)．

例題 6.2 次の 2 重積分を指定された閉領域 D で求めよ．
$$\iint_D (x^2+y^2)\,dxdy, \quad D: x\geqq 0,\ y\geqq 0,\ x+y\leqq 1$$

【解答】 D は $0\leqq y\leqq 1-x,\ 0\leqq x\leqq 1$ と表される．与えられた 2 重積分を累次積分 (繰り返し積分) として計算する．
$$\iint_D (x^2+y^2)\,dxdy = \int_0^1 dx \int_0^{1-x} (x^2+y^2)\,dy$$
$$= \int_0^1 \left[x^2 y + \frac{y^3}{3}\right]_{y=0}^{y=1-x} dx = \int_0^1 \left\{x^2(1-x) + \frac{1}{3}(1-x)^3\right\} dx$$
$$= \int_0^1 \left(\frac{1}{3} - x + 2x^2 - \frac{4}{3}x^3\right) dx = \left[\frac{1}{3}x - \frac{1}{2}x^2 + \frac{2}{3}x^3 - \frac{1}{3}x^4\right]_0^1$$
$$= \frac{1}{6}. \qquad \diamondsuit$$

問題 6.1.2 次の 2 重積分を指定された領域 D で求めよ $(a>0)$．

(1) $\iint_D x^2 y\,dxdy, \qquad D: x^2+y^2\leqq a^2,\ y\geqq 0$

(2) $\iint_D \sqrt{x^2-y^2}\,dxdy, \quad D: 0\leqq x\leqq 1,\ 0\leqq y\leqq x$

(3) $\iint_D \dfrac{xy^2}{\sqrt{a^2-x^2}}\,dxdy, \quad D: x^2+y^2\leqq a^2,\ x\geqq 0$

(4) $\iint_D \cos(x+y)\,dxdy, \quad D: x\geqq 0,\ y\geqq 0,\ x+y\leqq \dfrac{\pi}{2}$

(5) $\iint_D (x+y)\,dxdy, \qquad D: x\geqq 0,\ y\leqq 2,\ \sqrt{x}\leqq y$

(6) $\displaystyle\iint_D \sqrt{x}\,dxdy$,　　　$D : x^2 + y^2 \leqq x$

(7) $\displaystyle\iint_D (x^2 + y^2)\,dxdy$,　　$D : x^2 + y^2 \leqq a^2$

例題 6.3　次の累次積分の順序を入れ換えよ．
$$\int_a^b dx \int_a^x f(x,y)\,dy$$

【解答】　与えられた積分は，2 重積分
$$\iint_D f(x,y)\,dxdy \quad D : a \leqq x \leqq b,\ a \leqq y \leqq x$$
を累次積分で表したものである．D は $a \leqq y \leqq b,\ y \leqq x \leqq b$ とも表せるから
$$\int_a^b dy \int_y^b f(x,y)\,dx$$
と書ける． 　　　　　　　　　　　　　　　　　　　　　　　　$\diamondsuit$

|注意| この種の問題を考えるときは読者は必ず積分領域の図を描いてみること．

問題 6.1.3　次の累次積分の順序を入れ換えよ．

(1) $\displaystyle\int_0^1 dx \int_{x^2}^{2-x} f(x,y)\,dy$　　　　(2) $\displaystyle\int_{-a}^a dy \int_0^{\sqrt{a^2-y^2}} f(x,y)\,dx$

(3) $\displaystyle\int_0^a dy \int_{a-y}^{a+y} f(x,y)\,dx$　　　　(4) $\displaystyle\int_0^3 dx \int_x^{4x} f(x,y)\,dy$

(5) $\displaystyle\int_1^2 dx \int_{x^2}^{x^3} f(x,y)\,dy$　　　　(6) $\displaystyle\int_0^\pi dy \int_0^{1+\cos y} f(x,y)\,dx$

問題 6.1.4　次の 2 重積分の値を求めよ．

(1) $\displaystyle\iint_D e^{-x^2}\,dxdy$,　　$D : 0 \leqq y \leqq x \leqq 1$

(2) $\displaystyle\iint_D e^{-y^2}\,dxdy$,　　$D : 0 \leqq x \leqq y \leqq 1$

(3) $\displaystyle\iint_D \sin\frac{y}{x}\,dxdy$,　　$D : 0 \leqq y \leqq \frac{\pi}{2}x,\ \frac{1}{2} \leqq x \leqq 1$

6.2 変数変換

例題 6.4 次の2重積分の積分変数を [ ] 内の指定に従って変更せよ．
$$\iint_D f(x,y)\,dxdy, \quad D: x^2+y^2 \leqq a^2 \ (a>0)$$
[$x=r\cos\theta,\ y=r\sin\theta$ なる r,θ に]

【解答】 変数変換 $x=r\cos\theta,\ y=r\sin\theta$ のヤコビアンは
$$\begin{vmatrix} \dfrac{\partial x}{\partial r} & \dfrac{\partial x}{\partial \theta} \\ \dfrac{\partial y}{\partial r} & \dfrac{\partial y}{\partial \theta} \end{vmatrix} = \begin{vmatrix} \cos\theta & -r\sin\theta \\ \sin\theta & r\cos\theta \end{vmatrix} = r\cos^2\theta + r\sin^2\theta = r$$

である．また，積分範囲 D を (r,θ) 座標で表すと，
$$D': 0\leqq r \leqq a,\ 0\leqq \theta \leqq 2\pi$$
となるから，与えられた積分は
$$\iint_{D'} f(r\cos\theta, r\sin\theta)\,rdrd\theta, \quad D': 0\leqq r\leqq a,\ 0\leqq \theta\leqq 2\pi$$
となる． ◇

問題 6.2.1 次の2重積分の積分変数を [ ] 内の指示に従って変更せよ．

(1) $\displaystyle\iint_D f(x,y)\,dxdy, \quad D: \dfrac{x^2}{a^2}+\dfrac{y^2}{b^2} \leqq 1 \quad (a,b>0)$
　　[$x=a\xi,\ y=b\eta$ なる ξ,η に]

(2) $\displaystyle\iint_D f(x,y)\,dxdy, \quad D: \sqrt{x}+\sqrt{y}\leqq 1,\ x\geqq 0,\ y\geqq 0$
　　[$x=r\cos^4\theta,\ y=r\sin^4\theta$ なる r,θ に]

(3) $\displaystyle\iint_D f(x,y)\,dxdy, \quad D: ax\leqq y\leqq bx,\ c\leqq x+y\leqq d$
　　$(0<a<b,\ 0<c<d)$ 　　[$x+y=u,\ y=uv$ なる u,v に]

問題 6.2.2 次の 2 重積分の値を求めよ．必要なら [ ] 内の変数変換を用いよ ($a > 0, b > 0$ とする)．

(1) $\iint_D (x^2 + y^2)\, dxdy, \quad D : \dfrac{x^2}{a^2} + \dfrac{y^2}{b^2} \leqq 1 \quad [\, x = ar\cos\theta,\ y = br\sin\theta\,]$

(2) $\iint_D \sqrt{xy}\, dxdy, \quad D : x \geqq 0,\ y \geqq 0,\ \dfrac{x}{a} + \dfrac{y}{b} \leqq 1$
$$\left[\, u = \dfrac{x}{a} + \dfrac{y}{b},\ v = \dfrac{x}{a} - \dfrac{y}{b} \ \left(\Leftrightarrow\ x = \dfrac{a(u+v)}{2},\ y = \dfrac{b(u-v)}{2}\right)\,\right]$$

(3) $\iint_D (x^2 + xy + y^2)\, dxdy, \quad D : x \geqq 0,\ y \geqq 0,\ \sqrt{\dfrac{x}{a}} + \sqrt{\dfrac{y}{b}} \leqq 1$
$$\left[\, u = \sqrt{\dfrac{x}{a}},\ v = \sqrt{\dfrac{y}{b}}\ (\Leftrightarrow\ x = au^2,\ y = bv^2)\,\right]$$

(4) $\iint_D \sqrt{5 - (2x+y)^2}\, dxdy, \quad D : x^2 + y^2 \leqq 1$
$$\left[\, u = 2x + y,\ v = x - 2y\ \left(\Leftrightarrow\ x = \dfrac{2u+v}{5},\ y = \dfrac{u-2v}{5}\right)\,\right]$$

(5) $\iint_D e^{-(x^2+y^2)}\, dxdy, \quad D : x^2 + y^2 \leqq a^2 \quad [\, x = r\cos\theta,\ y = r\sin\theta\,]$

(6) $\iint_D (x^2 + y^2)(a^2 - x^2 - y^2)^{\frac{3}{2}}\, dxdy,$
$\quad D : x \geqq 0,\ y \geqq 0,\ x^2 + y^2 \leqq a^2 \quad [\, x = r\cos\theta,\ y = r\sin\theta\,]$

6.3 広 義 重 積 分

例題 6.5 次の (広義) 2 重積分を求めよ．
$$\iint_D \dfrac{1-x}{\sqrt{1-x^2-y^2}}\, dxdy, \quad D : x^2 + y^2 < 1$$

【解答】 被積分関数は D の境界 $x^2 + y^2 = 1$ のところで不連続．したがって厳密には次のように計算すべきであろう．$0 < \varepsilon < 1$ である ε を選んで $D_\varepsilon = \{(x, y) \mid$

$\sqrt{x^2+y^2} \leqq 1-\varepsilon$ とし,まず D_ε 上の積分を計算する.$x = r\cos\theta$, $y = r\sin\theta$, $D'_\varepsilon = \{(r,\theta) \mid 0 \leqq r \leqq 1-\varepsilon,\ 0 \leqq \theta \leqq 2\pi\}$ とおき,

$$\iint_{D_\varepsilon} \frac{1-x}{\sqrt{1-x^2-y^2}}\,dxdy = \iint_{D'_\varepsilon} \frac{1-r\cos\theta}{\sqrt{1-r^2}} r\,drd\theta$$
$$= \int_0^{1-\varepsilon} dr \int_0^{2\pi} \frac{r-r^2\cos\theta}{\sqrt{1-r^2}}\,d\theta = 2\pi \int_0^{1-\varepsilon} \frac{r}{\sqrt{1-r^2}}\,dr = (*).$$

さらに $r = \sin t$ と変数変換して

$$(*) = 2\pi \int_0^{\mathrm{Sin}^{-1}(1-\varepsilon)} \sin t\,dt = 2\pi\bigl[-\cos t\bigr]_0^{\mathrm{Sin}^{-1}(1-\varepsilon)}$$
$$= 2\pi\{-\cos(\mathrm{Sin}^{-1}(1-\varepsilon)) + 1.\}$$

ここで,(もとの被積分関数が非負であることにも注意して) $\varepsilon \to +0$ とすれば求める値が 2π であることがわかる.しかし,実際は以上のようなことに注意しながら,もっと簡単に書いてすませる.すなわち上と同じ変数変換を考え,$D' = \{(r,\theta) \mid 0 \leqq r < 1,\ 0 \leqq \theta \leqq 2\pi\}$ として

$$\iint_D \frac{1-x}{\sqrt{1-x^2-y^2}}\,dxdy = \iint_{D'} \frac{1-r\cos\theta}{\sqrt{1-r^2}} r\,drd\theta$$
$$= \int_0^1 dr \int_0^{2\pi} \frac{r-r^2\cos\theta}{\sqrt{1-r^2}}\,d\theta = 2\pi \int_0^{\frac{\pi}{2}} \sin t\,dt$$
$$= 2\pi\bigl[-\cos t\bigr]_0^{\frac{\pi}{2}} = 2\pi.$$

上の計算は,次のようにも書ける.

$$\iint_D \frac{1-x}{\sqrt{1-x^2-y^2}}\,dxdy = \int_{-1}^1 dx \int_{-\sqrt{1-x^2}}^{\sqrt{1-x^2}} \frac{1-x}{\sqrt{1-x^2-y^2}}\,dy$$
$$= \int_{-1}^1 (1-x)\left[\mathrm{Sin}^{-1}\frac{y}{\sqrt{1-x^2}}\right]_{y=-\sqrt{1-x^2}}^{y=\sqrt{1-x^2}}\,dx$$
$$= \int_{-1}^1 (1-x)\pi\,dx = 2\pi. \hfill \diamond$$

問題 6.3.1 次の (広義) 2 重積分を求めよ.

(1) $\displaystyle\iint_D \log(x^2+y^2)\,dxdy$, $\quad D: x^2+y^2 \leqq 1$

(2) $\displaystyle\iint_D \frac{x+2y}{x^2+y^2}\,dxdy$, $\quad D: 0 < x \leqq y \leqq 1$

(3) $\displaystyle\iint_D \frac{dxdy}{(3x+2y+1)^3}$, $\qquad D: x, y \geqq 0$

(4) $\displaystyle\iint_D \frac{dxdy}{\sqrt{8x^2+y^2}}$, $\qquad D: 0 < y \leqq x \leqq 1$

(5) $\displaystyle\iint_D \log(x+y)\,dxdy$, $\qquad D: 0 < x \leqq 1,\ 0 < y \leqq 1$

(6) $\displaystyle\iint_D e^{\frac{y}{x}}\,dxdy$, $\qquad D: 0 \leqq y \leqq x^2,\ 0 < x \leqq 1$

(7) $\displaystyle\iint_D \cos\left(\frac{x-y}{x+y}\right)dxdy$, $\quad D: x \geqq 0,\ y \geqq 0,\ 0 < x+y \leqq 1$

(8) $\displaystyle\iint_D \mathrm{Tan}^{-1}\frac{y}{x}\,dxdy$, $\qquad D: x > 0,\ y > 0,\ x^2+y^2 \leqq a^2$

問題 6.3.2 $\displaystyle\int_0^\infty f(x)\,dx < \infty$, $D = \{(x,y) \mid x \geqq 0, y \geqq 0\}$ のとき,

$$\iint_D f(a^2x^2 + b^2y^2)\,dxdy = \frac{\pi}{4ab}\int_0^\infty f(x)\,dx \quad (a>0, b>0)$$

を示せ.

6.4　3重積分, その他

例題 6.6　次の3重積分の値を求めよ $(a > 0)$.

$$\iiint_V dxdydz, \quad V: x^2+y^2+z^2 \leqq a^2,\ x \geqq 0,\ y \geqq 0,\ z \geqq 0$$

【解答】 半径 a の球体の体積の $\dfrac{1}{8}$ を求めることに相当するから, 結果は $\dfrac{\pi a^3}{6}$ になることをまず理解せよ. ここでは3重積分の計算法を理解するために2通りのやり方を示そう. $D = \{(x,y) \mid x^2+y^2 \leqq a^2, x \geqq 0, y \geqq 0\}$ とおいて

$$\iiint_V dxdydz = \iint_D dxdy \int_0^{\sqrt{a^2-x^2-y^2}} dz$$
$$= \iint_D \sqrt{a^2-x^2-y^2}\,dxdy = \int_0^a dx \int_0^{\sqrt{a^2-x^2}} \sqrt{a^2-x^2-y^2}\,dy$$

$$= \int_0^a \left[\frac{1}{2} \left(y\sqrt{a^2-x^2-y^2} + (a^2-x^2) \operatorname{Sin}^{-1} \frac{y}{\sqrt{a^2-x^2}} \right) \right]_{y=0}^{y=\sqrt{a^2-x^2}} dx$$
$$= \frac{1}{2} \int_0^a (a^2-x^2) \frac{\pi}{2} dx = \frac{1}{2} \left(a^3 - \frac{1}{3} a^3 \right) \frac{\pi}{2} = \frac{\pi a^3}{6}.$$

あるいは, 次のようにする. $D(z) = \{(x,y) \mid x^2+y^2 \leqq a^2-z^2, x \geqq 0, y \geqq 0\}$ として

$$\iiint_V dx dy dz = \int_0^a dz \iint_{D(z)} dy dx$$
$$= \int_0^a \left(\int_0^{\sqrt{a^2-z^2}} dx \int_0^{\sqrt{a^2-z^2-x^2}} dy \right) dz$$
$$= \int_0^a \left(\int_0^{\sqrt{a^2-z^2}} \sqrt{a^2-z^2-x^2} dx \right) dz$$
$$= \int_0^a \left[\frac{1}{2} \left(x\sqrt{a^2-z^2-x^2} + (a^2-z^2) \operatorname{Sin}^{-1} \frac{x}{\sqrt{a^2-z^2}} \right) \right]_{x=0}^{x=\sqrt{a^2-z^2}} dz$$
$$= \frac{1}{2} \int_0^a (a^2-z^2) \frac{\pi}{2} dz = \frac{1}{2} \left(a^3 - \frac{a^3}{3} \right) \frac{\pi}{2} = \frac{\pi a^3}{6}.$$

さらに, 変数変換 (空間極座標) を用いて次のように計算することもできる. $x = r\sin\theta\cos\varphi$, $y = r\sin\theta\sin\varphi$, $z = r\cos\theta$ とおくと, 積分範囲 V は $V' = \{(r,\theta,\varphi) \mid 0 \leqq r \leqq a, 0 \leqq \theta \leqq \frac{\pi}{2}, 0 \leqq \varphi \leqq \frac{\pi}{2}\}$ に変わる. ヤコビアンは

$$\begin{vmatrix} \frac{\partial x}{\partial r} & \frac{\partial x}{\partial \theta} & \frac{\partial x}{\partial \varphi} \\ \frac{\partial y}{\partial r} & \frac{\partial y}{\partial \theta} & \frac{\partial y}{\partial \varphi} \\ \frac{\partial z}{\partial r} & \frac{\partial z}{\partial \theta} & \frac{\partial z}{\partial \varphi} \end{vmatrix} = \begin{vmatrix} \sin\theta\cos\varphi & r\cos\theta\cos\varphi & -r\sin\theta\sin\varphi \\ \sin\theta\sin\varphi & r\cos\theta\sin\varphi & r\sin\theta\cos\varphi \\ \cos\theta & -r\sin\theta & 0 \end{vmatrix} = r^2 \sin\theta$$

である. そこで, 次の積分を実行すればよい.

$$\iiint_V dx dy dz = \iiint_{V'} r^2 \sin\theta \, dr d\theta d\varphi$$
$$= \int_0^a r^2 \int_0^{\frac{\pi}{2}} d\varphi \int_0^{\frac{\pi}{2}} \sin\theta \, d\theta dr = \frac{a^3}{3} \frac{\pi}{2} = \frac{\pi a^3}{6}. \qquad \diamondsuit$$

問題 6.4.1 次の 3 重積分を求めよ $(a,b,c > 0)$.

(1) $\displaystyle\iiint_V \frac{1}{\sqrt{1-x^2-y^2-z^2}}\,dxdydz, \quad V: x^2+y^2+z^2 \leqq 1$

(2) $\displaystyle\iiint_V xyz\,dxdydz, \quad V: \sqrt{\frac{x}{a}}+\sqrt{\frac{y}{b}} \leqq 1,\ 0 \leqq z \leqq c$

(3) $\displaystyle\iiint_V dxdydz, \quad V: x \geqq 0,\ y \geqq 0,\ \frac{x}{a}+\frac{y}{b} \leqq 1,\ 0 \leqq z \leqq c$

(4) $\displaystyle\iiint_V dxdydz, \quad V: x \geqq 0,\ y \geqq 0,\ z \geqq 0,\ x^2+z \leqq 1,\ y^2+z \leqq 1$

(5) $\displaystyle\iiint_V dxdydz, \quad V: x \geqq 0,\ \left(\frac{x}{a}\right)^2+\left(\frac{y}{b}\right)^2+\left(\frac{z}{c}\right)^2 \leqq 1$

(6) $\displaystyle\iiint_V (x^2+xy+y^2)\,dxdydz, \quad V: \left(\frac{x}{a}\right)^2+\left(\frac{y}{b}\right)^2 \leqq 1,\ 0 \leqq z \leqq c$

(7) $\displaystyle\iiint_V xyz\,dxdydz, \quad V: x \geqq 0,\ y \geqq 0,\ z \geqq 0,\ \frac{x}{a}+\frac{y}{b}+\frac{z}{c} \leqq 1$

例題 6.7 重積分を用いて次の面積または体積を求めよ $(a>0)$.

(1) 曲線 $y^2=4ax$, 直線 $x+y=3a$ と x 軸で囲まれた部分の面積

(2) $y \geqq 0,\ 0 \leqq x \leqq 1-y^2,\ 0 \leqq z \leqq 1-x^2$ で与えられる立体の体積

【解答】 (1) D で問題で与えられた範囲を表す.つまり,
$$D=\left\{(x,y)\ \Big|\ \frac{y^2}{4a} \leqq x \leqq 3a-y,\ y \geqq 0\right\}$$
とおく.D の面積は
$$\iint_D dxdy = \int_0^{2a} dy \int_{\frac{y^2}{4a}}^{3a-y} dx = \int_0^{2a}\left(3a-y-\frac{y^2}{4a}\right)dy = \frac{10}{3}a^2.$$

(2) 与えられた立体を V とし,V を xy 平面に射影した閉領域を D とする.つまり,$D=\{(x,y)\,|\,y \geqq 0,\ 0 \leqq x \leqq 1-y^2\}$ とおく.V の体積は
$$\iiint_V dxdydz = \iint_D dxdy \int_0^{1-x^2} dz = \iint_D (1-x^2)\,dxdy$$
$$= \int_0^1 dy \int_0^{1-y^2}(1-x^2)\,dx = \int_0^1 \left\{(1-y^2)-\frac{(1-y^2)^3}{3}\right\}dy$$
$$= \int_0^1 \left(\frac{2}{3}-y^4+\frac{y^6}{3}\right)dy = \left[\frac{2}{3}y-\frac{y^5}{5}+\frac{y^7}{21}\right]_0^1 = \frac{18}{35}. \qquad \diamondsuit$$

問題 6.4.2 次の面積または体積を求めよ $(a > 0, b > 0, c > 0)$.

(1) 二つの放物線 $y^2 = 10x + 25$ と $y^2 = -6x + 9$ で囲まれた図形の面積

(2) 3 平面 $x = 0$, $z = 0$, $z = y + 2$ と柱面 $y^2 = 4 - x$ で囲まれた部分の体積

(3) 曲面 $\left(\dfrac{x}{a}\right)^{\frac{2}{3}} + \left(\dfrac{y}{b}\right)^{\frac{2}{3}} + \left(\dfrac{z}{c}\right)^{\frac{2}{3}} = 1$ で囲まれた部分の体積

(4) 2 平面 $x = 0$, $x = z$ と円錐面 $z = a - \sqrt{x^2 + y^2}$ で囲まれた部分の体積

(5) 円柱 $x^2 + y^2 \leqq a^2$ の平面 $z = 0$ の上方にあり，平面 $z = x$ の下側にある部分の体積

(6) 円柱 $x^2 + y^2 \leqq a^2$ と球 $x^2 + y^2 + z^2 \leqq 2a^2$ との共通部分の体積

問題 6.4.3 次の閉領域の体積を求めよ $(a > 0, b > 0, c > 0)$.

(1) $\{(x, y, z) \mid x^2 + y^2 + z^2 \leqq 2z,\ x^2 + y^2 \leqq z^2\}$

(2) $\{(x, y, z) \mid x \geqq y^2,\ y \geqq x^2,\ 0 \leqq z \leqq xy\}$

(3) $\{(x, y, z) \mid x^2 \leqq z \leqq 4 - x^2 - y^2\}$

(4) $\{(x, y, z) \mid x^2 + y^2 \leqq a^2,\ x^2 + z^2 \leqq a^2,\ y^2 + z^2 \leqq a^2\}$

(5) $\left\{(x, y, z) \ \middle|\ \dfrac{x^2}{a^2} + \dfrac{y^2}{b^2} \leqq 2z \leqq c\right\}$

例題 6.8 球面 $x^2 + y^2 + z^2 = a^2$ の円柱 $x^2 + y^2 \leqq ax$ の内部に含まれる部分の面積を求めよ $(a > 0)$.

【解答】 与えられた曲面は平面 $z = 0$ について対称に 二つの部分に分かれて存在する．平面 $z = 0$ より上側にある部分は $z = \sqrt{a^2 - z^2 - y^2}$ で与えられる．ただし, (x, y) は閉領域 $D = \{(x, y) \mid x^2 + y^2 \leqq ax\}$ を動く．そこで求める面積は

$$\iint_D \sqrt{1 + \left(\dfrac{\partial z}{\partial x}\right)^2 + \left(\dfrac{\partial z}{\partial y}\right)^2}\, dxdy$$

の 2 倍ということになる．これを直接計算してもよい．ここでは練習のため極座標 r, θ を $x = r\cos\theta$, $y = r\sin\theta$ で導入して計算する．すると D は $D' =$

$\left\{(r,\theta) \,\middle|\, 0 \leqq r \leqq a\cos\theta,\ -\dfrac{\pi}{2} \leqq \theta \leqq \dfrac{\pi}{2}\right\}$ に移り,被積分関数は $\dfrac{a}{\sqrt{a^2-r^2}}$ に変わる(ヤコビアンは r).そこで上の積分は,

$$\iint_{D'} \frac{a}{\sqrt{1-r^2}}\,r\,drd\theta = \int_{-\frac{\pi}{2}}^{\frac{\pi}{2}} d\theta \int_0^{a\cos\theta} \frac{a}{\sqrt{a-r^2}}\,rdr$$
$$= \int_{-\frac{\pi}{2}}^{\frac{\pi}{2}} (-a\sin\theta + a)\,d\theta = (\pi-2)a^2.$$

よって,答はこれの 2 倍で $2(\pi-2)a^2$. $\diamond$

問題 6.4.4 次の曲面の面積を求めよ $(a > 0)$.

(1) 円柱面 $x^2 + y^2 = ax$ の球 $x^2 + y^2 + z^2 \leqq a^2$ の内部に含まれる部分

(2) 円柱面 $x^2 + z^2 = a^2$ の円柱 $x^2 + y^2 \leqq ax$ に含まれる部分

(3) 円錐面 $x^2 = y^2 + z^2$ の $y^2 \leqq z \leqq y + 2$ であるような部分

(4) 曲面 $z = xy$ の円柱 $x^2 + y^2 \leqq a^2$ 内部にある部分

(5) 円錐面 $x^2 + y^2 = z^2$ の球 $x^2 + y^2 + z^2 \leqq 2x$ に含まれる部分

(6) 柱面 $x^{\frac{2}{3}} + z^{\frac{2}{3}} = a^{\frac{2}{3}}$ の柱 $x^{\frac{2}{3}} + y^{\frac{2}{3}} \leqq a^{\frac{2}{3}}$ に含まれる部分

7 級数および微分方程式

7.1 級　　　　　数

[級数の収束判定法]

（収束級数の必要条件） $\sum a_n$ が収束すれば，$\lim a_n = 0$ である．この対偶として，$\lim a_n \neq 0$ ならば，$\sum a_n$ は発散する．一般に，$\lim a_n = 0$ であっても，$\sum a_n$ が収束するとは限らず，発散する場合もある．例えば，$a_n = \sqrt{n+1} - \sqrt{n}$ がそうである．

（級数の比較原理） $\sum a_n, \sum b_n$ はともに正項級数であるとする．

(1) 有限個の n を除いて $a_n \leqq b_n$ であるとき，$\sum b_n$ が収束すれば，$\sum a_n$ も収束し，$\sum a_n$ が発散すれば，$\sum b_n$ も発散する．

(2) $0 < \lim_{n \to \infty} \dfrac{a_n}{b_n} < \infty$ ならば，$\sum a_n$ が収束するための必要十分条件は $\sum b_n$ が収束することである．

（ダランベールの判定法） $\lim_{n \to \infty} \left| \dfrac{a_{n+1}}{a_n} \right| < 1$ ならば，$\sum a_n$ は（絶対）収束し，$\lim_{n \to \infty} \left| \dfrac{a_{n+1}}{a_n} \right| > 1$ ならば，$\sum a_n$ は発散する．

（コーシーの判定法） $\lim_{n \to \infty} \sqrt[n]{|a_n|} < 1$ ならば，$\sum a_n$ は（絶対）収束し，$\lim_{n \to \infty} \sqrt[n]{|a_n|} > 1$ ならば，$\sum a_n$ は発散する．

注意 $\lim_{n \to \infty} \left| \dfrac{a_{n+1}}{a_n} \right| = 1$ や $\lim_{n \to \infty} \sqrt[n]{|a_n|} = 1$ のときにはダランベールの判定法やコーシーの判定法は使えない．この場合には次の判定法を利用できることが多い．また，ダランベールの判定法が使えなくてもコーシーの判定法を利用できる場合がある．

（オイラー・マクローリンの判定法（積分判定法）） 関数 $f(x) \geqq 0$ が区間

$[1, \infty)$ で単調減少のとき,正項級数 $\sum_{n=1}^{\infty} f(n)$ が収束するための必要十分条件は広義積分 $\int_1^{\infty} f(x)\,dx$ が収束することである.

(ライプニッツの定理) $a_1 \geqq a_2 \geqq a_3 \geqq \cdots \geqq a_n \geqq \cdots \geqq 0$ かつ $\lim_{n \to \infty} a_n = 0$ ならば,交代級数 $\sum_{n=1}^{\infty} (-1)^{n+1} a_n$ は収束する.このとき,
$$0 \leqq a_1 - a_2 \leqq \sum_{n=1}^{\infty} (-1)^{n+1} a_n \leqq a_1.$$

例題 7.1 次の級数の収束・発散を調べよ.

(1) $\sum_{n=1}^{\infty} n \sin \dfrac{1}{n}$ \qquad (2) $\sum_{n=1}^{\infty} \dfrac{1}{n!}$

(3) $\sum_{n=1}^{\infty} \dfrac{1}{n^{\alpha}}$ $(-\infty < \alpha < \infty)$ \qquad (4) $\sum_{n=1}^{\infty} \left\{ \left(1 + \dfrac{1}{n}\right)^{\frac{1}{n}} - 1 \right\}$

【解答】 (1) $\lim_{n \to \infty} n \sin \dfrac{1}{n} = 1 \neq 0$ だから,(1) の級数は発散する.

(2) $A_n = \sum_{k=1}^{n} \dfrac{1}{k!}$ $(n = 1, 2, 3, \ldots)$ とおくと,正の数列 $\{A_n\}$ は単調増加である:$1 = A_1 < A_2 < A_3 < \cdots < A_n < \cdots$. また,不等式 $k! \geqq 2^{k-1}$ $(k = 1, 2, 3, \ldots)$ より
$$A_n \leqq \sum_{k=1}^{n} \frac{1}{2^{k-1}} = 2\left(1 - \frac{1}{2^n}\right) < 2$$
なので,$\{A_n\}$ は有界でもある.よって,(2) の級数は収束する[†].

(3) 便宜上,$f(x) = \dfrac{1}{x^{\alpha}}$ とおく.まず,$\alpha \leqq 0$ のときには
$$\sum_{n=1}^{\infty} f(n) \geqq \sum_{n=1}^{\infty} 1 = \infty$$
だから,$\sum_{n=1}^{\infty} f(n)$ は発散することがわかる.

次に,$\alpha > 0$ の場合を考える.その際,(3) の級数に対してはダランベールやコーシーの判定法は使えないことに留意しておく.そこでオイラー・マクローリ

[†] ダランベールやコーシーの判定法を用いてもよい.

ンの判定法を用いてみよう. 今の場合, 関数 $f(x)$ は区間 $[1, \infty)$ で非負で単調減少であり, $\alpha > 1$ ならば

$$\int_1^\infty f(x)\,dx = \lim_{M \to \infty} \left[\frac{x^{1-\alpha}}{1-\alpha}\right]_1^M = \frac{1}{\alpha-1} < \infty$$

なので, その判定法により, $\sum_{n=1}^\infty f(n)$ は収束する. 一方, $0 < \alpha < 1$ のときは

$$\int_1^\infty f(x)\,dx = \lim_{M \to \infty} \frac{M^{1-\alpha}}{1-\alpha} + \frac{1}{\alpha-1} = \infty$$

だから, $\sum_{n=1}^\infty f(n)$ は発散する. 最後に, $\alpha = 1$ の場合には

$$\int_1^\infty f(x)\,dx = \lim_{M \to \infty} \log M = \infty$$

となるので, $\sum_{n=1}^\infty f(n)$ は発散する.

注意 特に $\alpha = 2$ の場合を考えてみる. 高校でもやったように, 直接第 n 部分和を評価しよう. つまり, $n \geqq 2$ とすると

$$S_n = \sum_{k=1}^n \frac{1}{k^2} < 1 + \sum_{k=2}^n \frac{1}{k(k-1)} = 1 + \sum_{k=2}^n \left(\frac{1}{k-1} - \frac{1}{k}\right)$$
$$= 1 + \left(1 - \frac{1}{n}\right) = 2 - \frac{1}{n} < 2$$

が成立する. また, 数列 $\{S_n\}$ が単調増加なのは容易に確かめられる. よって

$$\sum_{n=1}^\infty \frac{1}{n^a} \leqq \sum_{n=1}^\infty \frac{1}{n^2} = \lim_{n \to \infty} S_n = \sup S_n \leqq 2 \quad (a \geqq 2)$$

(4) 級数の比較原理を用いるべき問題である. そのために指数関数や対数関数の漸近展開を活用する. つまり, $\log(1+x) = x + o(x)\ (x \to 0)$ より

$$\log\left(1 + \frac{1}{n}\right)^{\frac{1}{n}} = \frac{1}{n}\log\left(1 + \frac{1}{n}\right) = \frac{1}{n}\left\{\frac{1}{n} + o\left(\frac{1}{n}\right)\right\} = \frac{1}{n^2} + o\left(\frac{1}{n^2}\right)$$

なので, $e^x = 1 + x + o(x)\ (x \to 0)$ から

$$\left(1 + \frac{1}{n}\right)^{\frac{1}{n}} - 1 = \exp\left\{\log\left(1 + \frac{1}{n}\right)^{\frac{1}{n}}\right\} - 1 = e^{\frac{1}{n^2} + o\left(\frac{1}{n^2}\right)} - 1 = \frac{1}{n^2} + o\left(\frac{1}{n^2}\right)$$

また, (3) より, 正項級数 $\sum_{n=1}^\infty \frac{1}{n^2}$ は収束する. そして

$$\lim_{n\to\infty} \frac{\left(1+\frac{1}{n}\right)^{\frac{1}{n}}-1}{\frac{1}{n^2}} = 1 \in (0, \infty)$$

だから,級数の比較原理により,(4) の級数も収束する. ◇

例題 7.2 次の級数の収束・発散を調べよ.

(1) $\displaystyle\sum_{n=1}^{\infty} \frac{n^n}{n!} \cdot 2^{-n}$ 　　(2) $\displaystyle\sum_{n=1}^{\infty} 7^n \left(\frac{n-1}{n+1}\right)^{n^2}$

(3) $\displaystyle\sum_{n=2}^{\infty} \frac{1}{n(\log n)^s}$ 　$(s>1)$　(4) $\displaystyle\sum_{n=1}^{\infty} \frac{(-1)^{n+1}}{\sqrt{n}}$

【解答】(1) $\displaystyle\lim_{n\to\infty} \frac{(n+1)^{n+1}}{(n+1)!} 2^{-n-1} \cdot \frac{n!}{n^n} 2^n = \frac{1}{2} \lim_{n\to\infty} \left(1+\frac{1}{n}\right)^n = \frac{e}{2} > 1$ だから,ダランベールの判定法により,(1) の級数は発散する.

(2) $\displaystyle\lim_{x\to-\infty}\left(1+\frac{1}{x}\right)^x = e$ より

$$\lim_{n\to\infty} \sqrt[n]{7^n \left(\frac{n-1}{n+1}\right)^{n^2}} = 7 \lim_{n\to\infty} \left(\frac{n-1}{n+1}\right)^n$$
$$= 7 \lim_{n\to\infty} \left(1-\frac{2}{n+1}\right)^{n+1} \frac{n+1}{n-1}$$
$$= 7 \left\{\lim_{n\to\infty} \left(1-\frac{1}{\frac{n+1}{2}}\right)^{-\frac{n+1}{2}}\right\}^{-2} \lim_{n\to\infty} \frac{1+\frac{1}{n}}{1-\frac{1}{n}} = \frac{7}{e^2} < 1$$

なので,コーシーの判定法により,(2) の級数は収束する.

(3) 関数 $f(x) = \dfrac{1}{x(\log x)^s}$ は区間 $[2, \infty)$ で非負かつ単調減少であり,

$$\int_2^{\infty} f(x)\, dx = \lim_{M\to\infty} \left[\frac{(\log x)^{1-s}}{1-s}\right]_2^M = \frac{(\log 2)^{1-s}}{s-1} < \infty$$

だから,オイラー・マクローリンの判定法により,(3) の級数は収束する.

(4) $a_n = \dfrac{1}{\sqrt{n}}$ とおくと,$\displaystyle\lim_{n\to\infty} a_n = 0$ で $\{a_n\}$ は単調減少なので,ライプニッツの定理により,(4) の級数は収束する. ◇

問題 7.1.1 次の級数の収束・発散を調べよ.

(1) $\displaystyle\sum_{n=1}^{\infty}\left(\frac{n-1}{n}\right)^n$ (2) $\displaystyle\sum_{n=1}^{\infty} n(e^{\frac{1}{n}}-1)$

(3) $\displaystyle\sum_{n=1}^{\infty}\frac{n+1}{n\sqrt{n^2+1}}$ (4) $\displaystyle\sum_{n=1}^{\infty}\frac{1+\sqrt[3]{n}}{n\sqrt{n+1}}\sin n$

(5) $\displaystyle\sum_{n=2}^{\infty}\frac{\log n!}{n\log n}$ (6) $\displaystyle\sum_{n=1}^{\infty}\frac{\log n}{n^{\alpha}}\ (-\infty<\alpha<\infty)$

問題 7.1.2 次の級数の収束・発散を調べよ. ($a>0$ とする)

(1) $\displaystyle\sum_{n=1}^{\infty} n!\left(\frac{e}{n}\right)^n$ (2) $\displaystyle\sum_{n=2}^{\infty}\left(\frac{n+1}{n-1}\right)^{n^2} 8^{-n}$

(3) $\displaystyle\sum_{n=2}^{\infty}\frac{1}{n\log n}$ (4) $\displaystyle\sum_{n=1}^{\infty}\frac{(-1)^{n+1}\log n}{n}$

(5) $\displaystyle\sum_{n=1}^{\infty}\frac{(-1)^n n!}{e^n}$ (6) $\displaystyle\sum_{n=1}^{\infty}(-1)^{n+1}\left(\frac{1}{\sqrt{n}}+\frac{(-1)^{n+1}}{n}\right)$

(7) $\displaystyle\sum_{n=1}^{\infty}\frac{n^2}{a^n}$ (8) $\displaystyle\sum_{n=1}^{\infty}\frac{(2n)!}{(n!)^2}a^n$

(9) $\displaystyle\sum_{n=1}^{\infty}\frac{(-a)^n}{2n-1}$ (10) $\displaystyle\sum_{n=1}^{\infty}\left(\frac{1}{\sqrt{4n-3}}+\frac{1}{\sqrt{4n-1}}-\frac{1}{\sqrt{2n}}\right)$

問題 7.1.3 次の級数の和を求めよ. ただし, $|a|<1$ とする.

(1) $\displaystyle\sum_{n=1}^{\infty} na^n$ (2) $\displaystyle\sum_{n=1}^{\infty} n^2 a^n$

問題 7.1.4 $\displaystyle\lim_{n\to\infty}\sqrt[n]{a_n}$ は存在するが, $\displaystyle\lim_{n\to\infty}\frac{a_{n+1}}{a_n}$ が存在しないような正の数列 $\{a_n\}$ の例を与えよ.

問題 7.1.5 次のことを示せ.

(1) 不等式
$$(1-x)^n \geqq 1 - nx \quad (0 \leqq x \leqq 1),$$
$$(1+x)^n \geqq 1 + nx \quad (x \geqq 0),$$
$$\left(\frac{n}{e}\right)^n < n! \leqq n^n \quad (n = 1, 2, 3, \dots)$$
が成立する.

(2) $e_n := \left(1 + \dfrac{1}{n}\right)^n < e_{n+1} < e < e_{-n-1} < e_{-n} \quad (n = 2, 3, 4, \dots)$

(3) $\zeta_n = \displaystyle\sum_{k=1}^{n} \frac{1}{k}$ とおくとき, $\displaystyle\lim_{n \to \infty} \frac{\zeta_n}{\log n} = 1$

整級数 $\displaystyle\sum_{n=0}^{\infty} a_n x^n$ の**収束半径** r とは
$$r = \sup\left\{|x| \;\middle|\; \sum_{n=0}^{\infty} a_n x^n \text{ は収束する}\right\}$$
のことである. 特に $r = 0$ の場合は $x = 0$ でのみ収束することを意味し, $r = \infty$ のときはすべての実数 x について収束することを示している. $0 < r < \infty$ の場合, この収束半径 r は次のように特徴づけられる:
$$\sum_{n=0}^{\infty} a_n x^n \text{ は } |x| < r \text{ ならば絶対収束し, } |x| > r \text{ ならば発散する}.$$
($|x| = r$ のときは収束・発散を別に調べる必要がある)

一般に, 収束半径の計算は次の**コーシー・アダマールの公式**によって行われる:
$$r = \frac{1}{\displaystyle\limsup_{n \to \infty} \sqrt[n]{|a_n|}}.$$
ただし, 特に極限 $\displaystyle\lim_{n \to \infty}\left|\frac{a_{n+1}}{a_n}\right|$ が存在するときは $\displaystyle\lim_{n \to \infty} \sqrt[n]{|a_n|}$ も存在して同じ値になり,
$$r = \lim_{n \to \infty}\left|\frac{a_n}{a_{n+1}}\right| \quad \text{(ダランベールの公式)}$$
として求めるほうがやさしい計算になることも多い. 以下ではコーシー・アダマールの公式を使わないですむ問題のみを扱うことにする.

例題 7.3 次の整級数の収束半径を求めよ．

(1) $\displaystyle\sum_{n=1}^{\infty} n^n x^n$ 　　(2) $\displaystyle\sum_{n=1}^{\infty} \frac{n^n}{n!} x^n$

(3) $\displaystyle\sum_{n=1}^{\infty} \left(\frac{x}{n}\right)^n$ 　　(4) $\displaystyle\sum_{n=0}^{\infty} \frac{n!}{(2n-1)!!} x^{2n}$

【解答】 いずれもダランベールの公式で求められる．

(1) $\displaystyle\lim_{n\to\infty} \frac{n^n}{(n+1)^{n+1}} = \frac{1}{\displaystyle\lim_{n\to\infty}\left(1+\frac{1}{n}\right)^n (n+1)} = \frac{1}{e\displaystyle\lim_{n\to\infty}(n+1)} = 0.$

(2) $\displaystyle\lim_{n\to\infty}\left(\frac{n^n}{n!} \Big/ \frac{(n+1)^{n+1}}{(n+1)!}\right) = \frac{1}{\displaystyle\lim_{n\to\infty}\left(1+\frac{1}{n}\right)^n} = \frac{1}{e}.$

(3) $\displaystyle\lim_{n\to\infty}\left(\frac{1}{n^n} \Big/ \frac{1}{(n+1)^{n+1}}\right) = \lim_{n\to\infty}\left(1+\frac{1}{n}\right)^n (n+1) = \infty.$

(4) まず，$\displaystyle\sum_{n=0}^{\infty} \frac{n!}{(2n-1)!!} y^n$ の収束半径は

$$\lim_{n\to\infty}\left(\frac{n!}{(2n-1)!!} \Big/ \frac{(n+1)!}{(2n+1)!!}\right) = \lim_{n\to\infty} \frac{2n+1}{n+1} = 2.$$

よって，この整級数は $|y|<2$ では絶対収束し，$|y|>2$ では発散する．(4) の整級数はこれで $y=x^2$ とおいたものだから，$|x|<\sqrt{2}$ ならば絶対収束し，$|x|>\sqrt{2}$ ならば発散する．したがって，求める収束半径は $\sqrt{2}$ である．　　◇

問題 7.1.6 次の整級数の収束半径を求めよ．

(1) $\displaystyle\sum_{n=0}^{\infty} \frac{(2n-1)!!}{(2n)!!} \frac{x^{2n+1}}{2n+1}$ 　　(2) $\displaystyle\sum_{n=0}^{\infty} \left(\sqrt[3]{n+2} - \sqrt[3]{n}\right) x^n$

(3) $\displaystyle\sum_{n=0}^{\infty} \frac{x^n}{2^n + n^3}$ 　　(4) $\displaystyle\sum_{n=1}^{\infty} (2+(-1)^n) x^n$

(5) $\displaystyle\sum_{n=1}^{\infty} \left(1+\frac{1}{2}+\cdots+\frac{1}{n}\right) x^n$ 　　(6) $\displaystyle\sum_{n=1}^{\infty} (n!)^{\frac{1}{n}} x^n$

問題 7.1.7 $0<r<\infty$ とするとき，収束半径 r の整級数の例を二つ与えよ．

問題 7.1.8 等式
$$\lim_{n\to\infty}\left(1+\frac{x}{n}\right)^n = \sum_{k=0}^{\infty}\frac{x^k}{k!} \quad (-\infty < x < \infty)$$
を次の手順に従って示せ.

(1) $\displaystyle\sum_{k=0}^{\infty}\frac{x^k}{k!}$ の収束半径は ∞ である.

(2) $x \geqq 0$ のとき $\displaystyle\left(1+\frac{x}{n}\right)^n \leqq \sum_{k=0}^{\infty}\frac{x^k}{k!} \quad (n=1,2,3,\cdots)$

(3) $x \geqq 0$ のとき,数列 $\displaystyle\left\{\left(1+\frac{x}{n}\right)^n\right\}$ は収束する.

(4) $x \geqq 0$ のとき $\displaystyle\lim_{n\to\infty}\left(1+\frac{x}{n}\right)^n \geqq \sum_{k=0}^{N}\frac{x^k}{k!} \quad (N=1,2,3,\cdots)$

(5) $x < 0$ の場合を考える.各 $n = 1, 2, 3, \cdots$ について
$$a_n = \sum_{k=0}^{\lfloor\frac{n}{2}\rfloor}\frac{n(n-1)\cdots(n-2k+1)}{(2k)!}\left(\frac{x}{n}\right)^{2k}$$
$$b_n = \sum_{k=1}^{\lfloor\frac{n+1}{2}\rfloor}\frac{n(n-1)\cdots(n-2k+2)}{(2k-1)!}\left(\frac{x}{n}\right)^{2k-1}$$
とおくとき
$$\left(1+\frac{x}{n}\right)^n = a_n + b_n$$
$$\lim_{n\to\infty}a_n = \sum_{k=0}^{\infty}\frac{x^{2k}}{(2k)!} > 0, \quad \lim_{n\to\infty}b_n = \sum_{k=1}^{\infty}\frac{x^{2k-1}}{(2k-1)!} < 0$$
が成立する(ただし,$\lfloor y \rfloor$ は実数 y を越えない最大の整数を表す(p. 20)).

例題 7.4 次の関数の $x = 0$ における整級数展開(マクローリン展開)を求めよ.

(1) $\dfrac{1}{2x+3}$ (2) $\dfrac{1}{(x-2)^2}$ (3) $\dfrac{1}{\sqrt{1-x}}$

(4) $\sqrt{1-x}$ (5) $\dfrac{1}{1+x}\log\dfrac{1}{1-x}$ (6) $e^x \sin x$

【解答】 (1) 等比級数

$$\frac{1}{1-x} = \sum_{n=0}^{\infty} x^n \quad (|x| < 1)$$

より，

$$\frac{1}{2x+3} = \frac{1}{3} \cdot \frac{1}{1-(-\frac{2x}{3})} = \frac{1}{3} \sum_{n=0}^{\infty} \left(-\frac{2}{3}\right)^n x^n \quad \left(|x| < \frac{3}{2}\right).$$

(2) やはり，等比級数から，

$$\frac{1}{2-x} = \frac{1}{2} \cdot \frac{1}{1-\frac{x}{2}} = \frac{1}{2} \sum_{n=0}^{\infty} \left(\frac{1}{2}\right)^n x^n \quad (|x| < 2).$$

ここで，この両辺を x で微分すると，

$$\frac{1}{(x-2)^2} = \frac{1}{2} \sum_{n=1}^{\infty} \left(-\frac{1}{2}\right)^n n x^{n-1} \quad (|x| < 2).$$

(3) 2 項級数

$$(1+x)^\alpha = \sum_{n=0}^{\infty} \binom{\alpha}{n} x^n \quad (|x| < 1)$$

において，$\alpha = -\frac{1}{2}$ として，x に $-x$ を代入すると，

$$\frac{1}{\sqrt{1-x}} = \sum_{n=0}^{\infty} \binom{-\frac{1}{2}}{n} (-1)^n x^n = \sum_{n=0}^{\infty} \frac{(2n-1)!!}{(2n)!!} x^n \quad (|x| < 1).$$

(4) (3) の展開の両辺を 0 から x $(|x| < 1)$ まで積分して，

$$\sqrt{1-x} = 1 - \frac{1}{2} \int_0^x \frac{dt}{\sqrt{1-t}} = 1 - \frac{1}{2} \sum_{n=0}^{\infty} \frac{(2n-1)!!}{(2n)!!} \frac{x^{n+1}}{n+1} \quad (|x| < 1).$$

あるいは，2 項級数において，$\alpha = \frac{1}{2}$ としてもよい．

(5) 次の二つの展開

$$\frac{1}{1+x} = \sum_{n=0}^{\infty} (-1)^n x^n \quad (|x| < 1),$$

$$\log \frac{1}{1-x} = -\log(1-x) = \sum_{n=1}^{\infty} \frac{x^n}{n} \quad (|x| < 1)$$

の積を作ると，$|x| < 1$ ではこれらは絶対収束するから項の順序を入れ換えることができる．そこで，これらの有限項の積を計算してみると，

$$\left(\sum_{k=0}^{m}(-1)^k x^k\right)\left(\sum_{k=1}^{n}\frac{x^k}{k}\right)=\sum_{k=1}^{m+n}(-1)^{k+1}\left(1-\frac{1}{2}+\cdots+\frac{(-1)^{k+1}}{k}\right)x^k$$

であることがわかる（厳密には m,n に関する帰納法による）．よって，$m,n\to\infty$ として

$$\frac{1}{1+x}\log\frac{1}{1-x}=\sum_{n=1}^{\infty}(-1)^{n+1}\left(1-\frac{1}{2}+\cdots+\frac{(-1)^{n+1}}{n}\right)x^n \quad (|x|<1).$$

(6) $f(x)=e^x\sin x$ について，$f^{(n)}(0)$ を求めればよい．そこで，

$$f'(x)=e^x(\sin x+\cos x)=\sqrt{2}\,e^x\sin\left(x+\frac{\pi}{4}\right)$$

なので，n に関する帰納法によって容易に

$$f^{(n)}(x)=2^{\frac{n}{2}}e^x\sin\left(x+\frac{n\pi}{4}\right)$$

が示される．特に，$f^{(n)}(0)=2^{\frac{n}{2}}\sin\dfrac{n\pi}{4}$ より，

$$f(x)=\sum_{n=0}^{\infty}\frac{f^{(n)}(0)}{n!}x^n=\sum_{n=0}^{\infty}\frac{2^{\frac{n}{2}}\sin\dfrac{n\pi}{4}}{n!}x^n \quad (-\infty<x<\infty).$$

参考 関数論の知識があると，オイラーの公式により指数関数の展開から導くことも可能である． ◇

問題 7.1.9 次の関数の $x=0$ における整級数展開（マクローリン展開）を求めよ．

(1) $a^x \quad (a>0)$ 　　(2) $\dfrac{1}{(x+1)^3}$

(3) $\log(x+\sqrt{2+x^2})$ 　　(4) $\sin^2 x$

(5) $e^{-2x}\cos^2 x$ 　　(6) $e^x\log(1+x)$

(7) $(\log(1+x))^2$ 　　(8) $(\mathrm{Sin}^{-1}x)^2$

問題 7.1.10 等式

$$\mathrm{Tan}^{-1}x=\frac{x}{1+x^2}\sum_{n=0}^{\infty}\frac{(2n)!!}{(2n+1)!!}\left(\frac{x^2}{1+x^2}\right)^n \quad (-\infty<x<\infty)$$

を次の手順によって示せ．

(1) $y = \dfrac{x}{\sqrt{1+x^2}}$ とおくとき，$\operatorname{Tan}^{-1} x = \operatorname{Sin}^{-1} y$ および
$$\sqrt{1+x^2}\,\operatorname{Tan}^{-1} x = \dfrac{\operatorname{Sin}^{-1} y}{\sqrt{1-y^2}}$$
が成立する．

(2) $z = \dfrac{\operatorname{Sin}^{-1} y}{\sqrt{1-y^2}}$ とおけば，微分方程式 $(1-y^2)z' - yz = 1$ を満たす．

(3) $z = \displaystyle\sum_{n=0}^{\infty} a_n y^n$ を (2) の方程式に代入して，a_n の漸化式を求めて解くと
$$a_{2n} = 0,\quad a_{2n+1} = \dfrac{(2n)!!}{(2n+1)!!} \quad (n=0,1,2,\cdots)$$
が得られる．

問題 7.1.11 次の等式を示せ．

(1) $\displaystyle\sum_{n=0}^{\infty} \dfrac{1}{16^n(8n+k)} = 2^{\frac{k}{2}} \int_0^{\frac{1}{\sqrt{2}}} \dfrac{x^{k-1}}{1-x^8}\,dx \quad (k \geqq 1)$

(2) $\displaystyle\sum_{n=0}^{\infty} \dfrac{1}{16^n}\left(\dfrac{4}{8n+1} - \dfrac{2}{8n+4} - \dfrac{1}{8n+5} - \dfrac{1}{8n+6}\right) = \pi$

7.2 微分方程式

例題 7.5 次の微分方程式を解け．

(1) $\dfrac{dy}{dx} = \dfrac{y}{\sqrt{x^2+1}}$ (2) $\dfrac{dy}{dx} = \dfrac{x^2+y^2}{2xy}$

(3) $\dfrac{dy}{dx} = \dfrac{x-y-4}{2x-2y-1}$ (4) $\dfrac{dy}{dx} = \dfrac{y-x+3}{y+x+1}$

【解答】 (1) 方程式の右辺は x の関数と y の関数の積だから，これは変数分離形の微分方程式である．そこで，$y \neq 0$ として
$$\dfrac{1}{y}\dfrac{dy}{dx} = \dfrac{1}{\sqrt{x^2+1}}$$
の両辺を x で積分すると，合成関数の微分法により，

$$\log|y| = \int \frac{dy}{y} = \int \frac{dx}{\sqrt{x^2+1}} = \log(x+\sqrt{x^2+1}) + C.$$
$$\therefore y = \pm e^C(x+\sqrt{x^2+1}) = C'(x+\sqrt{x^2+1}) \quad (C' = \pm e^C \neq 0).$$

また，$y = y(x) = 0$ も解なので，まとめると

$$y = C(x+\sqrt{x^2+1}) \quad (C \text{ は任意定数}).$$

注意　ある x_0 で $y(x_0) = 0$ となる場合の考察がまだなされていないが，通常求積法ではそこまでは考えないし，実は一般には難しい問題である．これは初期値問題の一意性に関することであり，右辺の関数が x の関数としてしかるべき条件（例えば，リプシッツ条件）を満たせば（局所的に存在が保証される）その解は唯一であり，線形方程式に対しては解の一意性が示されている．特に，(1) ではそれら以外の C^1 級の解は存在しない．これらの詳細については常微分方程式の専門書を紐解かれたい．以下ではこのような微妙な問題には言及しないものとする．

(2) 方程式の右辺は x, y の 0 次の同次関数なので，分子・分母をそれぞれ x^2 で割れば，それは同次形の微分方程式とみなされる．そこで，$z = \dfrac{y}{x}$ とおくと，$y = xz$ より，

$$z + x\frac{dz}{dx} = \frac{dy}{dx} = \frac{1+z^2}{2z}, \quad \frac{2z}{1-z^2}dz = \frac{dx}{x}.$$

ここで，$\dfrac{2z}{1-z^2} = \dfrac{1}{1-z} - \dfrac{1}{1+z}$ だから，この両辺を積分すると，

$$2\log|x| - \log|x-y||x+y| = \int \frac{2z}{1-z^2}dz = \int \frac{dx}{x} = \log|x| + C.$$
$$\therefore (x-y)(x+y) = \pm e^{-C}x = C'x \quad (C' = \pm e^{-C} \neq 0).$$

一方，$1-z^2 = 0$ より，$y = \pm x$ も解だから，まとめて，

$$(x-y)(x+y) = Cx \quad (C \text{ は任意定数}).$$

注意　一般に，2 変数関数 $f(x,y)$ がある 1 変数関数 g を用いて，$f(x,y) = g\left(\dfrac{y}{x}\right)$ と表されるための必要十分条件は $f(x,y)$ が x, y の 0 次の同次関数であること，つまり，

$$f(\lambda x, \lambda y) = f(x,y) \quad (\forall \lambda \neq 0)$$

が成立することである．実際，必要性は容易に知られるから省くが，十分性につ

いては，$\lambda = x$ とすると，上の条件より，
$$f(x,y) = f\left(x, x \cdot \frac{y}{x}\right) = f\left(1, \frac{y}{x}\right)$$
なので，$g(z) = f(1,z)$ とおけばよい．このことは g の作り方も与える．

(3) $u = x - y$ とおくと，$\dfrac{du}{dx} = 1 - \dfrac{dy}{dx}$ より，
$$1 - \frac{du}{dx} = \frac{u-4}{2u-1} .$$
$$2u - 7\log|u+3| = \int \frac{2u-1}{u+3}\,du = \int dx = x + C .$$
$$x - 2y - 7\log|x-y+3| = C .$$
$$\therefore C' e^{x-2y} = \pm e^{-C} e^{x-2y} = (x-y+3)^7 \quad (C' = \pm e^{-C} \neq 0) .$$
また，$u+3 = 0$ より，$y = x+3$ も解なので，まとめて，
$$Ce^{x-2y} = (x-y+3)^7 \quad (C\text{ は任意定数}) .$$

(4) まず，連立方程式 $b - a + 3 = 0, b + a + 1 = 0$ を解くと，$a = 1, b = -2$ である．そこで，$u = x - a = x - 1, v = y - b = y + 2$ とおくと
$$\frac{dv}{du} = \frac{dy}{dx} = \frac{y-x+3}{y+x+1} = \frac{v-u}{v+u} .$$
この変換は右辺の分子・分母の定数を消去するためのものである．これは同次形の方程式とみなせるので，$z = \dfrac{v}{u}$ とおくと，
$$z + u\frac{dz}{du} = \frac{dv}{du} = \frac{z-1}{z+1}, \quad \frac{z+1}{z^2+1}\,dz = -\frac{du}{u} .$$
ここで，$\dfrac{z+1}{z^2+1} = \dfrac{1}{2}\dfrac{(z^2+1)'}{z^2+1} + \dfrac{1}{z^2+1}$ より，
$$\frac{1}{2}\log(z^2+1) + \mathrm{Tan}^{-1} z = -\log|u| + \frac{C}{2} .$$
$$\therefore \log(x^2 + y^2 - 2x + 4y + 5) + 2\,\mathrm{Tan}^{-1}\left(\frac{y+2}{x-1}\right) = C. \qquad \diamond$$

問題 7.2.1 次の微分方程式を解け．

(1) $y''' = 0$ (2) $y'' = 2\sqrt{1-x^2}$

(3) $\dfrac{dy}{dx} = (y-a)(y-b)$ (4) $x\dfrac{dy}{dx} + \sqrt{a^2 - x^2} = 0$

(5) $\dfrac{dy}{dx} = \sqrt[3]{ax + by + c}$ (6) $x^2 - ay + (y^2 - ax)\dfrac{dy}{dx} = 0$

(7) $\dfrac{dy}{dx} = \dfrac{x-y}{x+y}$ (8) $x\dfrac{dy}{dx} = \sqrt{x^2+y^2}$

(9) $\dfrac{dy}{dx} = \left(\dfrac{x-y-1}{2x-2y+1}\right)^2$ (10) $\dfrac{dy}{dx} = \dfrac{7x+2y-3}{4x+5y+6}$

2階の定数係数の斉次な線形微分方程式
$$y'' + ay' + by = 0 \quad (a, b\ は実数の定数) \tag{1}$$
に対して,次の 2 次方程式
$$\lambda^2 + a\lambda + b = 0 \tag{2}$$
を式 (1) の特性方程式という.このとき,式 (1) の一般解は次のように与えられる:

(i) 式 (2) が異なる実数解 α, β を持つ場合
$$y = C_1 e^{\alpha x} + C_2 e^{\beta x}\ .$$

(ii) 式 (2) が重解 α を持つ場合
$$y = (C_1 + C_2 x) e^{\alpha x}\ .$$

(iii) 式 (2) が異なる虚数解 $r \pm i\omega$ (r, ω は実数,$i = \sqrt{-1}$) を持つ場合
$$y = e^{rx}\{C_1 \cos(\omega x) + C_2 \sin(\omega x)\}\ .$$

ただし,C_1, C_2 は実数の任意定数を表す.

また,非斉次形の線形微分方程式
$$y'' + ay' + by = f(x) \quad (a, b\ は定数) \tag{3}$$
の一般解は式 (1) の一般解と式 (3) の特殊解との和で与えられる.実際,式 (3) の一般解,特殊解をそれぞれ $y_f(x), y_*(x)$ とすると,
$$\begin{aligned}(y_f - y_*)'' &+ a(y_f - y_*)' + b(y_f - y_*) \\ &= (y_f'' + ay_f' + by_f) - (y_*'' + ay_*' + by_*) \\ &= f(x) - f(x) = 0\end{aligned}$$
だから,$y_f(x) - y_*(x)$ は式 (1) の一つの解である.一方,式 (1) の一般解を $y_0(x)$ とすると,$y_0(x) + y_*(x)$ は式 (3) の一つの解でもある.よって,
$$y_f(x) - y_*(x) = y_0(x) \qquad \therefore y_f(x) = y_0(x) + y_*(x)$$

と表される．したがって，式 (3) の一般解を求めるには，式 (1) の一般解と式 (3) の特殊解を求めればよい．前述のように，式 (1) の一般解は式 (2) を解くことで得られる．そして，式 (3) の特殊解を求めるには，一般的には定数変化法によるが，その形を推察して求められる場合には，そのほうが計算量は少ない．さらに，$f(x) = g(x) + h(x)$ の形のときは，二つの非斉次形の線形微分方程式 $y'' + ay' + by = g(x)$, $y'' + ay' + by = h(x)$ の特殊解の和として，式 (3) の特殊解が得られる．

例題 7.6 次の微分方程式を解け．

(1) $y' + \dfrac{y}{x} = \log x$ (2) $y' + \dfrac{y}{x} = \dfrac{\cos x}{y}$

(3) $y'' + 4y' + 4y = 0$ (4) $y'' - 2y' - 5y = 0$

【解答】 (1) これは 1 階の線形微分方程式である．方程式の両辺に積分因子 $\exp\left(\displaystyle\int \dfrac{1}{x}\,dx\right) = x$ を掛けると
$$(xy)' = xy' + y = x\log x.$$
この両辺を x で積分して
$$xy = \int x \log x\,dx = \dfrac{x^2}{2}\log x - \dfrac{x^2}{4} + C.$$
$$\therefore y = \dfrac{1}{2}x\log x - \dfrac{1}{4}x + \dfrac{C}{x} \quad (C \text{ は任意定数}).$$

(2) ベルヌーイの微分方程式である．右辺の $\dfrac{1}{y}$ を消去するために，方程式の両辺に y を掛けると
$$yy' + \dfrac{1}{x}y^2 = \cos x$$
ここで，$yy' = \dfrac{1}{2}(y^2)'$ に注意して $z = y^2$ とおくと，z についての 1 階の線形微分方程式になる：
$$z' + \dfrac{2}{x}z = 2\cos x$$
次に，(1) と同様に積分因子 $\exp\left(\displaystyle\int \dfrac{2}{x}\,dx\right) = x^2$ をこの両辺に掛けると，
$$(x^2 z)' = x^2 z' + 2xz = 2x^2 \cos x.$$
$$x^2 z = 2\int x^2 \cos x\,dx = 2x^2 \sin x + 4x\cos x - 4\sin x + C.$$
$$\therefore y^2 = z = 2\sin x + \dfrac{4\cos x}{x} + \dfrac{-4\sin x + C}{x^2} \quad (C \text{ は任意定数}).$$

(3) 斉次の定数係数の線形微分方程式である．この特性方程式は

$$\lambda^2 + 4\lambda + 4 = (\lambda+2)^2 = 0 \quad \therefore \lambda = -2 \text{ (重解)}.$$
よって，求める一般解は
$$y = (C_1 + C_2 x)e^{-2x} \quad (C_1, C_2 \text{ は任意定数}).$$

(4) 斉次の定数係数の線形微分方程式である．この特性方程式は
$$\lambda^2 - 2\lambda - 5 = 0 \quad \therefore \lambda = 1 \pm \sqrt{6}.$$
よって，求める一般解は
$$y = C_1 e^{(1+\sqrt{6})x} + C_2 e^{(1-\sqrt{6})x} \quad (C_1, C_2 \text{ は任意数}). \quad \diamondsuit$$

問題 7.2.2 次の微分方程式を解け．

(1) $y' + y\sin x = \sin x \cos x$ (2) $(1-x^2)y' + xy = 2x$

(3) $y' - y\tan x = \dfrac{y^4}{\cos x}$ (4) $xy' + y = y^2 \log x \quad (x > 0)$

(5) $y'' + y' + y = 0$ (6) $y'' + 2y' = 0$

例題 7.7 次の微分方程式を解け．

(1) $y'' + 2y' - 3y = 3x - 8$ (2) $y'' - 2y' - 3y = (-4x + 8)e^x$

(3) $y'' - 2y' - 3y = (-8x + 6)e^{-x}$ (4) $y'' + 2y' + 3y = e^{-x}\sin x$

【解答】 (1) 問題の方程式の特殊解を
$$p(x) = ax + b \quad (a, b \text{ は定数})$$
の形で探してみよう．$p(x)$ を微分すると，$p'(x) = a$, $p''(x) = 0$ だから
$$p''(x) + 2p'(x) - 3p(x) = -3ax + 2a - 3b.$$
そこで，$-3ax + 2a - 3b = 3x - 8$ が成立するためには
$$-3a = 3, \; 2a - 3b = -8 \quad \therefore a = -1, \; b = 2.$$
よって，$p(x) = -x + 2$.
次に，対応する斉次形の方程式 $y'' + 2y' - 3y = 0$ の特性方程式は
$$\lambda^2 + 2\lambda - 3 = (\lambda - 1)(\lambda + 3) = 0 \quad \therefore \lambda = 1, -3.$$
したがって，求める一般解は，
$$y = C_1 e^x + C_2 e^{-3x} - x + 2 \quad (C_1, C_2 \text{ は任意数})$$

(2) まず，対応する斉次形の方程式 $y'' - 2y' - 3y = 0$ の一般解は
$$y = C_1 e^{-x} + C_2 e^{3x}.$$

なぜなら，その特性方程式は
$$\lambda^2 - 2\lambda - 3 = (\lambda+1)(\lambda-3) = 0 \quad \therefore \lambda = -1, 3.$$
次に，問題の非斉次形の方程式の特殊解を
$$p(x) = (ax+b)e^x \quad (a, b \text{ は定数})$$
の形で探そう．$p(x)$ を微分すると，
$$p'(x) = (ax + a + b)e^x, \quad p''(x) = (ax + 2a + b)e^x$$
より，$p''(x) - 2p'(x) - 3p(x) = (-4ax - 4b)e^x$ なので
$$(-4ax - 4b)e^x = (-4x + 8)e^x$$
が成立するには
$$-4a = -4, \quad -4b = 8 \quad \therefore a = 1, b = -2.$$
よって，$p(x) = (x-2)e^x$．
したがって，求める一般解は
$$y = C_1 e^{-x} + C_2 e^{3x} + (x-2)e^x \quad (C_1, C_2 \text{ は任意定数}).$$

(3) まず，対応する斉次形の方程式 $y'' - 2y' - 3y = 0$ の一般解は (2) と同じである．ここで注意しないといけないのは，(3) の方程式の右辺にある e^{-x} はこの斉次形の方程式の特殊解であるので，問題の方程式の特殊解を
$$p(x) = (ax^2 + bx)e^{-x} \quad (a, b \text{ は定数})$$
の形で探す必要があることである．$p(x)$ を微分すると，
$$p'(x) = \left\{-ax^2 + (2a-b)x + b\right\} e^{-x},$$
$$p''(x) = \left\{ax^2 + (-4a+b)x + 2a - 2b\right\} e^{-x}$$
なので，$p''(x) - 2p'(x) - 3p(x) = -8ax + 2a - 4b$ より，
$$-8ax + 2a - 4b = -8x + 6$$
となるには
$$-8a = -8, \quad 2a - 4b = 6 \quad \therefore a = 1, b = -1.$$
よって，$p(x) = (x^2 - x)e^{-x}$．したがって，求める一般解は
$$y = C_1 e^{3x} + (x^2 - x + C_2)e^{-x} \quad (C_1, C_2 \text{ は任意定数})$$

注意 非斉次な線形微分方程式 $y'' - 2ry' + r^2 y = f(x)e^{rx}$ (r は定数) の特殊解の一つを $e^{rx} u(x)$ として，上と同様にするとわかるように，$u(x)$ は次式で与えられる：
$$u(x) = \int \left(\int f(x)\,dx\right) dx = \int (x-t)f(t)\,dt.$$

(4) まず，対応する斉次形の方程式 $y'' + 2y' + 3y = 0$ の一般解は
$$y = C_1 e^{(-1+\sqrt{2}\,i)x} + C_2 e^{(-1-\sqrt{2}\,i)x}$$
$$= e^{-x}\left\{C_1' \cos(\sqrt{2}\,x) + C_2' \sin(\sqrt{2}\,x)\right\}.$$

なぜなら，その特性方程式は
$$\lambda^2 + 2\lambda + 3 = 0 \quad \therefore \lambda = -1 \pm \sqrt{2}\,i\,.$$
次に，問題の非斉次形の方程式の特殊解を
$$p(x) = e^{-x}(a\cos x + b\sin x) \quad (a, b\text{ は定数})$$
の形で探してみる．$p(x)$ を微分すると，
$$p'(x) = e^{-x}\{(b-a)\cos x - (a+b)\sin x\},$$
$$p''(x) = e^{-x}(-2b\cos x + 2a\sin x)$$
なので，
$$p''(x) + 2p'(x) + 3p(x) = e^{-x}(a\cos x + b\sin x) = p(x)\,.$$
そこで，$p(x) = e^{-x}\sin x$ を満たすためには $a = 0, b = 1$ であればよい．よって，求める一般解は，
$$y = e^{-x}\left\{C_1\cos(\sqrt{2}\,x) + C_2\sin(\sqrt{2}\,x) + \sin x\right\} \quad (C_1, C_2\text{ は任意定数})\,.$$
◇

問題 7.2.3 次の微分方程式を解け．

(1) $y'' + y' - 6y = 3x^2 + 3x - 7$ (2) $y'' - y' - 2y = 10\sin x$

(3) $y'' - 5y' + 6y = (2x+3)e^{2x}$ (4) $y'' + 2y' + y = \dfrac{1}{(x^2+1)e^x}$

(5) $y'' + y' - 6y = e^{-2x}$ (6) $y'' + y' - 6y = e^{-2x} - \cos x$

C^1 級の関数 $P(x, y), Q(x, y)$ を係数に持つ全微分方程式
$$P(x, y)\,dx + Q(x, y)\,dy = 0 \qquad (\star)$$
に対して
$$F_x(x, y) = P(x, y), \quad F_y(x, y) = Q(x, y)$$
を満たす C^2 級の関数 $F(x, y)$ が存在するとき，式 ($\star$) を完全（微分形）であるという．この $F(x, y)$ は第一積分またはスカラー・ポテンシャルと呼ばれるもので，(a, b) を P, Q の定義域内に適当にとれば
$$F(x, y) = \int_a^x P(s, b)\,ds + \int_b^y Q(x, t)\,dt,$$
あるいは
$$F(x, y) = \int_a^x P(s, y)\,ds + \int_b^y Q(a, t)\,dt$$
で与えられることが知られている[†]．このとき，式 ($\star$) の一般解は $F(x, y) = C$

[†] これらの右辺の違いは a, b による定数の差だけにすぎない．

(C は任意定数) で与えられる．また，式 ($\star$) が完全（微分形）であるための必要十分条件は $P_y(x,y) = Q_x(x,y)$ である．これは式 ($\star$) が完全（微分形）であるかどうかを実際に調べる際の有用な判定法である．一般に，式 ($\star$) は完全（微分形）とは限らないが，その両辺にある C^1 級の関数 $M(x,y)$ を掛けた

$$M(x,y)P(x,y)\,dx + M(x,y)Q(x,y)\,dy = 0$$

は完全（微分形）になる場合がある．そのとき，この $M(x,y)$ を式 ($\star$) の積分因子という．上述の必要十分条件から，$M(x,y)$ が式 ($\star$) の積分因子であるための必要十分条件は $(MP)_y = (MQ)_x$ である．ここで，この条件式を

$$QM_x - PM_y = (P_y - Q_x)M$$

と書き直してみると，$\dfrac{P_y - Q_x}{Q}$ が x だけの関数のときは M も x だけの関数のものがあり，$M(x) = \exp\left(\displaystyle\int \dfrac{P_y - Q_x}{Q}\,dx\right)$ が式 ($\star$) の一つの積分因子となり，$\dfrac{Q_x - P_y}{P}$ が y だけの関数のときは M も y だけの関数のものがあり，$M(y) = \exp\left(\displaystyle\int \dfrac{Q_x - P_y}{P}\,dy\right)$ が式 ($\star$) の一つの積分因子になることがわかる[†]．そのほか，$P(x,y), Q(x,y)$ が x, y の有理式のときには $M(x,y) = x^m y^n$ が式 ($\star$) の積分因子となるような定数 m, n が存在する場合もある．

例題 7.8 次の全微分方程式を解け．

(1) $(y - 3x)\,dx + 2x\,dy = 0$ (2) $(xy^2 - y^3)\,dx + (1 - xy^2)\,dy = 0$

(3) $(y - \sqrt{1 - x^2 y^2})\,dx + x\,dy = 0$ (4) $(x^2 + y^2 + y)\,dx - x\,dy = 0$

【解答】 いずれもまず方程式が完全（微分形）かどうかを調べる．

(1) $P = y - 3x$, $Q = 2x$ とおくと，$P_y = 1 \neq 2 = Q_x$ だから，$P\,dx + Q\,dy = 0$ は完全（微分形）でない．ここで

$$\frac{P_y - Q_x}{Q} = \frac{1 - 2}{2x} = -\frac{1}{2x}$$

は x のみの関数なので，$P\,dx + Q\,dy = 0$ の一つの積分因子は

[†] 積分因子は必ず存在するものではないが，存在すれば無数にある．

である.

$$\exp\left(\int \frac{P_y - Q_x}{Q}\,dx\right) = \exp\left(\log\frac{1}{\sqrt{|x|}}\right) = \frac{1}{\sqrt{|x|}}$$

である.よって,

$$\frac{y-3x}{\sqrt{|x|}}\,dx + \frac{2x}{\sqrt{|x|}}\,dy = 0$$

は完全(微分形)である.そこで,求めるスカラー・ポテンシャルは,

$$\int_1^x \frac{-3s}{\sqrt{|s|}}\,ds + \int_0^y \frac{2x}{\sqrt{|x|}}\,dt$$
$$= \left[\mp 2s\sqrt{|s|}\right]_1^x + \frac{2x}{\sqrt{|x|}}y = 2 \pm 2\sqrt{|x|}(y-x) \quad (x \gtreqless 0).$$

したがって,求める一般解は,

$$\sqrt{|x|}(y-x) = C \quad (C \text{ は任意定数}).$$

(別解) (1) は同次形の微分方程式ともみなせることに注目しよう:

$$\frac{dy}{dx} = \frac{3x-y}{2x} = \frac{3}{2} - \frac{1}{2}\frac{y}{x}.$$

そこで,$z = \dfrac{y}{x}$ とおくと,

$$z + x\frac{dz}{dx} = \frac{3}{2} - \frac{1}{2}z.$$
$$\log|z-1| = \int \frac{dz}{z-1} = -\frac{3}{2}\int \frac{dx}{x} = -\frac{3}{2}\log|x| + C.$$
$$|z-1| = e^C |x|^{-3/2} = C'|x|^{-3/2} \quad (C' = e^C > 0).$$
$$\therefore\ |x|^{1/2}(y-x) = C' \quad (C' \neq 0).$$

一方,$z-1=0$ より,$y=x$ も解なので,まとめると,

$$|x|^{1/2}(y-x) = C \quad (C \text{ は任意定数}).$$

注意 (1) には非自明な積分因子 $x-y$ もあり,これを使って一般解を求めると

$$x(x-y)^2 = C \quad (C \text{ は任意定数})$$

が導かれる.しかし,このような発見的なものに期待するのは一般にあまり賢明でないだろう.やはり(ある程度一般性のある)定石的な解法を習得すべきである.

(2) $P = xy^2 - y^3,\ Q = 1 - xy^2$ とおくと,$P_y = 2xy - 3y^2 \neq -y^2 = Q_x$ だから,$P\,dx + Q\,dy = 0$ は完全(微分形)でない.ここで

$$\frac{Q_x - P_y}{P} = \frac{-2xy + 2y^2}{xy^2 - y^3} = -\frac{2}{y}$$

は y のみの関数なので，$P\,dx + Q\,dy = 0$ の一つの積分因子は

$$\exp\left(\int \frac{Q_x - P_y}{P}\,dy\right) = \exp\left(\log \frac{1}{y^2}\right) = \frac{1}{y^2}$$

である．よって

$$(x - y)\,dx + \left(\frac{1}{y^2} - x\right)dy = 0$$

は完全（微分形）である．そこで，求めるスカラー・ポテンシャルは

$$\int_0^x (s - 1)\,ds + \int_1^y \left(\frac{1}{t^2} - x\right)dt = \frac{x^2}{2} - x + 1 - \frac{1}{y} - xy + x$$
$$= \frac{x^2}{2} - xy + 1 - \frac{1}{y}.$$

したがって，求める一般解は，

$$x^2 y - 2xy^2 - 2 = Cy \quad (C\text{ は任意定数}).$$

(別解 1) ポテンシャル F の公式を覚えるのではなく，ポテンシャル F の定義から，完全微分方程式

$$(x - y)\,dx + \left(\frac{1}{y^2} - x\right)dy = 0$$

を解くこともできる．つまり，$F_x(x, y) = x - y$ を x で積分すると，

$$F(x, y) = \int (x - y)\,dx + G(y) = \frac{x^2}{2} - xy + G(y)$$

と表される．一方，$F_y(x, y) = \frac{1}{y^2} - x$ より，

$$-x + G'(y) = \frac{\partial}{\partial y}\left\{\frac{x^2}{2} - xy + G(y)\right\} = \frac{1}{y^2} - x,$$
$$G'(y) = \frac{1}{y^2} \quad \therefore G(y) = \int \frac{dy}{y^2} = -\frac{1}{y} + C.$$

よって，$F(x, y) = \dfrac{x^2}{2} - xy - \dfrac{1}{y} + C$ を得る．

(別解 2) $M(x, y) = x^a y^b$ (a, b は定数) の形で積分因子を探してみよう（一般にはこの形の積分因子を持つとは限らないが試しにやってみるのである）．も

し，この形の積分因子が存在すれば，その必要十分条件 $(MP)_y = (MQ)_x$ を調べると，

$$(MP)_y = (x^{a+1}y^{b+2} - x^a y^{b+3})_y = (b+2)x^{a+1}y^{b+1} - (b+3)x^a y^{b+2},$$

$$(MQ)_x = (x^a y^b - x^{a+1}y^{b+2})_x = ax^{a-1}y^b - (a+1)x^a y^{b+2}$$

だから，

$$b+2 = a = 0, \ b+3 = a+1 \quad \therefore a = 0, \ b = -2.$$

よって，$M(x,y) = \dfrac{1}{y^2}$（$x^a y^b$ の形の積分因子はこれのみ）．これ以後は【解答】または (別解 1) と同じである．

注意 一般に，全微分方程式

$$x^a y^b (Ay\,dx + Bx\,dy) + x^c y^d (Cy\,dx + Dx\,dy) = 0 \quad (AD - BC \neq 0)$$

は必ず $x^m y^n$ の形の積分因子を一つだけ持つことが示される．

(3) 与えられた方程式から

$$d(xy) = y\,dx + x\,dy = \sqrt{1 - x^2 y^2}\,dx$$

の両辺を $\sqrt{1-x^2 y^2}$ で割って

$$\frac{d(xy)}{\sqrt{1-x^2 y^2}} = dx$$

の両辺を積分すると

$$\mathrm{Sin}^{-1}(xy) = x + C \quad \therefore xy = \sin(x+C) \quad (C \text{ は任意定数}).$$

(4) 与えられた方程式を x^2 で割って

$$d\left(\frac{y}{x}\right) = \frac{x\,dy - y\,dx}{x^2} = \left\{1 + \left(\frac{y}{x}\right)^2\right\}dx, \quad \frac{d\left(\dfrac{y}{x}\right)}{1 + \left(\dfrac{y}{x}\right)^2} = dx$$

の両辺を積分すると

$$\mathrm{Tan}^{-1}\left(\frac{y}{x}\right) = x + C \quad \therefore y = x\tan(x+C) \quad (C \text{ は任意定数}).$$

注意 次の微分形の公式等は積分因子を見つける際に有効なことがある：

(i) $d(xy) = y\,dx + x\,dy$ 　　(ii) $d\left(\dfrac{y}{x}\right) = \dfrac{x\,dy - y\,dx}{x^2}$

(iii) $d\left(\mathrm{Tan}^{-1}\dfrac{y}{x}\right) = \dfrac{x\,dy - y\,dx}{x^2 + y^2}$ 　　(iv) $d(\log xy) = \dfrac{y\,dx + x\,dy}{xy}$

$\diamondsuit$

問題 7.2.4 次の全微分方程式を解け.
(1) $(\sin x - x\cos x - 3x^2(y-x)^2)\,dx + 3x^2(y-x)^2\,dy = 0$
(2) $y\log y\,dx + (x - \log y)\,dy = 0$
(3) $(2y^4 + xy)\,dx - (2xy^3 - x^2)\,dy = 0$
(4) $(x^2 \sin x - y)\,dx + x\,dy = 0$
(5) $(y^3 + x^2 y - y)\,dx + (x^3 + xy^2 + x)\,dy = 0$
(6) $(x^2 y + x + y)\,dx + (xy + x + 1)\,dy = 0$

── 第 2 部　線形代数学 ──

8 行列の基本演算

8.1 基本演算

この節で取り上げる問題はそれほど難しくはない．しかし，初めは取りつき難いと感じられるものも混じっているであろう．そういう問題はあせらず，教科書をよく読み，講義をよく聞いて考えてもらいたい．どうしても解けない問題があっても初めは差し支えない．思い切ってとばして，あとでもう一度挑戦すればよい．

例題 8.1 行列 A, B を次のように定めるとき，$A+B$, $2A+3B$, AB, BA はどうなるかを示せ．

(1) $A = \begin{bmatrix} 1 & 2 & 3 \\ 2 & 1 & 4 \end{bmatrix}$, $B = \begin{bmatrix} 1 & 3 & 7 \\ 2 & 6 & 3 \end{bmatrix}$

(2) $A = \begin{bmatrix} 1 & 3 & 5 \\ 2 & 1 & 7 \end{bmatrix}$, $B = \begin{bmatrix} 1 & 3 & 7 \\ 2 & 6 & 5 \\ 4 & 2 & 3 \end{bmatrix}$

【解答】 (1) $A + B = \begin{bmatrix} 1 & 2 & 3 \\ 2 & 1 & 4 \end{bmatrix} + \begin{bmatrix} 1 & 3 & 7 \\ 2 & 6 & 3 \end{bmatrix}$

$= \begin{bmatrix} 1+1 & 2+3 & 3+7 \\ 2+2 & 1+6 & 4+3 \end{bmatrix} = \begin{bmatrix} 2 & 5 & 10 \\ 4 & 7 & 7 \end{bmatrix}$

$2A + 3B = \begin{bmatrix} 2 \cdot 1 & 2 \cdot 2 & 2 \cdot 3 \\ 2 \cdot 2 & 2 \cdot 1 & 2 \cdot 4 \end{bmatrix} + \begin{bmatrix} 3 \cdot 1 & 3 \cdot 3 & 3 \cdot 7 \\ 3 \cdot 2 & 3 \cdot 6 & 3 \cdot 3 \end{bmatrix}$

$$= \begin{bmatrix} 2 & 4 & 6 \\ 4 & 2 & 8 \end{bmatrix} + \begin{bmatrix} 3 & 9 & 21 \\ 6 & 18 & 9 \end{bmatrix} = \begin{bmatrix} 2+3 & 4+9 & 6+21 \\ 4+6 & 2+18 & 8+9 \end{bmatrix}$$

$$= \begin{bmatrix} 5 & 13 & 27 \\ 10 & 20 & 17 \end{bmatrix}$$

AB, BA は定義されない.

(2) $A + B, 2A + 3B$ は定義されない.

$$AB = \begin{bmatrix} 1 & 3 & 5 \\ 2 & 1 & 7 \end{bmatrix} \begin{bmatrix} 1 & 3 & 7 \\ 2 & 6 & 5 \\ 4 & 2 & 3 \end{bmatrix}$$

$$= \begin{bmatrix} 1\cdot 1+3\cdot 2+5\cdot 4 & 1\cdot 3+3\cdot 6+5\cdot 2 & 1\cdot 7+3\cdot 5+5\cdot 3 \\ 2\cdot 1+1\cdot 2+7\cdot 4 & 2\cdot 3+1\cdot 6+7\cdot 2 & 2\cdot 7+1\cdot 5+7\cdot 3 \end{bmatrix}$$

$$= \begin{bmatrix} 27 & 31 & 37 \\ 32 & 26 & 40 \end{bmatrix}$$

BA は定義されない. $\diamondsuit$

問題 8.1.1 行列 A, B を次のように定めるとき $A+B, A-B, AB, BA$ を計算せよ.

(1) $A = \begin{bmatrix} 1 & 4 \\ 2 & 7 \end{bmatrix}, \quad B = \begin{bmatrix} 3 & 6 \\ 5 & 4 \end{bmatrix}$ (2) $A = \begin{bmatrix} 1 & 4 & 8 \end{bmatrix}, \quad B = \begin{bmatrix} 3 \\ 5 \\ 2 \end{bmatrix}$

(3) $A = \begin{bmatrix} 1 & 4 & 8 \\ 3 & 2 & 7 \end{bmatrix}, \quad B = \begin{bmatrix} 3 & 6 \\ 5 & 4 \\ 2 & 1 \end{bmatrix}$

(4) $A = \begin{bmatrix} 1 & 4 & 8 \\ 3 & 2 & 7 \\ 5 & 2 & 3 \end{bmatrix}, \quad B = \begin{bmatrix} 3 & 6 \\ 5 & 4 \\ 2 & 1 \end{bmatrix}$

(5) $A = \begin{bmatrix} 1 & 4 & 8 & 9 \\ 3 & 2 & 7 & 5 \\ 2 & 5 & 9 & 1 \\ 2 & 2 & 5 & 6 \end{bmatrix}, \quad B = \begin{bmatrix} 3 & 6 & 1 & 7 \\ 5 & 4 & 8 & 9 \\ 2 & 1 & 3 & 2 \\ 4 & 2 & 5 & 6 \end{bmatrix}$

問題 8.1.2 行列 A, B を次のように与えるとき，AB を計算せよ．

(1) $A = \begin{bmatrix} 3 & 6 & 0 & 0 \\ 5 & 4 & 0 & 0 \\ 0 & 0 & 3 & 2 \\ 0 & 0 & 5 & 6 \\ 0 & 0 & 1 & 8 \end{bmatrix}$, $\quad B = \begin{bmatrix} 3 & 6 & 0 \\ 5 & 4 & 0 \\ 0 & 0 & 3 \\ 0 & 0 & 5 \end{bmatrix}$

(2) $A = \begin{bmatrix} 3 & 0 & 0 & 0 \\ 0 & 4 & 0 & 0 \\ 0 & 0 & 3 & 0 \\ 0 & 0 & 0 & 6 \end{bmatrix}$, $\quad B = \begin{bmatrix} 7 & 0 & 0 & 0 \\ 0 & 5 & 0 & 0 \\ 0 & 0 & 2 & 0 \\ 0 & 0 & 0 & 1 \end{bmatrix}$

(3) $A = \begin{bmatrix} 3 & 0 & 0 & 0 & 0 \\ 0 & 3 & 0 & 0 & 0 \\ 0 & 0 & 3 & 0 & 0 \\ 0 & 0 & 0 & 3 & 0 \\ 0 & 0 & 0 & 0 & 3 \end{bmatrix}$, $\quad B = \begin{bmatrix} 3 & 6 & 5 \\ 5 & 4 & 2 \\ 3 & 8 & 3 \\ 7 & 1 & 5 \\ 4 & 9 & 2 \end{bmatrix}$

(4) $A = \begin{bmatrix} 1 & 0 & 0 & 0 & 0 \\ 0 & 0 & 0 & 0 & 1 \\ 0 & 0 & 1 & 0 & 0 \\ 0 & 0 & 0 & 1 & 0 \\ 0 & 1 & 0 & 0 & 0 \end{bmatrix}$, $\quad B = \begin{bmatrix} 3 & 6 & 5 \\ 5 & 4 & 2 \\ 3 & 8 & 3 \\ 7 & 1 & 5 \\ 4 & 9 & 2 \end{bmatrix}$

(5) $A = \begin{bmatrix} 3 & 6 & 5 & 2 & 7 \\ 5 & 4 & 2 & 3 & 4 \\ 3 & 8 & 3 & 1 & 2 \end{bmatrix}$, $\quad B = \begin{bmatrix} 1 & 0 & 0 & 0 & 0 \\ 0 & 0 & 0 & 0 & 1 \\ 0 & 0 & 1 & 0 & 0 \\ 0 & 0 & 0 & 1 & 0 \\ 0 & 1 & 0 & 0 & 0 \end{bmatrix}$

問題 8.1.3 次の行列の k 乗 $(k \geqq 1)$ を求めよ．

(1) $\begin{bmatrix} 0 & 3 & 0 \\ 0 & 0 & 5 \\ 0 & 0 & 0 \end{bmatrix}$ (2) $\begin{bmatrix} 0 & 0 & 1 \\ 0 & 1 & 0 \\ 1 & 0 & 0 \end{bmatrix}$ (3) $\begin{bmatrix} a & 0 & 0 \\ 0 & b & 0 \\ 0 & 0 & c \end{bmatrix}$ (4) $\begin{bmatrix} 0 & 1 & 0 \\ 0 & 0 & 1 \\ 1 & 0 & 0 \end{bmatrix}$

例題 8.2 行列 $\begin{bmatrix} 1 & 0 \\ 0 & -1 \end{bmatrix}$ と交換可能な行列をすべて求めよ.

【解答】 与えられた行列を A とおく. A に左からも右からも掛けることができるのは 2 次正方行列である. 求める行列を $B = \begin{bmatrix} a & b \\ c & d \end{bmatrix}$ とおこう. $AB = \begin{bmatrix} a & b \\ -c & -d \end{bmatrix}$, $BA = \begin{bmatrix} a & -b \\ c & -d \end{bmatrix}$ であるから, $AB = BA$ となるためには $c = b = 0$ であることが必要十分である. すなわち, 求める行列は $\begin{bmatrix} a & 0 \\ 0 & d \end{bmatrix}$ (a, d は任意) の形である. ◇

問題 8.1.4 次の行列と交換可能な行列をすべて求めよ.

(1) $\begin{bmatrix} 0 & 1 \\ -1 & 0 \end{bmatrix}$ (2) $\begin{bmatrix} 0 & 0 & 1 \\ 0 & 0 & 0 \\ 0 & 0 & 0 \end{bmatrix}$ (3) $\begin{bmatrix} 0 & 1 & 1 \\ 0 & 0 & 1 \\ 0 & 0 & 0 \end{bmatrix}$ (4) $\begin{bmatrix} 1 & 1 & 1 \\ 0 & 1 & 1 \\ 0 & 0 & 1 \end{bmatrix}$

問題 8.1.5 $\begin{bmatrix} a & b & 0 \\ c & d & 0 \\ 0 & 0 & e \end{bmatrix}$ の形のすべての行列と交換可能な行列をすべて求めよ.

問題 8.1.6 任意の n 次正方行列と交換可能な行列をすべて求めよ.

例題 8.3 任意の正方行列は対称行列と交代行列の和の形に表すことができ, かつ, その表し方は一意である. このことを示せ.

【解答】 A を任意の正方行列とする. $B = \frac{1}{2}(A + {}^t\!A)$, $C = \frac{1}{2}(A - {}^t\!A)$ とおけば, B は対称行列, C は交代行列であり, かつ明らかに $A = B + C$. 一方, 対称行列 B', 交代行列 C' があって $A = B' + C'$ と表されたとすると, ${}^t\!A = {}^t\!B' + {}^t\!C' = B' - C'$ となるから, $B' = \frac{1}{2}(A + {}^t\!A) = B$, $C' = \frac{1}{2}(A - {}^t\!A) = C$ である. ◇

問題 8.1.7 次の行列を対称行列と交代行列の和として表せ．

(1) $\begin{bmatrix} 1 & -1 \\ 3 & 2 \end{bmatrix}$ (2) $\begin{bmatrix} 1 & -1 & 7 \\ 3 & 2 & -2 \\ -4 & 3 & 1 \end{bmatrix}$

問題 8.1.8 次のことを証明せよ．
(1) 正方行列 A, B が対称行列のとき，AB が対称行列であるためには $AB = BA$ であることが必要十分である．
(2) 正方行列 A, B が交代行列のとき，AB が対称行列であるためには $AB = BA$ であることが必要十分である．

問題 8.1.9 n 次正方行列 A, B に対して，$[A, B] = AB - BA$ とおく．A, B がともに対称 (または交代) 行列ならば $[A, B]$ は交代行列である．このことを示せ．

問題 8.1.10 n 次正方行列 A, B, C について次の等式が成り立つことを示せ ($[A, B] = AB - BA$)．
(1) $[A, B] = -[B, A]$
(2) $[[A, B], C] + [[B, C], A] + [[C, A], B] = O$　(ヤコビの等式)

8.2　行基本変形と連立方程式

行列の零ベクトルでない行について，その行の**主成分**とは，左から見て 0 でない最初の成分のことである．

次の条件 (I) 〜 (IV) をすべて満たす行列を**簡約行列**という．
(I) 行ベクトルのうちに零ベクトルがあれば，それは零ベクトルでないものよりも下にある．
(II) 零ベクトルでない行の主成分は 1 である．
(III) 零ベクトルでない行の主成分は下の行ほど右にある．

(Ⅳ) 零ベクトルでない行の主成分を含む列では他の成分はすべて 0 である.

また，行列の次の三つの変形を行基本変形という.
(1) 一つの行に 0 でない数を掛ける.
(2) 二つの行を入れ換える.
(3) 一つの行に他の行の何倍かを加える.

例題 8.4 次の行列に行基本変形を繰り返して簡約行列になるようにせよ (簡約化せよ).

$$\begin{bmatrix} 3 & 3 & 0 & 4 & 1 \\ 1 & 3 & -4 & 2 & 1 \\ 0 & 1 & 6 & -1 & 3 \\ 2 & 1 & 4 & 2 & 2 \end{bmatrix}$$

【解答】
$$\begin{bmatrix} 3 & 3 & 0 & 4 & 1 \\ 1 & 3 & -4 & 2 & 1 \\ 0 & 1 & 6 & -1 & 3 \\ 2 & 1 & 4 & 2 & 2 \end{bmatrix} \xrightarrow{(i)} \begin{bmatrix} 1 & 3 & -4 & 2 & 1 \\ 3 & 3 & 0 & 4 & 1 \\ 0 & 1 & 6 & -1 & 3 \\ 2 & 1 & 4 & 2 & 2 \end{bmatrix}$$

$$\xrightarrow{(ii)} \begin{bmatrix} 1 & 3 & -4 & 2 & 1 \\ 0 & -6 & 12 & -2 & -2 \\ 0 & 1 & 6 & -1 & 3 \\ 0 & -5 & 12 & -2 & 0 \end{bmatrix} \xrightarrow{(iii)} \begin{bmatrix} 1 & 3 & -4 & 2 & 1 \\ 0 & 1 & 6 & -1 & 3 \\ 0 & -6 & 12 & -2 & -2 \\ 0 & -5 & 12 & -2 & 0 \end{bmatrix}$$

$$\xrightarrow{(iv)} \begin{bmatrix} 1 & 0 & -22 & 5 & -8 \\ 0 & 1 & 6 & -1 & 3 \\ 0 & 0 & 48 & -8 & 16 \\ 0 & 0 & 42 & -7 & 15 \end{bmatrix} \xrightarrow{(v)} \begin{bmatrix} 1 & 0 & -22 & 5 & -8 \\ 0 & 1 & 6 & -1 & 3 \\ 0 & 0 & 1 & -\dfrac{1}{6} & \dfrac{1}{3} \\ 0 & 0 & 42 & -7 & 15 \end{bmatrix}$$

$$\xrightarrow{(vi)} \begin{bmatrix} 1 & 0 & 0 & \dfrac{4}{3} & -\dfrac{2}{3} \\ 0 & 1 & 0 & 0 & 1 \\ 0 & 0 & 1 & -\dfrac{1}{6} & \dfrac{1}{3} \\ 0 & 0 & 0 & 0 & 1 \end{bmatrix} \xrightarrow{(vii)} \begin{bmatrix} 1 & 0 & 0 & \dfrac{4}{3} & 0 \\ 0 & 1 & 0 & 0 & 0 \\ 0 & 0 & 1 & -\dfrac{1}{6} & 0 \\ 0 & 0 & 0 & 0 & 1 \end{bmatrix}$$

上の操作の説明 (① 等は ⟶ の左側の行列の第 1 行等を表す)：
(i) ① と ② の交換.
(ii) ② $- 3 \times$ ①, ④ $- 2 \times$ ①.

(iii) ② と ③ の交換.
(iv) ① $- 3 \times$ ②, ③ $+ 6 \times$ ②, ④ $+ 5 \times$ ②.
(v) $\dfrac{1}{48} \times$ ③.
(vi) ① $+ 22 \times$ ③, ② $- 6 \times$ ③, ④ $- 42 \times$ ③.
(vii) ① $+ \dfrac{2}{3} \times$ ④, ② $-$ ④, ③ $- \dfrac{1}{3} \times$ ④. $\diamondsuit$

問題 8.2.1 次の行列に行基本変形を繰り返して簡約行列に導け.

(1) $\begin{bmatrix} 0 & 3 & 2 & 1 \\ 0 & 6 & 4 & 2 \end{bmatrix}$ (2) $\begin{bmatrix} 3 & 6 & 3 & 15 \\ 2 & 4 & 3 & 12 \\ 1 & 2 & 3 & 9 \end{bmatrix}$

(3) $\begin{bmatrix} 3 & -5 & -1 & -9 & -3 \\ 1 & 0 & 3 & 2 & 1 \\ 2 & -1 & 4 & 1 & 1 \\ 1 & -1 & 1 & -1 & -1 \end{bmatrix}$ (4) $\begin{bmatrix} -5 & -10 & -6 & -7 & -6 \\ 2 & 4 & 3 & 5 & 2 \\ 3 & 6 & 2 & 1 & 7 \\ -4 & -8 & -5 & -\dfrac{13}{2} & -\dfrac{3}{2} \\ 1 & 2 & 1 & 1 & 2 \end{bmatrix}$

問題 8.2.2 次の型の簡約行列をすべて求めよ.

(1) 2 次の正方行列 (2) 2×3 行列 (3) 3 次の正方行列

ある行列 A に行基本変形を何度か施して簡約行列に導いたとき,その簡約行列の「段の数」(主成分となる 1 の数) をもとの行列 A の**階数**といい,$\operatorname{rank} A$ と書く.階数には,いくつかの見かけが異なる同値な定義がある.以下の問題では,それらの異なる定義を知っておけば好都合なものもあるが,とりあえずは「簡約行列の段の数」という理解で進み,あとで新しい定義を学ぶたびに戻ってきて再度挑戦してみると得るところがあるであろう.

問題 8.2.3 問題 8.2.1 の各行列について階数を求めよ.

問題 8.2.4　次の行列の階数を求めよ．

(1) $\begin{bmatrix} 1 & 2 \\ 3 & 4 \\ 5 & 6 \end{bmatrix}$
(2) $\begin{bmatrix} 1 & 2 & 3 \\ 4 & 5 & 6 \\ 7 & 8 & 9 \\ 10 & 11 & 12 \end{bmatrix}$
(3) $\begin{bmatrix} 1 & 2 & 3 \\ 1 & 4 & 9 \\ 1 & 8 & 27 \\ 1 & 16 & 81 \end{bmatrix}$

(4) $\begin{bmatrix} 1 & 2 & 3 & 4 \\ 1 & 4 & 9 & 16 \\ 1 & 8 & 27 & 64 \\ 1 & 16 & 81 & 256 \end{bmatrix}$
(5) $\begin{bmatrix} 4 & -1 & -1 & -1 & -1 \\ -1 & 4 & -1 & -1 & -1 \\ -1 & -1 & 4 & -1 & -1 \\ -1 & -1 & -1 & 4 & -1 \\ -1 & -1 & -1 & -1 & 4 \end{bmatrix}$

問題 8.2.5　$m_1 \times n_1$ 行列 A_1, $m_2 \times n_2$ 行列 A_2 に対して，$(m_1+m_2) \times (n_1+n_2)$ 行列 $A = \begin{bmatrix} A_1 & O \\ O & A_2 \end{bmatrix}$ を考えるとき，$\operatorname{rank} A = \operatorname{rank} A_1 + \operatorname{rank} A_2$ であることを示せ．

例題 8.5　次の行列の階数を求めよ．

$\begin{bmatrix} a^2 & ab & ac \\ ba & b^2 & bc \\ ca & cb & c^2 \end{bmatrix}$

【解答】　$a = b = c = 0$ なら与えられた行列は零行列であり，階数は 0 である．a, b, c の中に 0 でないものがあれば，第 1 行 $= a \begin{bmatrix} a & b & c \end{bmatrix}$，第 2 行 $= b \begin{bmatrix} a & b & c \end{bmatrix}$，第 3 行 $= c \begin{bmatrix} a & b & c \end{bmatrix}$ である．これらの中には零でない行が少なくとも一つあり，他はその行のスカラー倍であるから行列の階数は 1 となる．　◇

問題 8.2.6　次の行列の階数を求めよ．

(1) $\begin{bmatrix} a & b & b \\ b & a & b \\ b & b & a \end{bmatrix}$
(2) $\begin{bmatrix} 1 & a & b \\ b & 1 & a \\ a & b & 1 \end{bmatrix}$

(3) $\begin{bmatrix} 1 & 1 & 1 & a \\ 1 & 1 & a & a \\ 1 & a & a & a \\ a & a & a & a \end{bmatrix}$ (4) $\begin{bmatrix} 1 & a & a & a \\ a & 1 & a & a \\ a & a & 1 & a \\ a & a & a & 1 \end{bmatrix}$

問題 8.2.7 次の n 次正方行列の階数を求めよ.

(1) $\begin{bmatrix} a & 1 & \cdots & 1 \\ 1 & a & \cdots & 1 \\ \vdots & \vdots & \ddots & \vdots \\ 1 & 1 & \cdots & a \end{bmatrix}$ (2) $\begin{bmatrix} a_1b_1 & a_1b_2 & \cdots & a_1b_n \\ a_2b_1 & a_2b_2 & \cdots & a_2b_n \\ \vdots & \vdots & \ddots & \vdots \\ a_nb_1 & a_nb_2 & \cdots & a_nb_n \end{bmatrix}$

問題 8.2.8 $A = \begin{bmatrix} 0 & 0 & a \\ 3 & 1 & 0 \\ -1 & 0 & b \end{bmatrix}$ とする.

(1) $\operatorname{rank} A$ を求めよ.

(2) $\operatorname{rank} A + \operatorname{rank}(E - A) = 3$ となるように a, b の値を定めよ. このとき, $A(E - A)$ を求めよ.

例題 8.6 次の連立 1 次方程式を解け.

(1) $\begin{cases} 2x + y + z = 9 \\ x + 2y + z = 8 \\ x + y + 2z = 7 \end{cases}$ (2) $\begin{cases} x_1 + x_2 + x_3 + x_4 = 6 \\ 2x_1 + 2x_2 + x_3 + x_4 = 8 \\ -x_1 - 2x_2 + 2x_3 + x_4 = 3 \\ x_1 + x_2 + 2x_3 - 2x_4 = 6 \end{cases}$

【解答】 掃き出し法によって解こう. すなわち, 拡大係数行列を行基本変形によって簡約行列に導く (簡約化する).

(1) $\begin{bmatrix} 2 & 1 & 1 & 9 \\ 1 & 2 & 1 & 8 \\ 1 & 1 & 2 & 7 \end{bmatrix} \xrightarrow{(\mathrm{i})} \begin{bmatrix} 0 & -1 & -3 & -5 \\ 0 & 1 & -1 & 1 \\ 1 & 1 & 2 & 7 \end{bmatrix} \xrightarrow{(\mathrm{ii})} \begin{bmatrix} 1 & 1 & 2 & 7 \\ 0 & 1 & -1 & 1 \\ 0 & -1 & -3 & -5 \end{bmatrix}$

$\xrightarrow{(\mathrm{iii})} \begin{bmatrix} 1 & 0 & 3 & 6 \\ 0 & 1 & -1 & 1 \\ 0 & 0 & -4 & -4 \end{bmatrix} \xrightarrow{(\mathrm{iv})} \begin{bmatrix} 1 & 0 & 3 & 6 \\ 0 & 1 & -1 & 1 \\ 0 & 0 & 1 & 1 \end{bmatrix} \xrightarrow{(\mathrm{v})} \begin{bmatrix} 1 & 0 & 0 & 3 \\ 0 & 1 & 0 & 2 \\ 0 & 0 & 1 & 1 \end{bmatrix}$

ここで,
(i) ①$-2\times$③, ②$-$③ (ii) ① と ③ の交換
(iii) ①$-$②, ③$+$② (iv) $-\dfrac{1}{4}\times$③ (v) ①$-3\times$③, ②$+$③

したがって (1) の解は $x=3, y=2, z=1$.

(2) $\begin{bmatrix} 1 & 1 & 1 & 1 & 6 \\ 2 & 2 & 1 & 1 & 8 \\ -1 & -2 & 2 & 4 & 3 \\ 1 & 1 & 2 & -2 & 6 \end{bmatrix} \xrightarrow{\text{(i)}} \begin{bmatrix} 1 & 1 & 1 & 1 & 6 \\ 0 & 0 & -1 & -1 & -4 \\ 0 & -1 & 3 & 5 & 9 \\ 0 & 0 & 1 & -3 & 0 \end{bmatrix}$

$\xrightarrow{\text{(ii)}} \begin{bmatrix} 1 & 0 & 4 & 6 & 15 \\ 0 & 0 & -1 & -1 & -4 \\ 0 & -1 & 3 & 5 & 9 \\ 0 & 0 & 1 & -3 & 0 \end{bmatrix} \xrightarrow{\text{(iii)}} \begin{bmatrix} 1 & 0 & 4 & 6 & 15 \\ 0 & -1 & 3 & 5 & 9 \\ 0 & 0 & -1 & -1 & -4 \\ 0 & 0 & 1 & -3 & 0 \end{bmatrix}$

$\xrightarrow{\text{(iv)}} \begin{bmatrix} 1 & 0 & 0 & 2 & -1 \\ 0 & -1 & 0 & 2 & -3 \\ 0 & 0 & -1 & -1 & -4 \\ 0 & 0 & 0 & -4 & -4 \end{bmatrix} \xrightarrow{\text{(v)}} \begin{bmatrix} 1 & 0 & 0 & 2 & -1 \\ 0 & 1 & 0 & -2 & 3 \\ 0 & 0 & 1 & 1 & 4 \\ 0 & 0 & 0 & 1 & 1 \end{bmatrix}$

$\xrightarrow{\text{(vi)}} \begin{bmatrix} 1 & 0 & 0 & 0 & -3 \\ 0 & 1 & 0 & 0 & 5 \\ 0 & 0 & 1 & 0 & 3 \\ 0 & 0 & 0 & 1 & 1 \end{bmatrix}$

ここで,
(i) ②$-2\times$①, ③$+$①, ④$-$①, ④$-$① (ii) ①$+$③
(iii) ② と ③ の交換 (iv) ①$+4\times$③, ②$+3\times$③, ④$+$③
(v) $(-1)\times$②, $(-1)\times$③, $\left(-\dfrac{1}{4}\right)\times$④
(vi) ①$-2\times$④, ②$+2\times$④, ③$-$④

したがって (2) の解は $x_1=-3, x_2=5, x_3=3, x_4=1$. $\diamond$

問題 8.2.9 次の連立 1 次方程式を解け.

(1) $\begin{cases} 2x+3y+2z=21 \\ x+2y+z=14 \\ -x+y+z=1 \end{cases}$ (2) $\begin{cases} x_1-x_2+3x_3=12 \\ x_1+x_2-2x_3=-9 \\ 2x_1+3x_2-x_3=-1 \end{cases}$

(3) $\begin{cases} -x_1 + x_2 + x_3 - x_4 = -12 \\ 2x_1 - x_2 + x_3 - x_4 = 3 \\ x_1 + 3x_2 + x_3 - 2x_4 = -15 \\ 3x_1 - x_2 - x_3 - x_4 = 12 \end{cases}$
(4) $\begin{cases} x_1 + x_2 - 3x_3 + 2x_4 = -27 \\ x_1 - 2x_2 - x_3 + x_4 = -14 \\ x_1 + 3x_2 - x_3 - x_4 = 2 \\ 2x_1 + x_2 + x_3 + x_4 = 9 \end{cases}$

(5) $\begin{cases} x_1 + x_2 - x_3 - x_4 - 2x_5 = -15 \\ x_1 - 2x_2 + x_3 - x_4 + x_5 = 2 \\ x_1 - 3x_2 + 2x_3 - x_4 + x_5 = 4 \\ 2x_1 - x_2 + 2x_3 - 3x_4 + x_5 = 1 \\ 3x_1 - 2x_2 - 2x_3 + x_4 + x_5 = 0 \end{cases}$

(6) $\begin{cases} x_1 + 2x_2 + 3x_3 + 4x_4 + 5x_5 = 56 \\ x_1 - 2x_2 + 3x_3 - 4x_4 + 5x_5 = 8 \\ x_1 - 3x_2 + 2x_3 - 2x_4 + 3x_5 = 11 \\ 2x_1 - x_2 + 3x_3 - 4x_4 + 3x_5 = -9 \\ 2x_1 - 3x_2 + 2x_3 - x_4 - x_5 = -13 \end{cases}$

例題 8.7 次の連立1次方程式を解け.

(1) $\begin{cases} -x_1 + x_2 + x_3 - x_4 = -12 \\ 2x_1 - x_2 + x_3 - x_4 = 3 \\ x_1 + 3x_2 + x_3 - 2x_4 = -15 \\ 2x_1 + 3x_2 + 3x_3 - 4x_4 = -24 \end{cases}$
(2) $\begin{cases} x_1 + 2x_2 + 3x_3 = 6 \\ x_1 - 4x_2 + 3x_3 = 6 \\ x_1 - 3x_2 + 3x_3 = -1 \end{cases}$

【解答】 掃き出し法による. 拡大係数行列を行基本変形によって簡約行列に導く.

(1) $\begin{bmatrix} -1 & 1 & 1 & -1 & -12 \\ 2 & -1 & 1 & -1 & 3 \\ 1 & 3 & 1 & -2 & -15 \\ 2 & 3 & 3 & -4 & -24 \end{bmatrix} \xrightarrow{(i)} \begin{bmatrix} -1 & 1 & 1 & -1 & -12 \\ 0 & 1 & 3 & -3 & -21 \\ 0 & 4 & 2 & -3 & -27 \\ 0 & 5 & 5 & -6 & -48 \end{bmatrix}$

$\xrightarrow{(ii)} \begin{bmatrix} -1 & 0 & -2 & 2 & 9 \\ 0 & 1 & 3 & -3 & -21 \\ 0 & 0 & -10 & 9 & 57 \\ 0 & 0 & -10 & 9 & 57 \end{bmatrix} \xrightarrow{(iii)} \begin{bmatrix} -1 & 0 & -2 & 2 & 9 \\ 0 & 1 & 3 & -3 & -21 \\ 0 & 0 & -10 & 9 & 57 \\ 0 & 0 & 0 & 0 & 0 \end{bmatrix}$

$$\xrightarrow{\text{(iv)}} \begin{bmatrix} -1 & 0 & -2 & 2 & 9 \\ 0 & 1 & 3 & -3 & -21 \\ 0 & 0 & 1 & -\dfrac{9}{10} & -\dfrac{57}{10} \\ 0 & 0 & 0 & 0 & 0 \end{bmatrix} \xrightarrow{\text{(v)}} \begin{bmatrix} -1 & 0 & 0 & \dfrac{1}{5} & -\dfrac{12}{5} \\ 0 & 1 & 0 & -\dfrac{3}{10} & -\dfrac{39}{10} \\ 0 & 0 & 1 & -\dfrac{9}{10} & -\dfrac{57}{10} \\ 0 & 0 & 0 & 0 & 0 \end{bmatrix}$$

$$\xrightarrow{\text{(vi)}} \begin{bmatrix} 1 & 0 & 0 & -\dfrac{1}{5} & \dfrac{12}{5} \\ 0 & 1 & 0 & -\dfrac{3}{10} & -\dfrac{39}{10} \\ 0 & 0 & 1 & -\dfrac{9}{10} & -\dfrac{57}{10} \\ 0 & 0 & 0 & 0 & 0 \end{bmatrix}$$

ここで,

(i) ②$+2\times$①, ③$+$①, ②$+2\times$①　(ii) ①$-$②, ③$-4\times$②, ④$-5\times$②

(iii) ④$-$③　(iv) $-\dfrac{1}{10}\times$③　(v) ①$+2\times$③, ②$-3\times$③　(vi) $-1\times$①

解は

$$x_1 = \frac{12}{5} + \frac{1}{5}c,\ x_2 = -\frac{39}{10} + \frac{3}{10}c,\ x_3 = -\frac{57}{10} + \frac{9}{10}c,\ x_4 = c \quad (c:\text{任意})$$

注意　ここで解を

$$\begin{bmatrix} x_1 \\ x_2 \\ x_3 \\ x_4 \end{bmatrix} = \begin{bmatrix} \dfrac{12}{5} \\ -\dfrac{39}{10} \\ -\dfrac{57}{10} \\ 0 \end{bmatrix} + c \begin{bmatrix} \dfrac{1}{5} \\ \dfrac{3}{10} \\ \dfrac{9}{10} \\ 1 \end{bmatrix} \quad (c:\text{任意})$$

と表示する練習もしておくべきである.

(2) $\begin{bmatrix} 1 & 2 & 3 & 6 \\ 1 & -4 & 3 & 6 \\ 1 & -1 & 3 & -1 \end{bmatrix} \xrightarrow{\text{(i)}} \begin{bmatrix} 1 & 2 & 3 & 6 \\ 0 & -6 & 0 & 0 \\ 0 & -3 & 0 & -7 \end{bmatrix} \xrightarrow{\text{(ii)}} \begin{bmatrix} 1 & 2 & 3 & 6 \\ 0 & 1 & 0 & 0 \\ 0 & -3 & 0 & -7 \end{bmatrix}$

$\xrightarrow{\text{(iii)}} \begin{bmatrix} 1 & 0 & 3 & 6 \\ 0 & 1 & 0 & 0 \\ 0 & 0 & 0 & -7 \end{bmatrix} \xrightarrow{\text{(iv)}} \begin{bmatrix} 1 & 0 & 3 & 6 \\ 0 & 1 & 0 & 0 \\ 0 & 0 & 0 & 1 \end{bmatrix} \xrightarrow{\text{(v)}} \begin{bmatrix} 1 & 0 & 3 & 0 \\ 0 & 1 & 0 & 0 \\ 0 & 0 & 0 & 1 \end{bmatrix}$

ここで,

(i) ②$-$①, ③$-$①　(ii) $-\dfrac{1}{6}\times$②　(iii) ①$-2\times$②, ③$+3\times$②

(iv) $-\dfrac{1}{7}\times$③　(v) ①$-6\times$③

係数行列の階数 2 に対して拡大係数行列の階数が 3 になっているから，解は存在しない．

注意 解が存在しないこと ((係数行列の階数) < (拡大係数行列の階数)) は上の変形操作 $\xrightarrow{\text{(iii)}}$ が終了した段階でわかる．したがって，変形操作はそこで打ち切ってよい． ◇

問題 8.2.10 次の連立 1 次方程式を解け．

(1) $\begin{cases} x_1 + x_2 - 3x_3 = 13 \\ 2x_1 + 3x_2 - x_3 = 4 \\ x_1 + 2x_2 + 2x_3 = -9 \end{cases}$
(2) $\begin{cases} x_1 - 2x_2 - 3x_3 = 3 \\ -2x_1 + 4x_2 + 6x_3 = -6 \\ -x_1 + 2x_2 + 3x_3 = -3 \end{cases}$

(3) $\begin{cases} x_1 + x_2 - 3x_3 = 13 \\ 2x_1 + 3x_2 - x_3 = 2 \\ x_1 + 2x_2 + 2x_3 = 7 \end{cases}$
(4) $\begin{cases} x_1 - 2x_2 + 4x_3 - x_4 = -6 \\ x_1 - x_2 + 2x_3 + x_4 = 0 \\ x_1 - 2x_2 + x_3 + x_4 = 5 \\ x_1 - 3x_2 + x_3 - x_4 = 5 \end{cases}$

(5) $\begin{cases} x_1 + x_2 + 2x_3 + 2x_4 = -1 \\ -x_1 + x_2 + x_3 - x_4 = -6 \\ x_1 + 3x_2 - x_3 - x_4 = -7 \\ 2x_1 + 3x_2 + 2x_3 + 2x_4 = -5 \end{cases}$

(6) $\begin{cases} 2x_1 - x_2 - x_3 - x_4 - x_5 = 11 \\ x_1 - x_2 + x_3 + x_4 + x_5 = -3 \\ x_1 - 2x_2 + 3x_3 + x_4 + x_5 = 2 \\ x_1 + 3x_2 + x_3 + 2x_4 + x_5 = -6 \end{cases}$

8.3 正 則 行 列

例題 8.8 n 次正方行列 A に対して n 次正方行列 X, Y が $AX = E$ と $YA = E$ (E は n 次の単位行列) を満たすなら，$X = Y$ であることを示せ．

【解答】 A に対して例題の条件を満たす行列 X, Y があるとする．$AX = E$ の左から Y を掛けると，$Y(AX) = YE$ であるが，行列の積の結合法則と $YE = Y$ から $(YA)X = Y$ となる．ここで $YA = E$ という条件を使えば，$EX = Y$ となり，これから $X = Y$ が得られる． ◇

例題 8.8 でいうような行列 X, Y を持つような正方行列 A を **正則行列** という．A が正則のとき，例題にいう $X (= Y)$ を A の **逆行列** といい，A^{-1} で表す．

次の定理を線形代数の教科書で確かめておくとよい．「n 次の正方行列 A, X について $AX = E$ または $XA = E$ ならば，A は正則で $X = A^{-1}$．」

例題 8.9 次の行列が正則であることを示し逆行列を求めよ．

$$A = \begin{bmatrix} 1 & 0 & 0 & 0 & 0 \\ 0 & 1 & 0 & 0 & 0 \\ 0 & 0 & 0 & 0 & 1 \\ 0 & 0 & 0 & 1 & 0 \\ 0 & 0 & 1 & 0 & 0 \end{bmatrix}$$

【解答】 与えられた行列 A を 5 次の正方行列に左から掛けると第 3 行と第 5 行を入れ換えることがわかる．したがって，単位行列の第 3 行と第 5 行を入れ換えたもの (つまり A 自身) に左から A を掛けると単位行列になる：$AA = E$．これは A に A を右から掛けたものが単位行列であることも意味するから，A は正則で，$A^{-1} = A$． ◇

問題 8.3.1 次の行列が正則であることを示し逆行列を求めよ．(この問題は例題 8.9 と同様な考察を期待している問題であるが，それが難しいと感じるならば，あとで逆行列の作り方を学んでから (例題 8.11 参照) 再度挑戦してみよ．)

(1) $\begin{bmatrix} 1 & 0 & 0 & 1 \\ 0 & 1 & 0 & 2 \\ 0 & 0 & 1 & 3 \\ 0 & 0 & 0 & 1 \end{bmatrix}$
(2) $\begin{bmatrix} 1 & 0 & 0 & 0 \\ 0 & 1 & 0 & 0 \\ 0 & 0 & 1 & 0 \\ 3 & 2 & 1 & 1 \end{bmatrix}$

(3) $\begin{bmatrix} 0 & 0 & 0 & 1 \\ 0 & 0 & 1 & 0 \\ 0 & 1 & 0 & 0 \\ 1 & 0 & 0 & 0 \end{bmatrix}$
(4) $\begin{bmatrix} 1 & -1 & 0 & 0 \\ 0 & 1 & -1 & 0 \\ 0 & 0 & 1 & -1 \\ 0 & 0 & 0 & 1 \end{bmatrix}$

問題 8.3.2 次の行列の逆行列を求めよ．

(1) $\left.\begin{bmatrix} 1 & -1 & 0 & \cdots & 0 & 0 \\ 0 & 1 & -1 & \ddots & 0 & 0 \\ 0 & 0 & 1 & \ddots & \ddots & \vdots \\ \vdots & \vdots & \ddots & \ddots & \ddots & 0 \\ 0 & 0 & 0 & \ddots & 1 & -1 \\ 0 & 0 & 0 & \cdots & 0 & 1 \end{bmatrix}\right\}n\text{行}$
(2) $\begin{bmatrix} 1 & -1 & -2 & -3 \\ 0 & 1 & -1 & -2 \\ 0 & 0 & 1 & -1 \\ 0 & 0 & 0 & 1 \end{bmatrix}$

例題 8.10 正方行列 A について，ある整数 $m \geqq 0$ があって $A^m = O$ とする (こういう A をべき零行列という)．次のことを示せ．

(1) A は正則でない．

(2) $(E - A)(E + A + A^2 + \cdots + A^{m-1}) = E$

(3) $E - A$ は正則であり，$(E - A)^{-1} = E + A + A^2 + \cdots + A^{m-1}$

【解答】 (1) A が正則とすると A の逆行列 A^{-1} がある．A^{-1} を $A^m = O$ の左 (または右，どちらでもよい) から掛けて $A^{-1}AA^{m-1} = A^{-1}O$ すなわち

$EA^{m-1} = O$. したがって $A^{m-1} = O$ を得る. これを $m-1$ 回繰り返すと $A = O$ となるが, これは A が正則という仮定に反する.

(2) 行列の和 (差) と積の演算では通常の分配の法則が成り立つから, 次の演算は正当である.

$$\begin{aligned}
&(E-A)(E+A+A^2+\cdots+A^{m-1}) \\
&= (E-A)E + (E-A)A + (E-A)A^2 + \cdots + (E-A)A^{m-1} \\
&= (E-A) + (A-A^2) + (A^2-A^3) + \cdots + (A^{m-1}-A^m) \\
&= E + (-A+A) + (A^2-A^2) + \cdots + (-A^{m-1}+A^{m-1}) - A^m \\
&= E + O + O + \cdots + O = E.
\end{aligned}$$

(3) $(E+A+A^2+\cdots+A^{m-1})(E-A)$ を計算すると, (2) と同様にして E となることがわかる. したがって, (2) と合わせて $(E-A)^{-1} = E+A+A^2+\cdots+A^{m-1}$ となる. $\diamond$

問題 8.3.3 正方行列 A が正則のとき, 次のことを示せ.

(1) A^{-1} は正則   (2) ${}^tA$ は正則

例題 8.11 次の行列が正則であるかどうかを判定し, 正則ならば逆行列を求めよ.

(1) $\begin{bmatrix} 1 & 3 & 5 \\ 1 & 2 & 4 \\ 1 & 1 & 1 \end{bmatrix}$ (2) $\begin{bmatrix} 1 & 3 & 5 \\ 1 & 2 & 4 \\ 2 & 5 & 9 \end{bmatrix}$

【解答】 (1) 逆行列を求めるとは要するに連立 1 次方程式を解くことに帰着する. この問題でいうならば, 左辺が同じ形をしていて, 右辺が 3 通りの方程式

$$\begin{cases} x_1 + 3x_2 + 5x_3 = 1 \\ x_1 + 2x_2 + 4x_3 = 0 \\ x_1 + x_2 + x_3 = 0 \end{cases} \quad \begin{cases} x_1 + 3x_2 + 5x_3 = 0 \\ x_1 + 2x_2 + 4x_3 = 1 \\ x_1 + x_2 + x_3 = 0 \end{cases} \quad \begin{cases} x_1 + 3x_2 + 5x_3 = 0 \\ x_1 + 2x_2 + 4x_3 = 0 \\ x_1 + x_2 + x_3 = 1 \end{cases}$$

を同時に解いて, その解を並べておけばよいわけである. 係数行列が同じだから, これらの方程式は (解ける場合は) 次のようにして同時に解くことができる.

$$\begin{bmatrix} 1 & 3 & 5 & | & 1 & 0 & 0 \\ 1 & 2 & 4 & | & 0 & 1 & 0 \\ 1 & 1 & 1 & | & 0 & 0 & 1 \end{bmatrix} \xrightarrow{(i)} \begin{bmatrix} 1 & 3 & 5 & | & 1 & 0 & 0 \\ 0 & -1 & -1 & | & -1 & 1 & 0 \\ 0 & -2 & -4 & | & -1 & 0 & 1 \end{bmatrix}$$

$$\xrightarrow{(ii)} \begin{bmatrix} 1 & 3 & 5 & | & 1 & 0 & 0 \\ 0 & 1 & 1 & | & 1 & -1 & 0 \\ 0 & -2 & -4 & | & -1 & 0 & 1 \end{bmatrix} \xrightarrow{(iii)} \begin{bmatrix} 1 & 0 & 2 & | & -2 & 3 & 0 \\ 0 & 1 & 1 & | & 1 & -1 & 0 \\ 0 & 0 & -2 & | & 1 & -2 & 1 \end{bmatrix}$$

$$\xrightarrow{(iv)} \begin{bmatrix} 1 & 0 & 2 & | & -2 & 3 & 0 \\ 0 & 1 & 1 & | & 1 & -1 & 0 \\ 0 & 0 & 1 & | & -\frac{1}{2} & 1 & -\frac{1}{2} \end{bmatrix} \xrightarrow{(v)} \begin{bmatrix} 1 & 0 & 0 & | & -1 & 1 & 1 \\ 0 & 1 & 0 & | & \frac{3}{2} & -2 & \frac{1}{2} \\ 0 & 0 & 1 & | & -\frac{1}{2} & 1 & -\frac{1}{2} \end{bmatrix}$$

ここで,

(i) ②$-$①, ③$-$①　(ii) $-1\times$②　(iii) ①$-3\times$②, ④$+2\times$②

(iv) $-\dfrac{1}{2}\times$③　(v) ①$-2\times$③, ②$-$③

この計算から与えられた行列が正則であることと

逆行列が $\begin{bmatrix} -1 & 1 & 1 \\ \frac{3}{2} & -2 & \frac{1}{2} \\ -\frac{1}{2} & 1 & -\frac{1}{2} \end{bmatrix}$ であることがわかる.

(2) 与えられた行列が正則でないことは「じっと見ること」でわかるが, 型どおりの解法を示せば次のようになる.

$$\begin{bmatrix} 1 & 3 & 5 & | & 1 & 0 & 0 \\ 1 & 2 & 4 & | & 0 & 1 & 0 \\ 2 & 5 & 9 & | & 0 & 0 & 1 \end{bmatrix} \xrightarrow{(i)} \begin{bmatrix} 1 & 3 & 5 & | & 1 & 0 & 0 \\ 0 & -1 & -1 & | & -1 & 1 & 0 \\ 0 & -1 & -1 & | & -1 & 0 & 1 \end{bmatrix}$$

$$\xrightarrow{(ii)} \begin{bmatrix} 1 & 0 & 2 & | & -2 & 3 & 0 \\ 0 & -1 & -1 & | & -1 & 1 & 0 \\ 0 & 0 & 0 & | & 0 & -1 & 1 \end{bmatrix}$$

ここで, (i) ②$-$①, ③$-2\times$①　(ii) ①$+3\times$②, ③$-$②.

係数行列の階数が $2\,(<3)$ であることがわかるから, 与えられた行列は正則でない. ◇

問題 8.3.4 次の正方行列が正則であるかどうかを調べ，正則ならば逆行列を求めよ．

(1) $\begin{bmatrix} 2 & 4 \\ 3 & 5 \end{bmatrix}$
(2) $\begin{bmatrix} 1 & 3 & 6 \\ 3 & 6 & 9 \\ 6 & 9 & 11 \end{bmatrix}$
(3) $\begin{bmatrix} -1 & 1 & 1 \\ 1 & -1 & 1 \\ 1 & 1 & -1 \end{bmatrix}$

(4) $\begin{bmatrix} 0 & 1 & 2 & 3 \\ 1 & 2 & 3 & 2 \\ 2 & 3 & 2 & 1 \\ 3 & 2 & 1 & 0 \end{bmatrix}$
(5) $\begin{bmatrix} 2 & 1 & 1 & 0 \\ 1 & 2 & 0 & 1 \\ 1 & 0 & 2 & 1 \\ 0 & 1 & 1 & 2 \end{bmatrix}$

9 行列式

9.1 2次および3次の行列式

例題 9.1 次の行列式の値をサラス展開によって求めよ.

(1) $\begin{vmatrix} 2 & -4 \\ 1 & 3 \end{vmatrix}$ (2) $\begin{vmatrix} 2 & -4 & 5 \\ 1 & 3 & 2 \\ 5 & -3 & 7 \end{vmatrix}$

【解答】 (1) $\begin{vmatrix} 2 & -4 \\ 1 & 3 \end{vmatrix} = 2 \cdot 3 - (-4) \cdot 1 = 6 + 4 = 10$

(2) $\begin{vmatrix} 2 & -4 & 5 \\ 1 & 3 & 2 \\ 5 & -3 & 7 \end{vmatrix} = 2\cdot 3\cdot 7 + (-4)\cdot 2\cdot 5 + 5\cdot 1\cdot (-3) - 2\cdot 2\cdot (-3) - (-4)\cdot 1\cdot 7 - 5\cdot 3\cdot 5$

$= 42 - 40 - 15 + 12 + 28 - 75 = -48$ ◇

問題 9.1.1 次の行列式の値を求めよ.

(1) $\begin{vmatrix} 1 & 3 \\ 2 & 5 \end{vmatrix}$ (2) $\begin{vmatrix} 2 & 5 \\ 3 & -5 \end{vmatrix}$ (3) $\begin{vmatrix} 2 & 5 & 4 \\ 3 & -5 & 4 \\ 4 & 5 & 2 \end{vmatrix}$

(4) $\begin{vmatrix} -1 & 2 & 2 \\ 3 & -5 & 3 \\ 8 & 5 & 6 \end{vmatrix}$

9.2 置換と行列式の定義

例題 9.2 次の置換を巡回置換の積に分解せよ．また符号数を求めよ．

(1) $\begin{pmatrix} 1 & 2 & 3 & 4 & 5 & 6 \\ 6 & 3 & 2 & 1 & 4 & 5 \end{pmatrix}$ (2) $\begin{pmatrix} 1 & 2 & 3 & 4 & 5 & 6 & 7 & 8 & 9 \\ 2 & 6 & 5 & 7 & 1 & 3 & 8 & 9 & 4 \end{pmatrix}$

解説 置換を巡回置換の積に分解するしかたは一意ではない．しかし，通常は上のような問題は，分解に含まれる巡回置換の個数が最小になるように（したがって，分解に現れる各巡回置換の長さ，つまり，それを構成する文字（数字）の個数が最大になるように）することを求めていると解する．

また，長さ p の巡回置換は $p-1$ 個の互換の積に分解できることに気をつける．

【解答】 (1) まず 1 から始まる巡回列は $1 \to 6 \to 5 \to 4 \to 1$ である．また，この列に含まれない数字，例えば 2 から始まる巡回列は $2 \to 3 \to 2$ である．これらに含まれない数字はもう存在しないから，与えられた置換は巡回置換の記号で

(1 6 5 4) (2 3)

と分解できる．この分解の第 1 の因子は $4-1=3$ 個の互換の積に分解でき，第 2 の因子は一つの互換であるから，全体は $3+1=4$（偶数）の互換の積で表される．したがって符号数は $+1$ である．

(2) 1 から始まる巡回列は $1 \to 2 \to 6 \to 3 \to 5 \to 1$ である．これに含まれない数字，例えば 4 から始まる巡回列は $4 \to 7 \to 8 \to 9 \to 4$ である．これらに含まれない数字はもう存在しない．したがって与えられた置換は

(1 2 6 3 5) (4 7 8 9)

となる．これはさらに $4+3=7$（奇数）個の互換の積に分解できる．したがって与えられた置換の符号数は -1 である． ◇

問題 9.2.1 次の置換を巡回置換の積に分解せよ．またその符号数を求めよ．

(1) $\begin{pmatrix} 1 & 2 & 3 & 4 \\ 3 & 2 & 4 & 1 \end{pmatrix}$ (2) $\begin{pmatrix} 1 & 2 & 3 & 4 & 5 \\ 4 & 5 & 1 & 2 & 3 \end{pmatrix}$ (3) $\begin{pmatrix} 1 & 2 & 3 & 4 & 5 & 6 \\ 6 & 1 & 2 & 5 & 4 & 3 \end{pmatrix}$

(4) $\begin{pmatrix} 1 & 2 & 3 & 4 & 5 & 6 & 7 & 8 \\ 4 & 8 & 6 & 5 & 7 & 1 & 2 & 3 \end{pmatrix}$

(5) $\begin{pmatrix} 1 & 2 & 3 & 4 & 5 & 6 & 7 & 8 & 9 & 10 & 11 & 12 \\ 4 & 3 & 5 & 8 & 6 & 2 & 9 & 12 & 10 & 11 & 7 & 1 \end{pmatrix}$

問題 9.2.2 次の置換の符号数を求めよ.

(1) $\begin{pmatrix} 1 & 2 & 3 & 4 & \cdots & n-1 & n \\ 2 & 1 & 4 & 3 & \cdots & n & n-1 \end{pmatrix}$ (n : 偶数)

(2) $\begin{pmatrix} 1 & 2 & \cdots & n-1 & n \\ n & n-1 & \cdots & 2 & 1 \end{pmatrix}$

一般の n 次の正方行列 $A = [a_{ij}]$ に対して,その行列式 $\det(A)$ はつぎのように定義される.

$$\det(A) = \begin{vmatrix} a_{11} & a_{12} & \cdots & a_{1n} \\ a_{21} & a_{22} & \cdots & a_{2n} \\ \vdots & \vdots & \ddots & \vdots \\ a_{n1} & a_{n2} & \cdots & a_{nn} \end{vmatrix} = \sum_{\sigma \in S_n} \mathrm{sgn}(\sigma) a_{1\sigma(1)} a_{2\sigma(2)} \cdots a_{n\sigma(n)}$$

例題 9.3 次の行列式の値を求めよ.

$$\begin{vmatrix} 0 & 0 & 3 & 0 & 0 \\ 2 & 0 & 0 & 0 & 0 \\ 0 & 0 & 0 & -4 & 0 \\ 0 & 5 & 0 & 0 & 0 \\ 0 & 0 & 0 & 0 & 1 \end{vmatrix}$$

【解答】 この場合,行列式の定義に現れる和の項のうち 0 でないのは

$$\mathrm{sgn}\left(\begin{pmatrix} 1 & 2 & 3 & 4 & 5 \\ 3 & 1 & 4 & 2 & 5 \end{pmatrix}\right) \cdot 3 \cdot 2 \cdot (-4) \cdot 5 \cdot 1 = (-1) \cdot 3 \cdot 2 \cdot (-4) \cdot 5 \cdot 1 = 120$$

だけである.したがって,行列式の値は 120. ♢

問題 9.2.3 次の行列式の値を求めよ．

(1) $\begin{vmatrix} 0 & 3 & 0 \\ 2 & 0 & 0 \\ 0 & 0 & -1 \end{vmatrix}$ (2) $\begin{vmatrix} 0 & 0 & 0 & 3 \\ 2 & 0 & 0 & 0 \\ 0 & 0 & -4 & 0 \\ 0 & 5 & 0 & 0 \end{vmatrix}$ (3) $\begin{vmatrix} 0 & 4 & 0 & 0 & 0 \\ 2 & 0 & 0 & 0 & 0 \\ 0 & 0 & 0 & 0 & -1 \\ 0 & 0 & 0 & 2 & 0 \\ 0 & 0 & 3 & 0 & 0 \end{vmatrix}$

9.3 行列式の計算

問題 9.3.1 次の行列式を計算せよ．

(1) $\begin{vmatrix} a_{11} & & & * \\ & a_{22} & & \\ & & \ddots & \\ O & & & a_{nn} \end{vmatrix}$ (2) $\begin{vmatrix} 0 & a_{12} \\ a_{21} & a_{22} \end{vmatrix}$ (3) $\begin{vmatrix} 0 & 0 & a_{13} \\ 0 & a_{22} & a_{23} \\ a_{31} & a_{32} & a_{33} \end{vmatrix}$

(4) $\begin{vmatrix} 0 & 0 & 0 & a_{14} \\ 0 & 0 & a_{23} & a_{24} \\ 0 & a_{32} & a_{33} & a_{34} \\ a_{41} & a_{42} & a_{43} & a_{44} \end{vmatrix}$ (5) $\begin{vmatrix} O & & & a_1 \\ & & a_2 & \\ & \ddots & & \\ a_n & & & * \end{vmatrix}$

問題 9.3.2 次の行列式の値を求めよ．

(1) $\begin{vmatrix} 1 & 1 & 1 \\ 1 & 2 & 3 \\ 1 & 3 & 6 \end{vmatrix}$ (2) $\begin{vmatrix} 1 & 1 & 1 \\ 1 & 2 & 3 \\ 3 & 4 & 5 \end{vmatrix}$ (3) $\begin{vmatrix} 0 & 1 & 2 & 3 \\ 1 & 2 & 3 & 0 \\ 2 & 3 & 0 & 1 \\ 3 & 0 & 1 & 2 \end{vmatrix}$

問題 9.3.3 次の行列式の値を求めよ.

(1) $\begin{vmatrix} 1 & 2 & 3 & 4 \\ 12 & 13 & 14 & 5 \\ 11 & 16 & 15 & 6 \\ 10 & 9 & 8 & 7 \end{vmatrix}$ (2) $\begin{vmatrix} 2 & 8 & 4 & 1 \\ 7 & 6 & 7 & 1 \\ 2 & 4 & 4 & 0 \\ 1 & 2 & 5 & 1 \end{vmatrix}$ (3) $\begin{vmatrix} 2 & -1 & 3 & -2 \\ 1 & 7 & 1 & -1 \\ 3 & 5 & -5 & 3 \\ 4 & -3 & 2 & -1 \end{vmatrix}$

問題 9.3.4 次の行列式を展開せよ.

(1) $\begin{vmatrix} 0 & a & b \\ a & 0 & c \\ b & c & 0 \end{vmatrix}$ (2) $\begin{vmatrix} a & b & c \\ c & a & b \\ b & c & a \end{vmatrix}$ (3) $\begin{vmatrix} b+c-a & a & a \\ b & c+a-b & b \\ c & c & a+b-c \end{vmatrix}$

(4) $\begin{vmatrix} b+c & a & a \\ b & c+a & b \\ c & c & a+b \end{vmatrix}$ (5) $\begin{vmatrix} b^2+c^2 & ab & ca \\ ab & c^2+a^2 & bc \\ ca & bc & a^2+b^2 \end{vmatrix}$

例題 9.4 次の行列式を展開し,その結果を因数分解した形で求めよ.

$\begin{vmatrix} a & b & b \\ a & b & a \\ a & a & b \end{vmatrix}$

【解答】 $\begin{vmatrix} a & b & b \\ a & b & a \\ a & a & b \end{vmatrix} \stackrel{(1)}{=} \begin{vmatrix} a & b & b \\ a & b & a \\ 0 & a-b & b-a \end{vmatrix} = (a-b) \begin{vmatrix} a & b & b \\ a & b & a \\ 0 & 1 & -1 \end{vmatrix}$

$\stackrel{(2)}{=} (a-b) \begin{vmatrix} a & b & b \\ 0 & 0 & a-b \\ 0 & 1 & -1 \end{vmatrix} = (a-b)^2 \begin{vmatrix} a & b & b \\ 0 & 0 & 1 \\ 0 & 1 & -1 \end{vmatrix} = (a-b)^2 \cdot a \cdot \begin{vmatrix} 0 & 1 \\ 1 & -1 \end{vmatrix}$

$= -a(a-b)^2$

ここで (1) ③－②, (2) ②－①. ◇

問題 9.3.5 次の行列式を展開し，その結果を因数分解した形で与えよ．

(1) $\begin{vmatrix} b+c+2a & a & a \\ b & c+a+2b & b \\ c & c & a+b+2c \end{vmatrix}$
(2) $\begin{vmatrix} 1 & 1 & 1 \\ a & b & c \\ a^2 & b^2 & c^2 \end{vmatrix}$

(3) $\begin{vmatrix} 1 & 1 & 1 \\ a & b & c \\ a^3 & b^3 & c^3 \end{vmatrix}$
(4) $\begin{vmatrix} 1 & 1 & 1 \\ a^2 & b^2 & c^2 \\ a^3 & b^3 & c^3 \end{vmatrix}$
(5) $\begin{vmatrix} a & b & c & d \\ d & a & b & c \\ c & d & a & b \\ b & c & d & a \end{vmatrix}$

(6) $\begin{vmatrix} a & -b & -c & -d \\ b & a & -d & c \\ c & d & a & -b \\ d & -c & b & a \end{vmatrix}$
(7) $\begin{vmatrix} a & -b & -c & d \\ b & a & -d & -c \\ a & -b & c & -d \\ b & a & d & c \end{vmatrix}$

(8) $\begin{vmatrix} 0 & x & y & z \\ x & 0 & z & y \\ y & z & 0 & x \\ z & y & x & 0 \end{vmatrix}$
(9) $\begin{vmatrix} 0 & 1 & 1 & 1 \\ 1 & 0 & z^2 & y^2 \\ 1 & z^2 & 0 & x^2 \\ 1 & y^2 & x^2 & 0 \end{vmatrix}$
(10) $\begin{vmatrix} 0 & x^2 & y^2 & z^2 \\ x^2 & 0 & 1 & 1 \\ y^2 & 1 & 0 & 1 \\ z^2 & 1 & 1 & 0 \end{vmatrix}$

問題 9.3.6 次の行列式を展開せよ．

(1) $\begin{vmatrix} x_0 & x_1 & x_2 & \cdots & x_{n-1} \\ x_{n-1} & x_0 & x_1 & \cdots & x_{n-2} \\ x_{n-2} & x_{n-1} & x_0 & \cdots & x_{n-3} \\ \vdots & \vdots & \vdots & \ddots & \vdots \\ x_1 & x_2 & x_3 & \cdots & x_0 \end{vmatrix}$ （巡回行列式）

(2) $\begin{vmatrix} 1 & 1 & \cdots & 1 \\ x_1 & x_2 & \cdots & x_n \\ x_1^2 & x_2^2 & \cdots & x_n^2 \\ \vdots & \vdots & \ddots & \vdots \\ x_1^{n-1} & x_2^{n-1} & \cdots & x_n^{n-1} \end{vmatrix}$ （ヴァンデルモンドの行列式）

(3) $\begin{vmatrix} 1+a_1 & a_1 & \cdots & a_1 \\ a_2 & 1+a_2 & \cdots & a_2 \\ \vdots & \vdots & \ddots & \vdots \\ a_n & a_n & \cdots & 1+a_n \end{vmatrix}$
(4) $\begin{vmatrix} 1 & 1 & 1 & \cdots & 1 \\ b_1 & a_1 & a_1 & \cdots & a_1 \\ b_1 & b_2 & a_2 & \cdots & a_2 \\ \vdots & \vdots & \vdots & \ddots & \vdots \\ b_1 & b_2 & \cdots & b_n & a_n \end{vmatrix}$

(5) $\begin{vmatrix} x & -1 & & & O \\ & x & -1 & & \\ & & \ddots & \ddots & \\ O & & & x & -1 \\ a_0 & a_1 & \cdots & a_{n-2} & x+a_{n-1} \end{vmatrix}$

(6) $\left. \begin{vmatrix} x^2+1 & x & & & & O \\ x & x^2+1 & x & & & \\ & x & x^2+1 & x & & \\ & & x & \ddots & \ddots & \\ & & & \ddots & \ddots & x \\ O & & & & x & x^2+1 \end{vmatrix} \right\} n\text{行}$

9.4 余因子行列,逆行列,クラメールの公式

例題 9.5 次の行列 A の余因子行列を求めよ.また A が正則であれば,その逆行列 A^{-1} を求めよ.

(1) $A = \begin{bmatrix} a & b \\ c & d \end{bmatrix}$ (2) $A = \begin{bmatrix} 2 & 3 & 3 \\ 3 & 2 & -1 \\ 2 & 4 & 7 \end{bmatrix}$

解説 行列 A の**余因子行列**とは A から i 行目と j 列目を除いて作った行列の行列式に $(-1)^{i+j}$ を掛けたもの (それを A の (i,j) 余因子という) を (i,j) 成分とする行列を考えさらに**その転置行列**をとったもののことである.すなわち,A の余因子行列

9.4 余因子行列,逆行列,クラメールの公式

の (i,j) 成分は A の (j,i) 余因子である.A が正則のとき,A の余因子行列を A の行列式で割ったものが A^{-1} を与える.

【解答】 以下,A の (i,j) 余因子を D_{ij} と書く.

(1) $D_{11}=d$, $D_{12}=-c$, $D_{21}=-b$, $D_{22}=a$ であるから,余因子行列は

$$\begin{bmatrix} D_{11} & D_{21} \\ D_{12} & D_{21} \end{bmatrix} = \begin{bmatrix} d & -b \\ -c & a \end{bmatrix}$$

である.$ad-bc \neq 0$ であれば A は正則であって

$$A^{-1} = \frac{1}{ad-bc}\begin{bmatrix} d & -b \\ -c & a \end{bmatrix}$$

となる.

(2)

$$D_{11} = (-1)^{1+1}\begin{vmatrix} 2 & -1 \\ 4 & 7 \end{vmatrix} = 18 \qquad D_{12} = (-1)^{1+2}\begin{vmatrix} 3 & -1 \\ 2 & 7 \end{vmatrix} = -23$$

$$D_{13} = (-1)^{1+3}\begin{vmatrix} 3 & 2 \\ 2 & 4 \end{vmatrix} = 8$$

$$D_{21} = (-1)^{2+1}\begin{vmatrix} 3 & 3 \\ 4 & 7 \end{vmatrix} = -9 \qquad D_{22} = (-1)^{2+2}\begin{vmatrix} 2 & 3 \\ 2 & 7 \end{vmatrix} = 8$$

$$D_{23} = (-1)^{2+3}\begin{vmatrix} 2 & 3 \\ 2 & 4 \end{vmatrix} = -2$$

$$D_{31} = (-1)^{3+1}\begin{vmatrix} 3 & 3 \\ 2 & -1 \end{vmatrix} = -9 \qquad D_{32} = (-1)^{3+2}\begin{vmatrix} 2 & 3 \\ 3 & -1 \end{vmatrix} = 11$$

$$D_{33} = (-1)^{3+3}\begin{vmatrix} 2 & 3 \\ 3 & 2 \end{vmatrix} = -5$$

これより A の余因子行列は

$$\begin{bmatrix} D_{11} & D_{21} & D_{31} \\ D_{12} & D_{22} & D_{32} \\ D_{13} & D_{23} & D_{33} \end{bmatrix} = \begin{bmatrix} 18 & -9 & -9 \\ -23 & 8 & 11 \\ 8 & -2 & -5 \end{bmatrix}$$

となる.$|A|=-9$ である(これは $a_{11}D_{11}+a_{12}D_{12}+a_{13}D_{13}=-9$ からわかる).よって

$$A^{-1} = \begin{bmatrix} -2 & 1 & 1 \\ \dfrac{23}{9} & -\dfrac{8}{9} & -\dfrac{11}{9} \\ -\dfrac{8}{9} & \dfrac{2}{9} & \dfrac{5}{9} \end{bmatrix}$$

注意 上の解答例では，余因子行列の定義そのものによる計算例を示したが，問題によっては，行列式の値や逆行列の計算のほうが簡単にでき，それから余因子行列を計算したほうが容易になる場合がある．下の問題 9.4.1 のいくつかについてもそうである ((8) の解答例を参照). ◇

問題 9.4.1 次の行列 A の余因子行列 $\widetilde{A}$ を求め，さらに A が正則である場合には A^{-1} を求めよ．

(1) $A = \begin{bmatrix} 1 & 5 \\ 2 & 8 \end{bmatrix}$
(2) $A = \begin{bmatrix} 1 & -1 \\ -1 & 1 \end{bmatrix}$

(3) $A = \begin{bmatrix} -1 & 1 & 1 \\ 1 & -1 & 1 \\ 1 & 1 & -1 \end{bmatrix}$
(4) $A = \begin{bmatrix} 0 & 1 & 1 \\ 1 & 0 & 1 \\ 1 & 1 & 0 \end{bmatrix}$

(5) $A = \begin{bmatrix} 3 & 1 & 2 \\ 4 & -1 & 3 \\ 2 & 3 & 1 \end{bmatrix}$
(6) $A = \begin{bmatrix} 1 & 0 & 0 & 0 \\ 3 & -1 & 3 & 1 \\ 2 & 1 & -1 & 2 \\ 0 & 0 & 0 & 1 \end{bmatrix}$

(7) $A = \begin{bmatrix} 0 & 0 & 0 & 1 \\ 2 & 3 & 4 & 1 \\ 1 & -1 & -1 & 1 \\ 1 & 0 & 0 & 0 \end{bmatrix}$
(8) $A = \begin{bmatrix} 1 & 0 & 0 & 0 & 0 \\ 0 & 2 & 3 & 0 & 0 \\ 0 & 5 & 4 & 0 & 0 \\ 0 & 0 & 0 & 6 & 0 \\ 0 & 0 & 0 & 0 & 7 \end{bmatrix}$

例題 9.6 クラメールの公式を用いて次の連立 1 次方程式を解け．

(1) $\begin{cases} 2x + 3y = 3 \\ 4x + 5y = 6 \end{cases}$
(2) $\begin{cases} 2x_1 + 3x_2 + 2x_3 = 3 \\ 3x_1 + 2x_2 + 2x_3 = 2 \\ 2x_1 + 2x_2 + 3x_3 = 3 \end{cases}$

【解答】 (1) $x = \dfrac{\begin{vmatrix} 3 & 3 \\ 6 & 5 \end{vmatrix}}{\begin{vmatrix} 2 & 3 \\ 4 & 5 \end{vmatrix}} = \dfrac{-3}{-2} = \dfrac{3}{2}$, $y = \dfrac{\begin{vmatrix} 2 & 3 \\ 4 & 6 \end{vmatrix}}{\begin{vmatrix} 2 & 3 \\ 4 & 5 \end{vmatrix}} = 0$

(2)
$x_1 = \dfrac{\begin{vmatrix} 3 & 3 & 2 \\ 2 & 2 & 2 \\ 3 & 2 & 3 \end{vmatrix}}{\begin{vmatrix} 2 & 3 & 2 \\ 3 & 2 & 2 \\ 2 & 2 & 3 \end{vmatrix}} = \dfrac{2}{-7} = -\dfrac{2}{7}$, $x_2 = \dfrac{\begin{vmatrix} 2 & 3 & 2 \\ 3 & 2 & 2 \\ 2 & 3 & 3 \end{vmatrix}}{\begin{vmatrix} 2 & 3 & 2 \\ 3 & 2 & 2 \\ 2 & 2 & 3 \end{vmatrix}} = \dfrac{-5}{-7} = \dfrac{5}{7}$,

$x_3 = \dfrac{\begin{vmatrix} 2 & 3 & 3 \\ 3 & 2 & 2 \\ 2 & 2 & 3 \end{vmatrix}}{\begin{vmatrix} 2 & 3 & 2 \\ 3 & 2 & 2 \\ 2 & 2 & 3 \end{vmatrix}} = \dfrac{-5}{-7} = \dfrac{5}{7}$

$\diamondsuit$

問題 9.4.2 クラメールの公式を用いて次の連立 1 次方程式を解け.

(1) $\begin{cases} 2x + 4y = 6 \\ -x + 3y = 7 \end{cases}$
(2) $\begin{cases} x_1 + x_2 - x_3 = 1 \\ -x_1 + x_2 + x_3 = 0 \\ x_1 - x_2 + x_3 = 0 \end{cases}$

(3) $\begin{cases} 3x_1 + x_2 - 2x_3 = 0 \\ -2x_1 + 3x_2 + x_3 = 1 \\ x_1 - 3x_2 + 3x_3 = 0 \end{cases}$
(4) $\begin{cases} x_1 + 2x_2 - 2x_3 = 3 \\ -2x_1 + 3x_2 + 2x_3 = 1 \\ 4x_1 - 3x_2 + 3x_3 = 2 \end{cases}$

問題 9.4.3 a, b, c がたがいに異なるとき次の連立 1 次方程式を解け.

(1) $\begin{cases} x + y + z = 0 \\ ax + by + cz = 0 \\ a^2 x + b^2 y + c^2 z = 1 \end{cases}$
(2) $\begin{cases} x + y + z = 1 \\ ax + by + cz = d \\ a^2 x + b^2 y + c^2 z = d^2 \end{cases}$

10 空間ベクトル

本章では後の「ベクトル空間」の章の一般論の前に高等学校以来の「空間ベクトル」を扱う．また，ここでは「点」，「平面」，「空間」，ベクトルの「長さ」，二つのベクトルのなす「角」等については直感的に理解しておくことにする．

本章では次の約束をする．
(i) 空間ベクトル a の長さは $\|a\|$ で表す．
(ii) 空間には直交座標系（O-xyz 系）が定められているものとし，座標系の x-軸, y-軸, z-軸方向の単位ベクトル（基本ベクトル）を i, j, k で表すことにする．i, j, k はこの順に右手系になるようにとってある（O-xyz 系は右手系である）とする．

10.1 空間ベクトルの基本事項

問題 10.1.1 ベクトル $b = [1 \ -2 \ -3]$ と座標 $(5, 7, -9)$ を持つ空間の点 B をとるとき，$b = \overrightarrow{BC}$ となる点 C の座標を求めよ．

問題 10.1.2 ベクトル $c = [2 \ 3 \ -1]$ と，点 D の座標を $(4, -5, 7)$ をとる．$-c$ を定義する D を始点とする有向線分を DF とするとき，終点 F の座標を求めよ．

問題 10.1.3 $a = [2 \ 3 \ 4]$, $b = [3 \ -1 \ 5]$, $c = [5 \ 4 \ 7]$ とするとき，次の問に答えよ．

(1) a, b, c の長さを求めよ．

(2) 次のベクトルの成分表示を求めよ.
   (a) $a+b$ (b) $a-b (=a+(-b))$ (c) $3a+2b-c$
(3) $x_1 a + 2x_2 b - 4x_3 c = [1\ -3\ 2]$ となるスカラー x_1, x_2, x_3 を求めよ.

問題 10.1.4 任意のベクトル a, b について, 次の不等式を示せ.
(1)　$\|a+b\| \leqq \|a\| + \|b\|$ (2)　$\|a-b\| \leqq \|a\| + \|b\|$

10.2　内　積，外　積

二つの空間ベクトル a と b の**内積**とは, a と b のなす角（の大きさ）を θ $(0 \leqq \theta \leqq \pi)$ とするとき, 実数
$$a \cdot b \stackrel{定義}{=} \|a\|\|b\|\cos\theta$$
のことである. $a \cdot b = (a, b)$ と書く場合もある. また a と b の**外積**とは, ベクトル v であって, その長さが a と b を 2 辺とする平行四辺形の面積に等しく a, b, v が右手系になるようなもののことである. そのことを
$$v = a \times b$$
で表す. a と b が平行（向きが同じか逆である）または, 少なくとも一方が $\mathbf{0}$ のときには $a \times b = \mathbf{0}$ とする. 成分表示すると,
$$a = \begin{bmatrix} a_1 \\ a_2 \\ a_3 \end{bmatrix},\ b = \begin{bmatrix} b_1 \\ b_2 \\ b_3 \end{bmatrix} \text{のとき,}\ a \times b = \begin{bmatrix} a_2 b_3 - a_3 b_2 \\ a_3 b_1 - a_1 b_3 \\ a_1 b_2 - a_2 b_1 \end{bmatrix} \text{となる.}$$

例題 10.1 $a = 2i - 3j + 4k,\ b = 2i + 3j - 4k,\ c = -2i + 3j + 4k$ とするとき, 次のものを求めよ.
   (1) $a \cdot (b \times c)$ (2) $(a \times b) \cdot c$ (3) $(a \times b) \times c$

【解答】 (1) $b \times c$
$= (3 \cdot 4 - (-4) \cdot 3)i + ((-4) \cdot (-2) - 2 \cdot 4)j + (2 \cdot 3 - 3 \cdot (-2))k$

$= 24\boldsymbol{i} + 12\boldsymbol{k},$

$\boldsymbol{a} \cdot (\boldsymbol{b} \times \boldsymbol{c}) = 2 \cdot 24 + (-3) \cdot 0 + 4 \cdot 12 = 96$

(2) $\boldsymbol{a} \times \boldsymbol{b}$
$= ((-3) \cdot (-4) - 4 \cdot 3)\boldsymbol{i} + (4 \cdot 2 - 2 \cdot (-4))\boldsymbol{j} + (2 \cdot 3 - (-3) \cdot 2)\boldsymbol{k}$
$= 16\boldsymbol{j} + 12\boldsymbol{k},$
$(\boldsymbol{a} \times \boldsymbol{b}) \cdot \boldsymbol{c} = 0 \cdot (-2) + 16 \cdot 3 + 12 \cdot 4 = 96$

(3) $(\boldsymbol{a} \times \boldsymbol{b}) \times \boldsymbol{c}$
$= (16 \cdot 4 - 12 \cdot 3)\boldsymbol{i} + (12 \cdot (-2) - 0 \cdot 4)\boldsymbol{j} + (0 \cdot 3 - 16 \cdot (-2))\boldsymbol{k}$
$= 28\boldsymbol{i} - 24\boldsymbol{j} + 32\boldsymbol{k}$ ◇

問題 10.2.1 次の各組のベクトル $\boldsymbol{a}, \boldsymbol{b}$ について次のものを求めよ．(i) $\boldsymbol{a} \times \boldsymbol{b}$ (ii) $\boldsymbol{a}, \boldsymbol{b}$ を 2 辺とする平行四辺形の面積 (iii) $\boldsymbol{a}, \boldsymbol{b}$ に直交する単位ベクトル

(1) $\boldsymbol{a} = \boldsymbol{i} + 2\boldsymbol{j} + 3\boldsymbol{k}, \boldsymbol{b} = -\boldsymbol{i} + 2\boldsymbol{j} - 3\boldsymbol{k}$

(2) $\boldsymbol{a} = 2\boldsymbol{i} + 2\boldsymbol{j} + \boldsymbol{k}, \boldsymbol{b} = -\boldsymbol{i} + 3\boldsymbol{j} - 3\boldsymbol{k}$

(3) $\boldsymbol{a} = 4\boldsymbol{i} + 7\boldsymbol{j} - 9\boldsymbol{k}, \boldsymbol{b} = -3\boldsymbol{i} + 2\boldsymbol{j} - 5\boldsymbol{k}$

問題 10.2.2 次のことを示せ．(1) 自分自身と直交するベクトルは $\boldsymbol{0}$ である．(2) 任意のベクトルと直交するベクトルは $\boldsymbol{0}$ である．

問題 10.2.3 ベクトル $\boldsymbol{a}, \boldsymbol{b}, \boldsymbol{c}$ が右手系をなしているとき，次のベクトルの組は右手系をなすか，左手系をなすか．

(1) $\boldsymbol{c}, \boldsymbol{a}, \boldsymbol{b}$ (2) $\boldsymbol{b}, \boldsymbol{c}, \boldsymbol{a}$ (3) $\boldsymbol{c}, \boldsymbol{b}, \boldsymbol{a}$

問題 10.2.4 ベクトル $\boldsymbol{a}, \boldsymbol{b}, \boldsymbol{c}$ を 3 辺とする平行六面体の体積を V とすると，
$$\boldsymbol{a} \cdot (\boldsymbol{b} \times \boldsymbol{c}) = \begin{cases} V & \boldsymbol{a}, \boldsymbol{b}, \boldsymbol{c} \text{ が右手系のとき} \\ -V & \boldsymbol{a}, \boldsymbol{b}, \boldsymbol{c} \text{ が左手系のとき} \end{cases}$$
となっている．このことを証明せよ．
($\boldsymbol{a} \cdot (\boldsymbol{b} \times \boldsymbol{c})$ を $\boldsymbol{a}, \boldsymbol{b}, \boldsymbol{c}$ の**スカラー 3 重積**という．)

問題 10.2.5 $\boldsymbol{a} \cdot (\boldsymbol{b} \times \boldsymbol{c}) = \boldsymbol{b} \cdot (\boldsymbol{c} \times \boldsymbol{a}) = \boldsymbol{c} \cdot (\boldsymbol{a} \times \boldsymbol{b})$ を証明せよ．

10.2 内積, 外積

問題 10.2.6 $a = \begin{bmatrix} 2 \\ -1 \\ 3 \end{bmatrix}, b = \begin{bmatrix} 1 \\ -3 \\ 2 \end{bmatrix}$ とするとき,次のものを求めよ.

(1) $a \times b$ (2) $(a+b) \cdot (a-b)$ (3) $(a+b) \times (a-b)$

(4) a と b に垂直な単位ベクトル.

問題 10.2.7 次の式を証明せよ.

(1) $a \cdot (a \times b) = 0, \quad b \cdot (a \times b) = 0$

(2) $(a+b) \cdot \{(b-c) \times (c-a)\} = 2a \cdot (b \times c)$

問題 10.2.8 O-xyz 系で $ax + by + cz = d$ で与えられる平面を考える.次の問に答えよ.

(1) ベクトル $\begin{bmatrix} a \\ b \\ c \end{bmatrix}$ はこの平面に垂直であることを示せ.

(2) この平面に垂直な単位ベクトル t を求めよ.

(3) 原点 O からこの平面までの距離を求めよ.

(4) 点 (x_0, y_0, z_0) とこの平面との距離を求めよ.

問題 10.2.9 $a = \begin{bmatrix} a_1 \\ a_2 \\ a_3 \end{bmatrix}, b = \begin{bmatrix} b_1 \\ b_2 \\ b_3 \end{bmatrix}, c = \begin{bmatrix} c_1 \\ c_2 \\ c_3 \end{bmatrix}$ に対し,スカラー3重積は

$$a \cdot (b \times c) = \begin{vmatrix} a_1 & b_1 & c_1 \\ a_2 & b_2 & c_2 \\ a_3 & b_3 & c_3 \end{vmatrix}$$

と書けることを示せ.

問題 10.2.10 三つのベクトル a, b, c について,

$$a \times (b \times c) = (a \cdot c)b - (a \cdot b)c$$

が成り立つことを示せ(この右辺で定義されるベクトルを a, b, c の**ベクトル3重積**という).

10.3　空間内の直線と平面

例題 10.2　空間の 2 点 A$(1,0,3)$, B$(2,5,1)$ を通る直線の方程式を求めよ.

【解答】　空間の 2 点 P$_0(x_0, y_0, z_0)$ と P$_1(x_1, y_1, z_1)$ を通る直線の方程式は

$$\frac{x-x_0}{x_1-x_0} = \frac{y-y_0}{y_1-y_0} = \frac{z-z_0}{z_1-z_0}$$

で与えられる. そこで, A, B の座標をこの方程式に代入して,

$$\frac{x-1}{2-1} = \frac{y-0}{5-0} = \frac{z-3}{1-3}$$

つまり,

$$x-1 = \frac{y}{5} = \frac{z-3}{-2}$$

が求める方程式である.　　　　　　　　　　　　　　　　　　　　◇

例題 10.3　空間の 3 点 A$(1,1,2)$, B$(2,3,3)$, C$(2,4,5)$ を通る平面の方程式を求めよ.

【解答】　問題の方程式を
$$ax + by + cz = d$$
とおき, (x, y, z) に A, B, C の座標を代入して a, b, c, d についての連立方程式

$$\begin{cases} a + b + 2c - d = 0 \\ 2a + 3b + 3c - d = 0 \\ 2a + 4b + 5c - d = 0 \end{cases}$$

を得る. これを解いて $a = \lambda$, $b = -\frac{2}{3}\lambda$, $c = \frac{1}{3}\lambda$, $d = \lambda$　（λ は任意）を得るから, 例えば $\lambda = 3$ とおいて, 求める方程式

$$3x - 2y + z = 3$$

を得る.

（別解）平面の法線ベクトルは $\overrightarrow{AB} = \begin{bmatrix} 1 \\ 2 \\ 1 \end{bmatrix}, \overrightarrow{AC} = \begin{bmatrix} 1 \\ 3 \\ 3 \end{bmatrix}$ に直交している．これら二つのベクトルに直交するベクトルの一つは $\overrightarrow{AB} \times \overrightarrow{AC} = \begin{bmatrix} 3 \\ -2 \\ 1 \end{bmatrix}$ である．そこでこれを法線とし，A$(1,1,2)$ を通る平面は
$$3(x-1) - 2(y-1) + (z-2) = 0,$$
すなわち
$$3x - 2y + z - 3 = 0$$
である． ◇

問題 10.3.1 xyz-空間の次の 3 点 A, B, C を通る平面の方程式を求めよ．

(1) A$(4, 0, 5)$, B$(2, -2, 1)$, C$(3, 4, -7)$

(2) A$(1, 3, 5)$, B$(1, -2, -1)$, C$(3, 4, 6)$

問題 10.3.2 空間内の 3 点 A$(1, 1, -1)$, B$(2, -1, 1)$, C$(2, 1, 3)$ を通る平面の方程式を求めよ．また，点 A を通り，この平面に垂直な直線の方程式を求めよ．

問題 10.3.3 2 平面 $2x + 3y + z - 2 = 0, x + y + z = 0$ の交線の方程式を求めよ．また，これら 2 平面のなす角の余弦（コサイン）を求めよ．

問題 10.3.4 直線 $\dfrac{x-1}{2} = \dfrac{y+2}{-1} = \dfrac{z}{5}$ と平面 $2x + 3y + z = 8;$ との交点を求めよ．また，この直線と平面のなす角の正弦（サイン）を求めよ．

問題 10.3.5 2 直線 $\dfrac{x-4}{6} = y + 3 = \dfrac{z-2}{-4}, \dfrac{x+6}{-2} = y + 6 = \dfrac{z+2}{12}$ が交わることを示し，その交点を求めよ．さらに，この 2 直線を含む平面の方程式を求めよ．

問題 10.3.6 2 直線 $\dfrac{x-\alpha}{a} = \dfrac{y-\beta}{b} = \dfrac{z-\gamma}{c}$ と $\dfrac{x-\lambda}{l} = \dfrac{y-\mu}{m} = \dfrac{z-\nu}{n}$ の両方に垂直な単位ベクトルを一つ求めよ．またこの 2 直線間の距離を求めよ．ただし，この 2 直線は平行でないとする．

11 ベクトル空間

　ベクトル空間（線形空間）とは，演算「加法」と「スカラー倍」が下記の条件を満たすように定義された集合のことである．スカラーとは，0 による割り算を除いた四則演算が定義される対象すなわち数のことである．スカラーの集合を $\mathbb{K}$ としておく．（本書では，特に注意しない限り $\mathbb{K}$ は実数の集合とする．$\mathbb{K} = \mathbb{R}$）

　[ベクトル空間の定義]　（空集合ではない）集合 V の任意の二つの元 $\boldsymbol{u}, \boldsymbol{v}$ の加法 $\boldsymbol{u} + \boldsymbol{v}$ と任意の元 $\boldsymbol{u}$ のスカラー k 倍 $k\boldsymbol{u}$ が定義されていて，次に述べる八つの条件を満たしているとき，集合 V を $\mathbb{K}$ 上の**ベクトル空間**という．
　（ここで $\boldsymbol{u}, \boldsymbol{v}, \boldsymbol{w} \in V,\ k, l \in \mathbb{K}$ とする．）

(1) 　$\boldsymbol{u} + \boldsymbol{v} = \boldsymbol{v} + \boldsymbol{u}$

(2) 　$(\boldsymbol{u} + \boldsymbol{v}) + \boldsymbol{w} = \boldsymbol{u} + (\boldsymbol{v} + \boldsymbol{w})$

(3) 　V の元 $\boldsymbol{0}$ が存在して任意の $\boldsymbol{u}$ に対して $\boldsymbol{u} + \boldsymbol{0} = \boldsymbol{u}$ が成り立つ．

(4) 　任意の $\boldsymbol{u}$ に対して $\boldsymbol{u}' \in V$ が存在して $\boldsymbol{u} + \boldsymbol{u}' = \boldsymbol{0}$ が成り立つ．

(5) 　$k(\boldsymbol{u} + \boldsymbol{v}) = k\boldsymbol{u} + k\boldsymbol{v}$

(6) 　$(k + l)\boldsymbol{u} = k\boldsymbol{u} + l\boldsymbol{u}$

(7) 　$(kl)\boldsymbol{u} = k(l\boldsymbol{u})$

(8) 　$1\boldsymbol{u} = \boldsymbol{u}$

　ベクトル空間 V の元のことをベクトルという．

　[ベクトル空間の例]　ベクトル空間の例としては，$\mathbb{R}^n$（n 次元（n-項）縦数ベクトルの空間），$\mathbb{R}_n$（n 次元横数ベクトルの空間），$\mathbb{R}[x]_n$（n 次以下の多項

式の空間),$C(a,b)$(区間 (a,b) で定義された連続関数の空間)等がある.それぞれの定義については線形代数の教科書を見ておくこと.

11.1 ベクトル空間の定義に関わる基本事項

本節では,一見当然と思われることが定義から証明される(論理的に導かれる)ことを確かめる.

例題 11.1 ベクトル空間 V に対して,定義の (3) でいうベクトル $\mathbf{0}$ はただ一つしか存在しないことを証明せよ.

【解答】 二つのベクトル $\mathbf{0}, \mathbf{0}'$ がともに定義の (3) の条件を満たすとすると $\mathbf{0}' = \mathbf{0}$ であることが $\mathbf{0}' = \mathbf{0}' + \mathbf{0} \stackrel{(1)}{=} \mathbf{0} + \mathbf{0}' = \mathbf{0}$ として示される.ここで $\stackrel{(1)}{=}$ は定義の条件 (1) から得られる等号を表しており,最初の等式は $\mathbf{0}$ に対する (3) の条件で $\boldsymbol{u} = \mathbf{0}'$ とした式,最後の等式は $\mathbf{0}'$ に対する (3) の条件で $\boldsymbol{u} = \mathbf{0}$ とした式である. ◇

|注意| この $\mathbf{0}$ を V の**零ベクトル**という.スカラーの 0 と紛らわしいので注意が必要である.$\mathbf{0}$ はベクトル空間 V ごとに異なる.ベクトル空間 V の零ベクトルであることを強調したいときには $\mathbf{0}_V$ と書く.

問題 11.1.1 (1) ベクトル $\boldsymbol{v}$ が,あるベクトル $\boldsymbol{u}$ に対して $\boldsymbol{u} + \boldsymbol{v} = \boldsymbol{u}$ を満たせば $\boldsymbol{v} = \mathbf{0}$ であることを証明せよ.

(2) $0\boldsymbol{u} = \mathbf{0}$ であることを証明せよ.

(3) 定義の (4) でいう $\boldsymbol{u}'$ は $(-1)\boldsymbol{u}$ と同じものであることを証明せよ.

|注意| 問題 11.1.1 (3) の結果として,$\boldsymbol{u}$ に対して定義 (4) でいう $\boldsymbol{u}'$ は $(-1)\boldsymbol{u}$ だけであることがわかる.そこで,この $\boldsymbol{u}'$ を普通は $-\boldsymbol{u}$ と書く.

11.2 部 分 空 間

ベクトル空間 V の部分集合 W が V のベクトルとしての加法とスカラー倍についてベクトル空間である（つまりベクトル空間の定義 (1)〜(8) を満たしている）とき，W は V の**部分ベクトル空間** という（以下，単に**部分空間** という）．

[**命題（部分空間の条件）**] ベクトル空間 V の部分集合 W が V の部分空間である必要十分条件は次の (i), (ii), (iii) が満たされることである．
(i) $\mathbf{0} \in W$
(ii) $\boldsymbol{u}, \boldsymbol{v} \in W$ ならば $\boldsymbol{u} + \boldsymbol{v} \in W$
(iii) $\boldsymbol{u} \in W, k \in \mathbb{R}$ ならば $k\boldsymbol{u} \in W$

問題 11.2.1 上の命題で，条件 (i) は 条件 (i)' $W \neq \emptyset$ で置き換えてよいことを示せ．

問題 11.2.2 ベクトル空間 V の空でない部分集合 W が部分空間であるための必要十分条件は，
$$\boldsymbol{u}, \boldsymbol{v} \in W; k, l \in \mathbb{R} \quad \text{のとき} \quad k\boldsymbol{u} + l\boldsymbol{v} \in W$$
が成り立つことである．このことを示せ．

例題 11.2 次の $\mathbb{R}^3$ の部分集合は，$\mathbb{R}^3$ の部分空間であるか．

(1) $W_1 = \left\{ \begin{bmatrix} x \\ y \\ z \end{bmatrix} \in \mathbb{R}^3 \,\middle|\, x + 2y - 3z = 0 \right\}$

(2) $W_2 = \left\{ \begin{bmatrix} x \\ y \\ z \end{bmatrix} \in \mathbb{R}^3 \,\middle|\, x + 2y - 3z = 1 \right\}$

解説 W が部分空間であることを示すには上の命題や問題 11.2.1, 11.2.2 の結果を使う．例えば問題 11.2.2 を使うとすると，W が空集合でないことが明らかな場合は W の任意のベクトル $\boldsymbol{x}, \boldsymbol{y} \in W$ と任意のスカラー k, l について $k\boldsymbol{x} + l\boldsymbol{y} \in W$ が成り立つことを示せばよい．一方，部分空間でないことを示すにはこのことが成り立たないことを直接示せばよいが，例えば次の事柄のうちどれか一つを示すだけでもよい．

(ア) W は零ベクトル $\boldsymbol{0}$ を含まない（命題の条件 (i) に反する）．

（零ベクトルを含んでいることは W が部分空間であるための必要条件である．しかし十分条件ではないことに気をつけよう．つまり $\boldsymbol{0} \in W$ を示しただけでは W が部分空間であることを示したことにはならない．）

(イ) W の中にベクトルの対 $\boldsymbol{u}, \boldsymbol{v}$ で $\boldsymbol{u} + \boldsymbol{v} \notin W$ となるものが存在する（命題の条件 (ii) に反する）．

(ウ) $\boldsymbol{x} \in W$ であるが，適当なスカラー k について $k\boldsymbol{x} \notin W$ となるような $\boldsymbol{x}$ が存在する（命題の条件 (iii) に反する）．

【解答】 (1) $\boldsymbol{0} \in W_1$ は自明．$\boldsymbol{x} = \begin{bmatrix} x \\ y \\ z \end{bmatrix} \in W_1, \boldsymbol{x}' = \begin{bmatrix} x' \\ y' \\ z' \end{bmatrix} \in W_1$, としよう．すなわち

$$x + 2y - 3z = 0, \quad x' + 2y' - 3z' = 0$$

が成り立つとする．このとき任意のスカラー k, l について

$$(kx + lx') + 2(ky + ly') - 3(kz + lz')$$
$$= k(x + 2y - 3z) + l(x' + 2y' - 3z') = 0 + 0 = 0$$

が成り立つから，$k\boldsymbol{x} + l\boldsymbol{x}' = \begin{bmatrix} kx + lx' \\ ky + ly' \\ kz + lz' \end{bmatrix} \in W_1$ となる．すなわち，W_1 は $\mathbb{R}^3$ の部分空間である．

(2) $\boldsymbol{x} = \begin{bmatrix} x \\ y \\ z \end{bmatrix} \in W_2, \boldsymbol{x}' = \begin{bmatrix} x' \\ y' \\ z' \end{bmatrix} \in W_2$, としよう．

すなわち，$x + 2y - 3z = 1$, $x' + 2y' - 3z' = 1$ が成り立つとする．このときスカラー k, l について

$$(kx + lx') + 2(ky + ly') - 3(kz + lz')$$
$$= k(x + 2y - 3z) + l(x' + 2y' - 3z') = k + l$$

となるから, $k+l=1$ でないかぎりは $k\boldsymbol{x} + l\boldsymbol{x}' = \begin{bmatrix} kx + lx' \\ ky + ly' \\ kz + lz' \end{bmatrix}$ が W_2 に属さない. したがって W_2 は部分空間ではない.

((2) の**別解** 1)

$\boldsymbol{0} = \begin{bmatrix} 0 \\ 0 \\ 0 \end{bmatrix}$ は W_2 に属さない. したがって W_2 は部分空間ではない.

((2) の**別解** 2)　W_2 に属する一つのベクトル, 例えば

$\boldsymbol{x} = \begin{bmatrix} 1 \\ 0 \\ 0 \end{bmatrix}$ をとると, $k\boldsymbol{x} = \begin{bmatrix} k \\ 0 \\ 0 \end{bmatrix}$ は $k=1$ でない限り W_2 に属さない.

したがって W_2 は部分空間ではない. ◇

問題 11.2.3　次の $\mathbb{R}^n$ の部分集合 W は $\mathbb{R}^n$ の部分空間であるか.

(1) $W = \left\{ \begin{bmatrix} x_1 \\ x_2 \\ \vdots \\ x_n \end{bmatrix} \in \mathbb{R}^n \;\middle|\; x_1 = 0 \right\}$

(2) $W = \left\{ \begin{bmatrix} x_1 \\ x_2 \\ \vdots \\ x_n \end{bmatrix} \in \mathbb{R}^n \;\middle|\; x_1 \text{ は整数} \right\}$

(3) $W = \left\{ \begin{bmatrix} x_1 \\ x_2 \\ \vdots \\ x_n \end{bmatrix} \in \mathbb{R}^n \;\middle|\; \begin{array}{l} x_i \geqq 0 \\ (i = 1, \cdots, n) \end{array} \right\}$

(4) $\quad W = \left\{ \begin{bmatrix} x_1 \\ x_2 \\ \vdots \\ x_n \end{bmatrix} \in \mathbb{R}^n \ \middle| \ \sum_{i=1}^{n} i \cdot x_i = 0 \right\}$

(5) $\quad W = \left\{ \begin{bmatrix} x_1 \\ x_2 \\ \vdots \\ x_n \end{bmatrix} \in \mathbb{R}^n \ \middle| \ \sum_{i=1}^{n} x_i^2 = 1 \right\}$

(6) $\quad W = \left\{ \begin{bmatrix} x_1 \\ x_2 \\ \vdots \\ x_n \end{bmatrix} \in \mathbb{R}^n \ \middle| \ x_1^2 = \sum_{i=2}^{n} x_i^2 \right\} \quad (n \geqq 2)$

(7) $\quad W = \left\{ \begin{bmatrix} x_1 \\ x_2 \\ \vdots \\ x_n \end{bmatrix} \in \mathbb{R}^n \ \middle| \ \begin{array}{c} x_1 = x_2 \\ x_3 = x_4 \\ \vdots \\ x_{n-1} = x_n \end{array} \right\} \quad (n \text{ は } 2 \text{ 以上の偶数})$

ベクトル空間 V の p 個のベクトルの組 $\boldsymbol{v}_1, \cdots, \boldsymbol{v}_p$ の1次結合の全体 W を（本書では）$\langle \boldsymbol{v}_1, \cdots, \boldsymbol{v}_p \rangle$ で表すこととする．すなわち

$$W = \langle \boldsymbol{v}_1, \cdots, \boldsymbol{v}_p \rangle = \{ \boldsymbol{v} = k_1 \boldsymbol{v}_1 + \cdots + k_p \boldsymbol{v}_p \mid k_1, \cdots, k_p \in \mathbb{R} \}$$

これは V の部分空間になる．この部分空間 W を $\boldsymbol{v}_1, \cdots, \boldsymbol{v}_p$ が**生成する**部分空間という．また $\boldsymbol{v}_1, \cdots, \boldsymbol{v}_p$ を W の**生成系**という．生成系は W に対して一意に決まっているわけではない．

例題 11.3 次の $\mathbb{R}^3$ の部分集合 W は $\mathbb{R}^3$ の部分空間であることを示し，生成系を一組求めよ．

$$W = \left\{ \begin{bmatrix} x \\ y \\ z \end{bmatrix} \in \mathbb{R}^3 \,\middle|\, 3x + y - 4z = 0 \right\}$$

【解答】 W が部分空間であることは例題 11.2 の (1) と同様にしてわかる．生成系を見つけるには次のようにする．方程式 $3x + y - 4z = 0$ の解は $x = \lambda$, $y = -3\lambda + 4\mu$, $z = \mu$ (λ, μ は任意) であるから，W の元は

$$\begin{bmatrix} x \\ y \\ z \end{bmatrix} = \lambda \begin{bmatrix} 1 \\ -3 \\ 0 \end{bmatrix} + \mu \begin{bmatrix} 0 \\ 4 \\ 1 \end{bmatrix}$$

と書かれる．すなわち W の生成系は $\left\{ \begin{bmatrix} 1 \\ -3 \\ 0 \end{bmatrix}, \begin{bmatrix} 0 \\ 4 \\ 1 \end{bmatrix} \right\}$ で与えられる．

注意 方程式の解の表示が一意的でないのに対応して生成系も一意に決まっているわけではない．例えば，この例題の場合 $\left\{ \begin{bmatrix} -\frac{1}{3} \\ 1 \\ 0 \end{bmatrix}, \begin{bmatrix} \frac{4}{3} \\ 0 \\ 1 \end{bmatrix} \right\}$ も生成系の例になる． ◇

問題 11.2.4 次の $\mathbb{R}^3$ の部分集合 W が $\mathbb{R}^3$ の部分空間であることを示し，生成系を一組求めよ．

(1) $W = \left\{ \begin{bmatrix} x \\ y \\ z \end{bmatrix} \in \mathbb{R}^3 \,\middle|\, x + y + 4z = 0 \right\}$

(2) $W = \left\{ \begin{bmatrix} x \\ y \\ z \end{bmatrix} \in \mathbb{R}^3 \,\middle|\, x = y \right\}$

(3) $W = \left\{ \begin{bmatrix} x \\ y \\ z \end{bmatrix} \in \mathbb{R}^3 \,\middle|\, \begin{array}{l} x + y - 4z = 0 \\ -x + y + z = 0 \end{array} \right\}$

(4) $W = \left\{ \begin{bmatrix} x \\ y \\ z \end{bmatrix} \in \mathbb{R}^3 \,\middle|\, x = 0 \right\}$

問題 11.2.5 問題 11.2.4 の各 W を $W = \{\boldsymbol{x} \in \mathbb{R}^3 | A\boldsymbol{x} = \boldsymbol{0}\}$ と表すような $m \times 3$ 行列で m を最小とするような A を求めよ.

例題 11.4 $\mathbb{R}^3$ の部分空間 W を次の通りとする. (1), (2) の関係は成り立つか.

$$W = \left\langle \begin{bmatrix} 2 \\ 1 \\ 5 \end{bmatrix}, \begin{bmatrix} 3 \\ 4 \\ 7 \end{bmatrix} \right\rangle. \qquad (1)\ W \ni \begin{bmatrix} 1 \\ 7 \\ 4 \end{bmatrix}, \qquad (2)\ W \ni \begin{bmatrix} 1 \\ -7 \\ 4 \end{bmatrix}$$

解説 $\langle \boldsymbol{u}_1, \cdots, \boldsymbol{u}_p \rangle \ni \boldsymbol{v}$ とは $\boldsymbol{v}$ が $\boldsymbol{u}_1, \cdots, \boldsymbol{u}_p$ の生成する部分空間に属すること, すなわち $k_1 \boldsymbol{u}_1 + \cdots + k_p \boldsymbol{u}_p = \boldsymbol{v}$ となる数 $k_1, \cdots, k_p$ が存在することである. $\boldsymbol{u}_i, \boldsymbol{v} \in \mathbb{R}^n$ のときには, このことは下の連立 1 次方程式の解が存在することを意味する (ただし $\boldsymbol{u}_i = {}^t[u_{1i}\ u_{2i}\ \cdots\ u_{ni}]$, $\boldsymbol{v} = {}^t[v_1\ v_2\ \cdots\ v_n]$ とおく).

$$\begin{cases} k_1 u_{11} + \cdots + k_p u_{1p} = v_1 \\ \quad \vdots \\ k_1 u_{n1} + \cdots + k_p u_{np} = v_n \end{cases}, \quad \begin{bmatrix} u_{11} & u_{12} & \cdots & u_{1p} \\ & & \vdots & \\ u_{n1} & u_{n2} & \cdots & u_{np} \end{bmatrix} \begin{bmatrix} k_1 \\ k_2 \\ \vdots \\ k_p \end{bmatrix} = \begin{bmatrix} v_1 \\ \vdots \\ v_n \end{bmatrix}.$$

連立 1 次方程式の解が存在するかどうかは, 係数行列と拡大係数行列の階数を比較することで判定できる.

【解答】 (1) $\operatorname{rank} \begin{bmatrix} 2 & 3 \\ 1 & 4 \\ 5 & 7 \end{bmatrix} = 2 < \operatorname{rank} \begin{bmatrix} 2 & 3 & 1 \\ 1 & 4 & 7 \\ 5 & 7 & 4 \end{bmatrix} = 3.$

与えられた関係は成り立たない.

(2) $\operatorname{rank} \begin{bmatrix} 2 & 3 \\ 1 & 4 \\ 5 & 7 \end{bmatrix} = \operatorname{rank} \begin{bmatrix} 2 & 3 & 1 \\ 1 & 4 & -7 \\ 5 & 7 & 4 \end{bmatrix} = 2.$ 与えられた関係は成り立つ.

◇

問題 11.2.6 それぞれの W について，次の関係は成り立つか．

(1) $W = \left\langle \begin{bmatrix} 1 \\ 2 \end{bmatrix}, \begin{bmatrix} 2 \\ 4 \end{bmatrix} \right\rangle.$ $W \ni \begin{bmatrix} 1 \\ 4 \end{bmatrix},$ $W \ni \begin{bmatrix} -4 \\ -8 \end{bmatrix}$

(2) $W = \left\langle \begin{bmatrix} 1 \\ -1 \\ 3 \end{bmatrix}, \begin{bmatrix} 2 \\ 5 \\ -7 \end{bmatrix}, \begin{bmatrix} -3 \\ -4 \\ 4 \end{bmatrix} \right\rangle.$ $W \ni \begin{bmatrix} 4 \\ 3 \\ -1 \end{bmatrix},$ $W \ni \begin{bmatrix} -4 \\ 3 \\ 1 \end{bmatrix}$

(3) $W = \left\langle \begin{bmatrix} 1 \\ 2 \\ 4 \end{bmatrix}, \begin{bmatrix} 2 \\ 8 \\ 6 \end{bmatrix}, \begin{bmatrix} 3 \\ 3 \\ 4 \end{bmatrix} \right\rangle.$ $W \ni \begin{bmatrix} 1 \\ 1 \\ 1 \end{bmatrix},$ $W \ni \begin{bmatrix} -4 \\ 3 \\ 1 \end{bmatrix}$

(4) $W = \left\langle \begin{bmatrix} 1 \\ 1 \\ 3 \\ -2 \end{bmatrix}, \begin{bmatrix} 2 \\ -1 \\ 2 \\ 3 \end{bmatrix}, \begin{bmatrix} -3 \\ 4 \\ -7 \\ -6 \end{bmatrix} \right\rangle.$ $W \ni \begin{bmatrix} 3 \\ 9 \\ -5 \\ -7 \end{bmatrix}.$

(5) $W = \left\langle \begin{bmatrix} 2 \\ 2 \\ 3 \\ 2 \end{bmatrix}, \begin{bmatrix} -1 \\ -1 \\ 2 \\ 3 \end{bmatrix}, \begin{bmatrix} -5 \\ 4 \\ 2 \\ 2 \end{bmatrix}, \begin{bmatrix} -4 \\ 5 \\ 7 \\ 7 \end{bmatrix} \right\rangle.$ $W \ni \begin{bmatrix} 0 \\ 0 \\ 0 \\ 1 \end{bmatrix}.$

ベクトル空間 V の二つの部分空間 W_1 と W_2 を考える．それらの共通部分 $W_1 \cap W_2$ と和空間 $W_1 + W_2$ が次のように定義される．

共通部分 $W_1 \cap W_2 = \{\boldsymbol{v} \in V \mid \boldsymbol{v} \in W_1 \text{ かつ } \boldsymbol{v} \in W_2\}$

和空間 $W_1 + W_2 = \{\boldsymbol{u}_1 + \boldsymbol{u}_2 \mid \boldsymbol{u}_1 \in W_1,\ \boldsymbol{u}_2 \in W_2\}$

いずれも V の部分空間であることが示される．

例題 11.5 ベクトル空間 V の二つの部分空間 W_1 と W_2 の和集合

$$W_1 \cup W_2 = \{\boldsymbol{v} \in V \mid \boldsymbol{v} \in W_1 \text{ または } \boldsymbol{v} \in W_2\}$$

が V の部分空間であるかどうかを述べ，部分空間であればそのことを証明し，部分空間でなければ反例を挙げよ．

【解答】 一般には部分空間とは限らない（部分空間になることもある．以下の問題 11.2.8 参照）．〔反例〕: $V = \mathbb{R}^2$ とする．$W_1 = \left\{\begin{bmatrix} x \\ 0 \end{bmatrix} \middle| x \in \mathbb{R}\right\}$, $W_2 = \left\{\begin{bmatrix} 0 \\ x \end{bmatrix} \middle| x \in \mathbb{R}\right\}$ とすれば，W_1, W_2 は明らかに部分空間である．そして $\begin{bmatrix} 1 \\ 0 \end{bmatrix} \in W_1$, $\begin{bmatrix} 0 \\ 1 \end{bmatrix} \in W_2$ であるが，$\begin{bmatrix} 1 \\ 0 \end{bmatrix} + \begin{bmatrix} 0 \\ 1 \end{bmatrix} = \begin{bmatrix} 1 \\ 1 \end{bmatrix} \notin W_1 \cup W_2$ である． $\diamondsuit$

問題 11.2.7 ベクトル空間 V の二つの部分空間 W_1 と W_2 について，次のことを証明せよ．

(1) $W_1 \cup W_2 \subset W_1 + W_2$

(2) V の部分空間 Z が条件 $W_1 \cup W_2 \subset Z$ を満たすなら $W_1 + W_2 \subset Z$ である．

注意 W_1 と W_2 の和空間 $W_1 + W_2$ について，$W_1 \cap W_2 = \{\boldsymbol{0}\}$ のときには，$W_1 + W_2$ を $W_1 \oplus W_2$ と書いて W_1 と W_2 の直和空間という．

問題 11.2.8 V がベクトル空間，W_1, W_2 が V の部分空間とする．$W_1 \cup W_2$ が V の部分空間となるのは $W_1 \subset W_2$ または $W_1 \supset W_2$ となるときであることを証明せよ．

問題 11.2.9 ベクトル空間 V の部分空間 U, W_1, W_2 について，$U \supset W_1$ とする．次のことを示せ．

(1) $U \cap (W_1 + W_2) = W_1 + (U \cap W_2)$

(2) $W_1 \oplus W_2 = V$ ならば $U = W_1 \oplus (U \cap W_2)$

11.3　1次独立，基底，ベクトル空間の次元

例題 11.6 次のベクトルの組は1次独立か1次従属か．1次従属の場合には自明でない1次関係式の例を示せ．

(1) $\begin{bmatrix} 1 \\ 1 \\ 1 \end{bmatrix}, \begin{bmatrix} 1 \\ 2 \\ 3 \end{bmatrix}, \begin{bmatrix} 4 \\ 5 \\ 6 \end{bmatrix}$ 　(2) $\begin{bmatrix} 1 \\ 1 \\ 1 \end{bmatrix}, \begin{bmatrix} 1 \\ 2 \\ 3 \end{bmatrix}, \begin{bmatrix} 1 \\ 4 \\ 9 \end{bmatrix}$

【解答】　一つめのベクトルから順に a_1, a_2, a_3 と名付けることとする．
(1) $c_1 a_1 + c_2 a_2 + c_3 a_3 = 0$ とすると，c_1, c_2, c_3 に関する連立1次方程式 $[a_1 \ a_2 \ a_3] \begin{bmatrix} c_1 \\ c_2 \\ c_3 \end{bmatrix} = 0$ が得られる．係数行列 $A = [a_1 \ a_2 \ a_3] = \begin{bmatrix} 1 & 1 & 4 \\ 1 & 2 & 5 \\ 1 & 3 & 6 \end{bmatrix}$ は，$\begin{bmatrix} 1 & 0 & 3 \\ 0 & 1 & 1 \\ 0 & 0 & 0 \end{bmatrix}$ と簡約化できることから，$\begin{bmatrix} c_1 \\ c_2 \\ c_3 \end{bmatrix} = t \begin{bmatrix} -3 \\ -1 \\ 1 \end{bmatrix}$ と解が求まる．したがって，例えば $t = 1$ とおくことで非自明な1次関係式 $-3a_1 - a_2 + a_3 = 0$ が得られるため，与えられた組は1次従属である．

(2) $c_1 a_1 + c_2 a_2 + c_3 a_3 = 0$ とすると，$A = [a_1 \ a_2 \ a_3] = \begin{bmatrix} 1 & 1 & 1 \\ 1 & 2 & 4 \\ 1 & 3 & 9 \end{bmatrix}$ を係数行列とする連立一次方程式 $A \begin{bmatrix} c_1 \\ c_2 \\ c_3 \end{bmatrix} = 0$ が得られる．A の簡約化は3次単位行列になる．したがって，この連立1次方程式は自明な解しか持たない．したがって，与えられたベクトルの組は1次独立である．　◇

問題 11.3.1 次のベクトルの組は1次独立か1次従属か．1次従属ならば自明でない1次関係式を例示せよ．
各問について，一つめのベクトルから順に $a_1, a_2, \ldots$ と名付けて解くとよい．

(1) $\begin{bmatrix} -1 \\ 8 \\ 2 \end{bmatrix}, \begin{bmatrix} 3 \\ -2 \\ -8 \end{bmatrix}, \begin{bmatrix} -6 \\ -7 \\ 17 \end{bmatrix}$ (2) $\begin{bmatrix} -1 \\ 5 \\ 5 \end{bmatrix}, \begin{bmatrix} 3 \\ -1 \\ -4 \end{bmatrix}, \begin{bmatrix} -3 \\ -7 \\ 7 \end{bmatrix}, \begin{bmatrix} -2 \\ 4 \\ 1 \end{bmatrix}$

(3) $\begin{bmatrix} -1 \\ 1 \\ 1 \\ -1 \end{bmatrix}, \begin{bmatrix} 3 \\ -1 \\ -1 \\ 3 \end{bmatrix}, \begin{bmatrix} -2 \\ -3 \\ 3 \\ 2 \end{bmatrix}, \begin{bmatrix} -2 \\ 1 \\ 1 \\ -2 \end{bmatrix}$ (4) $\begin{bmatrix} 0 \\ 1 \\ 2 \\ 3 \end{bmatrix}, \begin{bmatrix} 1 \\ 2 \\ 3 \\ 4 \end{bmatrix}, \begin{bmatrix} 2 \\ 3 \\ 4 \\ 5 \end{bmatrix}, \begin{bmatrix} 9 \\ 7 \\ 5 \\ 3 \end{bmatrix}$

(5) $\begin{bmatrix} -1 \\ 1 \\ 1 \\ 1 \end{bmatrix}, \begin{bmatrix} 1 \\ -1 \\ 1 \\ 1 \end{bmatrix}, \begin{bmatrix} 1 \\ 1 \\ -1 \\ 1 \end{bmatrix}, \begin{bmatrix} 1 \\ 1 \\ 1 \\ -1 \end{bmatrix}$

例題 11.7 $\boldsymbol{a}_1, \boldsymbol{a}_2, \boldsymbol{a}_3$ を $\mathbb{R}^3$ の 1 次独立なベクトルとする.

$$\boldsymbol{b}_1 = \boldsymbol{a}_1 + 2\boldsymbol{a}_2, \ \boldsymbol{b}_2 = 2\boldsymbol{a}_2 + 3\boldsymbol{a}_3, \ \boldsymbol{b}_3 = \boldsymbol{a}_1 + 3\boldsymbol{a}_3$$

とおくとき, $\boldsymbol{b}_1, \boldsymbol{b}_2, \boldsymbol{b}_3$ は 1 次独立か.

【解答】 条件 $\lambda_1 \boldsymbol{b}_1 + \lambda_2 \boldsymbol{b}_2 + \lambda_3 \boldsymbol{b}_3 = \boldsymbol{0}$ は

$$\lambda_1(\boldsymbol{a}_1 + 2\boldsymbol{a}_2) + \lambda_2(2\boldsymbol{a}_2 + 3\boldsymbol{a}_3) + \lambda_3(\boldsymbol{a}_1 + 3\boldsymbol{a}_3) = \boldsymbol{0}$$
$$(\lambda_1 + \lambda_3)\boldsymbol{a}_1 + (2\lambda_1 + 2\lambda_2)\boldsymbol{a}_2 + (3\lambda_2 + 3\lambda_3)\boldsymbol{a}_3 = \boldsymbol{0}$$

と変形できる. $\boldsymbol{a}_1, \boldsymbol{a}_2, \boldsymbol{a}_3$ が 1 次独立なので

$$\lambda_1 + \lambda_3 = 2\lambda_1 + 2\lambda_2 = 3\lambda_2 + 3\lambda_3 = 0$$

を得る. これを $\lambda_1, \lambda_2, \lambda_3$ を未知数とする連立 1 次方程式

$$\lambda_1 \begin{bmatrix} 1 \\ 2 \\ 0 \end{bmatrix} + \lambda_2 \begin{bmatrix} 0 \\ 2 \\ 3 \end{bmatrix} + \lambda_3 \begin{bmatrix} 1 \\ 0 \\ 3 \end{bmatrix} = \begin{bmatrix} 0 \\ 0 \\ 0 \end{bmatrix}, \quad \begin{bmatrix} 1 & 0 & 1 \\ 2 & 2 & 0 \\ 0 & 3 & 3 \end{bmatrix} \begin{bmatrix} \lambda_1 \\ \lambda_2 \\ \lambda_3 \end{bmatrix} = \begin{bmatrix} 0 \\ 0 \\ 0 \end{bmatrix}$$

と考えれば, その係数行列の階数は 3(= 未知数の個数) であるから, 解は $\lambda_1 = \lambda_2 = \lambda_3 = 0$ のみである. すなわち, $\boldsymbol{b}_1, \boldsymbol{b}_2, \boldsymbol{b}_3$ は 1 次独立である. ◇

142   11. ベクトル空間

問題 11.3.2 $\boldsymbol{a}_1, \boldsymbol{a}_2, \cdots, \boldsymbol{a}_n$ を $\mathbb{R}^n$ の1次独立なベクトルとする．

(1) $n=4$ の場合に

$\boldsymbol{a}_1 + 2\boldsymbol{a}_2,\ 2\boldsymbol{a}_2 + 3\boldsymbol{a}_3,\ 3\boldsymbol{a}_3 + 4\boldsymbol{a}_4,\ 4\boldsymbol{a}_4 + \boldsymbol{a}_1$ は1次独立か．

(2) 一般の n（ただし $n \geqq 2$）の場合に

$\boldsymbol{a}_1 + 2\boldsymbol{a}_2,\ 2\boldsymbol{a}_2 + 3\boldsymbol{a}_3,\ \cdots,\ (n-1)\boldsymbol{a}_{n-1} + n\boldsymbol{a}_n,\ n\boldsymbol{a}_n + \boldsymbol{a}_1$ は1次独立か．

問題 11.3.3 $\boldsymbol{a}_1, \cdots, \boldsymbol{a}_m$ を $\mathbb{R}^n$ の1次独立なベクトルとしたとき，次のベクトルの各組は1次独立か（$n \geqq m \geqq 3$）．

(1) $\boldsymbol{a}_1 + \alpha\boldsymbol{a}_2, \boldsymbol{a}_2 + \alpha\boldsymbol{a}_3, \boldsymbol{a}_3 + \alpha\boldsymbol{a}_1 \quad (\alpha \in \mathbb{R})$

(2) $\boldsymbol{a}_1 + \alpha\boldsymbol{a}_2, \boldsymbol{a}_2 + \alpha\boldsymbol{a}_3, \cdots, \boldsymbol{a}_{m-1} + \alpha\boldsymbol{a}_m, \boldsymbol{a}_m + \alpha\boldsymbol{a}_1 \quad (\alpha \in \mathbb{R})$

(3) $\boldsymbol{a}_1, \dfrac{1}{2}(\boldsymbol{a}_1 + \boldsymbol{a}_2), \cdots, \dfrac{1}{m}(\boldsymbol{a}_1 + \boldsymbol{a}_2 + \cdots + \boldsymbol{a}_m)$

(4) $\boldsymbol{a}_1 + \boldsymbol{a}_2 + \boldsymbol{a}_3, \boldsymbol{a}_2 + \boldsymbol{a}_3 + \boldsymbol{a}_4, \cdots, \boldsymbol{a}_{m-1} + \boldsymbol{a}_m + \boldsymbol{a}_1, \boldsymbol{a}_m + \boldsymbol{a}_1 + \boldsymbol{a}_2$

例題 11.8 次の(部分)ベクトル空間の基底と次元を求めよ．

(1) $W_1 = \left\{ \begin{bmatrix} x \\ y \\ z \end{bmatrix} \in \mathbb{R}^3 \ \middle|\ \begin{array}{r} 2x + 3y + z = 0 \\ x + 4y - 7z = 0 \\ 5x + 7y + 4z = 0 \end{array} \right\}$

(2) $W_2 = \left\langle \boldsymbol{a}_1 = \begin{bmatrix} 2 \\ 1 \\ 5 \end{bmatrix}, \boldsymbol{a}_2 = \begin{bmatrix} 3 \\ 4 \\ 7 \end{bmatrix}, \boldsymbol{a}_3 = \begin{bmatrix} 1 \\ -7 \\ 4 \end{bmatrix} \right\rangle$

【解答】 (1) 三つの式を連立方程式として解くと，解は t を任意として $x = -5t, y = 3t, z = t$. すなわち $\begin{bmatrix} x \\ y \\ z \end{bmatrix} = t \begin{bmatrix} -5 \\ 3 \\ 1 \end{bmatrix}$ である．つまり $W_1 = \left\{ t \begin{bmatrix} -5 \\ 3 \\ 1 \end{bmatrix} \ \middle|\ t \in \mathbb{R} \right\} = \left\langle \begin{bmatrix} -5 \\ 3 \\ 1 \end{bmatrix} \right\rangle$. このことは，$\left\{ \begin{bmatrix} -5 \\ 3 \\ 1 \end{bmatrix} \right\}$ が W_1 の基底であることを意味する．W_1 の次元は 1 である．

(2) $\boldsymbol{a}_1, \boldsymbol{a}_2, \boldsymbol{a}_3$ の1次関係式を探す，つまり x, y, z を未知数とする方程式

$x\begin{bmatrix}2\\1\\5\end{bmatrix}+y\begin{bmatrix}3\\4\\7\end{bmatrix}+z\begin{bmatrix}1\\-7\\4\end{bmatrix}=\begin{bmatrix}0\\0\\0\end{bmatrix}$ を解くと，解は t を任意として $x=-5t$, $y=3t$, $z=t$. 非自明な 1 次関係式として $-5\boldsymbol{a}_1+3\boldsymbol{a}_2+\boldsymbol{a}_3=\boldsymbol{0}$ つまり $\boldsymbol{a}_3=5\boldsymbol{a}_1-3\boldsymbol{a}_2$ が得られるので $W_2=\langle\boldsymbol{a}_1,\boldsymbol{a}_2\rangle$. 明らかに $\boldsymbol{a}_1$ と $\boldsymbol{a}_2$ は 1 次独立なので $\{\boldsymbol{a}_1,\boldsymbol{a}_2\}$ は W_2 の基底となる．W_2 の次元は 2 である．

(2 の**別解**) $[\boldsymbol{a}_1\ \boldsymbol{a}_2\ \boldsymbol{a}_3]$ を列基本変形する．

$\begin{bmatrix}2&3&1\\1&4&-7\\5&7&4\end{bmatrix}\to\begin{bmatrix}1&3&2\\-7&4&1\\4&7&5\end{bmatrix}\to\begin{bmatrix}1&0&0\\-7&25&15\\4&-5&-3\end{bmatrix}\to\begin{bmatrix}1&0&0\\-7&5&0\\4&-1&0\end{bmatrix}$

$\to\begin{bmatrix}1&0&0\\13&5&0\\0&-1&0\end{bmatrix}$. W_2 は $\left\{\begin{bmatrix}1\\13\\0\end{bmatrix},\begin{bmatrix}0\\5\\-1\end{bmatrix}\right\}$ を基底として持つ．W_2 の次元は 2 である． $\diamond$

|注意| ベクトル空間の基底はただ一通りではない．

問題 11.3.4 次の部分空間の基底と次元を求めよ．

(1) $\left\{\begin{bmatrix}x\\y\end{bmatrix}\in\mathbb{R}^2\ \middle|\ x+y=0\right\}$

(2) $\left\{\begin{bmatrix}x_1\\x_2\\x_3\\x_4\end{bmatrix}\in\mathbb{R}^4\ \middle|\ \begin{aligned}x_1+2x_2&=0\\x_2+3x_3&=0\end{aligned}\right\}$

(3) $\left\{\begin{bmatrix}x_1\\x_2\\x_3\\x_4\end{bmatrix}\in\mathbb{R}^4\ \middle|\ \begin{aligned}x_1+2x_2+3x_3&=0\\x_3+4x_4&=0\end{aligned}\right\}$

(4) $\left\langle \begin{bmatrix} 1 \\ 1 \\ 1 \end{bmatrix}, \begin{bmatrix} 2 \\ 1 \\ 1 \end{bmatrix}, \begin{bmatrix} 3 \\ 1 \\ 1 \end{bmatrix}, \begin{bmatrix} 4 \\ 1 \\ 1 \end{bmatrix} \right\rangle$ (5) $\left\langle \begin{bmatrix} 0 \\ 1 \\ 2 \\ 3 \end{bmatrix}, \begin{bmatrix} 0 \\ 4 \\ 5 \\ 6 \end{bmatrix}, \begin{bmatrix} 0 \\ 7 \\ 8 \\ 9 \end{bmatrix}, \begin{bmatrix} 0 \\ 10 \\ 11 \\ 12 \end{bmatrix} \right\rangle$

例題 11.9 $\mathbb{R}^5$ の部分空間 W_1 と $W_2 = \langle \boldsymbol{b}_1, \boldsymbol{b}_2 \rangle$ を次で定める.

$$W_1 = \left\{ \begin{bmatrix} x_1 \\ x_2 \\ x_3 \\ x_4 \\ x_5 \end{bmatrix} \in \mathbb{R}^5 \;\middle|\; \begin{array}{l} x_1 = x_5 \\ x_3 = x_4 + x_5 \end{array} \right\}, \quad \boldsymbol{b}_1 = \begin{bmatrix} 1 \\ 4 \\ 4 \\ 2 \\ 0 \end{bmatrix}, \boldsymbol{b}_2 = \begin{bmatrix} 1 \\ -2 \\ 1 \\ 2 \\ 3 \end{bmatrix}$$

このとき次の問に答えよ.

(1) $W_1 \cap W_2$ の基底と次元を求めよ.

(2) $W_1 + W_2$ の基底と次元を求めよ.

【解答】 (1) W_2 のベクトル

$$\boldsymbol{v} = s\boldsymbol{b}_1 + t\boldsymbol{b}_2 = s \begin{bmatrix} 1 \\ 4 \\ 4 \\ 2 \\ 0 \end{bmatrix} + t \begin{bmatrix} 1 \\ -2 \\ 1 \\ 2 \\ 3 \end{bmatrix} = \begin{bmatrix} s+t \\ 4s-2t \\ 4s+t \\ 2s+2t \\ 3t \end{bmatrix}$$

が W_1 に属す条件を成分で求めると $\begin{cases} s+t = 3t \\ 4s+t = (2s+2t)+3t \end{cases}$ の解は, λ を任意として $s = 2\lambda, t = \lambda$. このとき

$$\boldsymbol{v} = \lambda(2\boldsymbol{b}_1 + \boldsymbol{b}_2) = \lambda \begin{bmatrix} 3 \\ 6 \\ 9 \\ 6 \\ 3 \end{bmatrix} = \frac{\lambda}{3} \begin{bmatrix} 1 \\ 2 \\ 3 \\ 2 \\ 1 \end{bmatrix}, \text{なので } W_1 \cap W_2 = \left\langle \begin{bmatrix} 1 \\ 2 \\ 3 \\ 2 \\ 1 \end{bmatrix} \right\rangle$$

$\{{}^t[1\ 2\ 3\ 2\ 1]\}$ が $W_1 \cap W_2$ の基底となり, 次元は 1.

(2) W_1 の次元は 3 で, 生成系として $\{\boldsymbol{a}_1, \boldsymbol{a}_2, \boldsymbol{a}_3\}$ を持つことがわかる.

$$\boldsymbol{a}_1 = \begin{bmatrix} 1 \\ 0 \\ 1 \\ 0 \\ 1 \end{bmatrix}, \ \boldsymbol{a}_2 = \begin{bmatrix} 0 \\ 1 \\ 0 \\ 0 \\ 0 \end{bmatrix}, \ \boldsymbol{a}_3 = \begin{bmatrix} 0 \\ 0 \\ 1 \\ 1 \\ 0 \end{bmatrix}.$$

これに W_2 の生成系 $\{\boldsymbol{b}_1, \boldsymbol{b}_2\}$ を加えた $\{\boldsymbol{a}_1, \boldsymbol{a}_2, \boldsymbol{a}_3, \boldsymbol{b}_1, \boldsymbol{b}_2\}$ が $W_1 + W_2$ の生成系となる．これらは非自明な 1 次関係式として $3\boldsymbol{a}_1 + 6\boldsymbol{a}_2 + 6\boldsymbol{a}_3 - 2\boldsymbol{b}_1 - \boldsymbol{b}_2 = \boldsymbol{0}$ を持つので，$W_1 + W_2$ の基底として $\{\boldsymbol{a}_1, \boldsymbol{a}_2, \boldsymbol{a}_3, \boldsymbol{b}_1\}$．次元は 4 $\diamond$

問題 11.3.5 $\mathbb{R}^4$ の部分空間 W_1, W_2 を次のように定める．

$$W_1 = \left\{ \begin{bmatrix} x_1 \\ x_2 \\ x_3 \\ x_4 \end{bmatrix} \in \mathbb{R}^4 \ \middle| \ \begin{array}{l} x_1 + x_2 - 3x_3 \quad\quad = 0 \\ 2x_1 - x_2 - x_3 + x_4 = 0 \end{array} \right\}$$

$$W_2 = \left\{ \begin{bmatrix} x_1 \\ x_2 \\ x_3 \\ x_4 \end{bmatrix} \in \mathbb{R}^4 \ \middle| \ x_1 + x_2 + x_3 + x_4 = 0 \right\}$$

このとき次の問に答えよ．

(1) W_1, W_2 の基底と次元を求めよ．

(2) $W_1 \cap W_2$ の基底と次元を求めよ．

(3) $W_1 + W_2$ の基底と次元を求めよ．

例題 11.10 A, B を $m \times n$ 行列とするとき

$$\mathrm{rank}(A+B) \leqq \mathrm{rank}([A, B]) \leqq \mathrm{rank}(A) + \mathrm{rank}(B)$$

を示せ（$[A, B]$ とは A, B を横に並べて作った $m \times 2n$ 行列のことである）．

【解答】 $A = [\boldsymbol{a}_1 \ \cdots \ \boldsymbol{a}_n]$, $B = [\boldsymbol{b}_1 \ \cdots \ \boldsymbol{b}_n]$ とおこう．
$$A + B = [\boldsymbol{a}_1 + \boldsymbol{b}_1 \ \cdots \ \boldsymbol{a}_n + \boldsymbol{b}_n]$$
であるが，
$$\langle \boldsymbol{a}_1 + \boldsymbol{b}_1, \cdots, \boldsymbol{a}_n + \boldsymbol{b}_n \rangle \subset \langle \boldsymbol{a}_1, \cdots, \boldsymbol{a}_n, \boldsymbol{b}_1, \cdots, \boldsymbol{b}_n \rangle$$

が成り立つから，
$$\operatorname{rank}(A+B) = \dim \langle \boldsymbol{a}_1 + \boldsymbol{b}_1, \cdots, \boldsymbol{a}_n + \boldsymbol{b}_n \rangle$$
$$\leqq \dim \langle \boldsymbol{a}_1, \cdots, \boldsymbol{a}_n, \boldsymbol{b}_1, \cdots, \boldsymbol{b}_n \rangle = \operatorname{rank}([A, B])$$
となる．さらに，
$$\dim \langle \boldsymbol{a}_1, \cdots, \boldsymbol{a}_n, \boldsymbol{b}_1, \cdots, \boldsymbol{b}_n \rangle$$
$$\leqq \dim \langle \boldsymbol{a}_1, \cdots, \boldsymbol{a}_n \rangle + \dim \langle \boldsymbol{b}_1, \cdots, \boldsymbol{b}_n \rangle$$
であるから
$$\operatorname{rank}([A, B]) \leqq \operatorname{rank}(A) + \operatorname{rank}(B)$$
となる． $\diamondsuit$

問題 11.3.6 次を示せ．

(1) A を $l \times m$ 行列，B を $m \times n$ 行列とするとき，
$$\operatorname{rank}(AB) \leqq \operatorname{rank}(A), \quad \operatorname{rank}(AB) \leqq \operatorname{rank}(B).$$

(2) A を $m \times n$ 行列 P, Q をそれぞれ m 次，n 次の正則行列とするとき，
$$\operatorname{rank}(A) = \operatorname{rank}(PAQ).$$

問題 11.3.7 A を $m \times n$ 行列，$A_1 = \begin{bmatrix} b_{00} & b_{01} & \cdots & b_{0n} \\ \vdots & & & \\ b_{n0} & & A & \end{bmatrix}$ としたとき，

$$\operatorname{rank}(A) \leqq \operatorname{rank}(A_1) \leqq \operatorname{rank}(A) + 2$$

であることを示せ．また，$\operatorname{rank}(A_1) = \operatorname{rank}(A) + 1$ となる例および $\operatorname{rank}(A_1) = \operatorname{rank}(A) + 2$ となる例を示せ．

［和空間の次元の公式］ （有限次元の）ベクトル空間 V の部分空間 W_1 と W_2 について
$$\dim(W_1 + W_2) = \dim(W_1) + \dim(W_2) - \dim(W_1 \cap W_2)$$

以下 問題 11.3.8, 11.3.9 は 上の公式の応用である．

問題 11.3.8 $\dim(V) = n$ であるベクトル空間 V の部分空間 W_1, W_2 について次のことを示せ．

(1) $\dim(W_1) + \dim(W_2) > n$ ならば $W_1 \cap W_2 \neq \{\boldsymbol{0}\}$

(2) $\dim(W_1) + \dim(W_2) = n$ ならば $W_1 \cap W_2 \neq \{\boldsymbol{0}\}$ または $W_1 \oplus W_2 = V$

問題 11.3.9 $\dim(V) = n$ であるベクトル空間 V の部分空間 W_1, W_2 について，$\dim(W_1) = n-1$ かつ $W_2 \not\subset W_1$ とする．
$$\dim(W_1 \cap W_2) = \dim(W_2) - 1$$
となることを示せ（ヒント：$W_1 + W_2$ はどうなるか）．

11.4 基底による座標，基底の変更

<u>注意</u>（基底を表す括弧について）n 個のベクトル $v_1, v_2, \cdots, v_n$ の組を基底とみなすための括弧は教科書や研究者によって異なり，記号は必ずしも統一されてはいない．並び順を考慮しない場合には $\{v_1, v_2, \cdots, v_n\}$ か $\langle v_1, v_2, \cdots, v_n \rangle$，あるいは括弧を用いずに「基底 $v_1, v_2, \cdots, v_n$」と述べるかのいずれかが多い．並び順を考慮する場合は $(v_1, v_2, \cdots, v_n)$ が用いられることがある．以下，座標を扱うときには，並び順を考慮する必要があるので後者を用いる．さらに，複数の基底を比較することがあるので「基底 $\mathcal{V} = (v_1, v_2, \cdots, v_n)$」のように名付けて用いる．2次元の場合に (v_1, v_2) は内積と誤解される可能性があるが「基底 $\mathcal{V} = (v_1, v_2)$」「$\mathcal{V} = (v_1, v_2)$ は基底となる」のように述べれば混乱は避けられるであろう．

n 次元のベクトル空間 V に基底 $\mathcal{V} = (v_1, v_2, \cdots, v_n)$ を固定する．ベクトル $u \in V$ の基底 $\mathcal{V}$ に関する**座標**（または座標ベクトル）$[u]_\mathcal{V}$ とは，u を基底のベクトルの1次結合で

$$u = u_1 v_1 + u_2 v_2 + \cdots + u_n v_n$$

と表すときの係数を並べて得られる数ベクトル空間 $\mathbb{R}^n$ または $\mathbb{R}_n$ の元

$${}^t[u_1 \ u_2 \ \cdots \ u_n] = \begin{bmatrix} u_1 \\ u_2 \\ \vdots \\ u_n \end{bmatrix} \quad \text{または} \quad [u_1 \ u_2 \ \cdots \ u_n]$$

のことである．

例題 11.11 $\mathbb{R}^2$ 内で，$\boldsymbol{a}_1, \boldsymbol{a}_2$ および一般のベクトル $\boldsymbol{x}$ を次の通りとする．
$$\boldsymbol{a}_1 = \begin{bmatrix} 1 \\ -1 \end{bmatrix}, \ \boldsymbol{a}_2 = \begin{bmatrix} 1 \\ -2 \end{bmatrix}, \quad \boldsymbol{x} = \begin{bmatrix} x \\ y \end{bmatrix}.$$
$\mathcal{A} = (\boldsymbol{a}_1, \boldsymbol{a}_2)$ は $\mathbb{R}^2$ の基底となる．このとき，$\boldsymbol{x}$ の基底 $\mathcal{A}$ に関する座標 $[\boldsymbol{x}]_{\mathcal{A}}$ を求めよ．

【解答】 $\boldsymbol{x} = \lambda \boldsymbol{a}_1 + \mu \boldsymbol{a}_2$ つまり $\begin{bmatrix} x \\ y \end{bmatrix} = \lambda \begin{bmatrix} 1 \\ -1 \end{bmatrix} + \mu \begin{bmatrix} 1 \\ -2 \end{bmatrix}$ を λ, μ に関する方程式として解くと，$\lambda = 2x+y$, $\mu = -x-y$ すなわち $\boldsymbol{x} = (2x+y)\boldsymbol{a}_1 + (-x-y)\boldsymbol{a}_2$ となる．したがって，求める座標は $\begin{bmatrix} 2x+y \\ -x-y \end{bmatrix}$ である． ◇

問題 11.4.1 $\mathbb{R}^3$ 内で，$\boldsymbol{a}_1, \boldsymbol{a}_2, \boldsymbol{a}_2$ を次の通りとする
$$\boldsymbol{a}_1 = \begin{bmatrix} 1 \\ 0 \\ 2 \end{bmatrix}, \quad \boldsymbol{a}_2 = \begin{bmatrix} 0 \\ 2 \\ 1 \end{bmatrix}, \quad \boldsymbol{a}_3 = \begin{bmatrix} 1 \\ 2 \\ 0 \end{bmatrix}.$$
$\mathcal{A} = (\boldsymbol{a}_1, \boldsymbol{a}_2, \boldsymbol{a}_3)$ は $\mathbb{R}^3$ の基底となる．これと $\mathbb{R}^3$ の標準基底 $\mathcal{E} = (\boldsymbol{e}_1, \boldsymbol{e}_2, \boldsymbol{e}_3)$ について，以下の問いに答えよ．

(1) 標準基底 $\mathcal{E}$ で ${}^t[1 \ 2 \ 3]$ という座標を持つベクトル $\boldsymbol{v}$ の，基底 $\mathcal{A}$ に関する座標ベクトルを求めよ．
  （本書の記号で言えば：$[\boldsymbol{v}]_{\mathcal{E}} = {}^t[1 \ 2 \ 3]$ のとき $[\boldsymbol{v}]_{\mathcal{A}}$ を求めよ．）

(2) 標準基底 $\mathcal{E}$ で ${}^t[x \ y \ z]$ と表される一般のベクトル $\boldsymbol{x}$ の，基底 $\mathcal{A}$ に関する座標ベクトルを求めよ．

(3) 基底 $\mathcal{A}$ で ${}^t[1 \ 2 \ 3]$ と表されるベクトル $\boldsymbol{w}$ の，標準基底 $\mathcal{E}$ に関する座標ベクトルを求めよ．

11.4 基底による座標，基底の変更

問題 11.4.2 $\mathbb{R}^3$ 内で，$\boldsymbol{a}_1, \boldsymbol{a}_2, \boldsymbol{b}_1, \boldsymbol{b}_2, \boldsymbol{b}_3$ を次の通りとする

$$\boldsymbol{a}_1 = \begin{bmatrix} -3 \\ 1 \\ 3 \end{bmatrix}, \boldsymbol{a}_2 = \begin{bmatrix} 1 \\ 3 \\ 1 \end{bmatrix}, \quad \boldsymbol{b}_1 = \begin{bmatrix} -2 \\ 4 \\ 4 \end{bmatrix}, \boldsymbol{b}_2 = \begin{bmatrix} -1 \\ 7 \\ 5 \end{bmatrix}, \boldsymbol{b}_3 = \begin{bmatrix} -5 \\ 5 \\ 7 \end{bmatrix}.$$

次の問に答えよ．

(1) $\mathcal{A} = (\boldsymbol{a}_1, \boldsymbol{a}_2)$ は $W = \langle \boldsymbol{b}_1, \boldsymbol{b}_2, \boldsymbol{b}_3 \rangle$ の基底となることを示せ．

(2) W の基底 $\mathcal{A}$ に関する $\boldsymbol{b}_1, \boldsymbol{b}_2, \boldsymbol{b}_3$ の座標をそれぞれ求めよ．

(3) $\mathcal{B}_1 = (\boldsymbol{b}_1, \boldsymbol{b}_2)$ は W の基底となるか．基底であるならば $\boldsymbol{a}_1, \boldsymbol{a}_2$ の $\mathcal{B}_1$ に関する座標を求めよ．

(4) $\mathcal{B}_2 = (\boldsymbol{b}_1, \boldsymbol{b}_3)$ は W の基底となるか．基底であるならば $\boldsymbol{a}_1, \boldsymbol{a}_2$ の $\mathcal{B}_2$ に関する座標を求めよ．

例題 11.12 $\mathbb{R}^3$ 内で，$\boldsymbol{a}_1, \boldsymbol{a}_2, \boldsymbol{a}_3, \boldsymbol{b}_1, \boldsymbol{b}_2, \boldsymbol{b}_3$ を次の通りとすると $\mathcal{A} = (\boldsymbol{a}_1, \boldsymbol{a}_2, \boldsymbol{a}_3)$, $\mathcal{B} = (\boldsymbol{b}_1, \boldsymbol{b}_2, \boldsymbol{b}_3)$ はいずれも $\mathbb{R}^3$ の基底となる．

$$\boldsymbol{a}_1 = \begin{bmatrix} 1 \\ 1 \\ 0 \end{bmatrix}, \boldsymbol{a}_2 = \begin{bmatrix} 0 \\ 1 \\ 1 \end{bmatrix}, \boldsymbol{a}_3 = \begin{bmatrix} 1 \\ 0 \\ 1 \end{bmatrix}, \quad \boldsymbol{b}_1 = \begin{bmatrix} 2 \\ 1 \\ 1 \end{bmatrix}, \boldsymbol{b}_2 = \begin{bmatrix} 1 \\ 2 \\ 1 \end{bmatrix}, \boldsymbol{b}_3 = \begin{bmatrix} 1 \\ 1 \\ 2 \end{bmatrix}.$$

(1) 基底 $\mathcal{A} = (\boldsymbol{a}_1, \boldsymbol{a}_2, \boldsymbol{a}_3)$ から基底 $\mathcal{B} = (\boldsymbol{b}_1, \boldsymbol{b}_2, \boldsymbol{b}_3)$ への基底変更の行列 (変換行列) P を求めよ．

(2) 基底 $\mathcal{A} = (\boldsymbol{a}_1, \boldsymbol{a}_2, \boldsymbol{a}_3)$ で ${}^t[\alpha \ \beta \ \gamma]$ という座標を持つベクトル $\boldsymbol{x}$ の，基底 $\mathcal{B} = (\boldsymbol{b}_1, \boldsymbol{b}_2, \boldsymbol{b}_3)$ に関する座標を求めよ．

【解答】 (1) $(\boldsymbol{b}_1, \boldsymbol{b}_2, \boldsymbol{b}_3) = (\boldsymbol{a}_1, \boldsymbol{a}_2, \boldsymbol{a}_3)P$ となるような行列 P を求めればよい．

$P = \begin{bmatrix} 1 & 1 & 0 \\ 0 & 1 & 1 \\ 1 & 0 & 1 \end{bmatrix}$ であることが簡単な計算でわかる．

(2) $(a_1, a_2, a_3)\begin{bmatrix}\alpha\\\beta\\\gamma\end{bmatrix} = (b_1, b_2, b_3)\begin{bmatrix}\alpha'\\\beta'\\\gamma'\end{bmatrix}$ となるような $\begin{bmatrix}\alpha'\\\beta'\\\gamma'\end{bmatrix}$ が求めるものである.

$(b_1, b_2, b_3) = (a_1, a_2, a_3)P$ から $\begin{bmatrix}\alpha'\\\beta'\\\gamma'\end{bmatrix} = P^{-1}\begin{bmatrix}\alpha\\\beta\\\gamma\end{bmatrix}$ とすればよいことがわかる.

$P^{-1} = \dfrac{1}{2}\begin{bmatrix}1 & -1 & 1\\1 & 1 & -1\\-1 & 1 & 1\end{bmatrix}$ から $\begin{bmatrix}\alpha'\\\beta'\\\gamma'\end{bmatrix} = \dfrac{1}{2}\begin{bmatrix}\alpha - \beta + \gamma\\\alpha + \beta - \gamma\\-\alpha + \beta + \gamma\end{bmatrix}$ を得る. ◇

問題 11.4.3 $a_1 = \begin{bmatrix}2\\1\\1\end{bmatrix}$, $a_2 = \begin{bmatrix}2\\2\\1\end{bmatrix}$, $a_3 = \begin{bmatrix}2\\2\\2\end{bmatrix}$ とする.

(1) $\mathcal{A} = (a_1, a_2, a_3)$ が $\mathbb{R}^3$ の基底であることを示せ.
(2) $\mathbb{R}^3$ の標準基底 $\mathcal{E} = (e_1, e_2, e_3)$ から基底 $\mathcal{A} = (a_1, a_2, a_3)$ への基底変更の行列（変換行列）を求めよ.
(3) 標準基底 $\mathcal{E} = (e_1, e_2, e_3)$ で ${}^t[1\ 2\ 3]$ という座標を持つベクトルは基底 $\mathcal{A} = (a_1, a_2, a_3)$ ではどういう座標を持つか.
(4) 基底 $\mathcal{A} = (a_1, a_2, a_3)$ で ${}^t[1\ 2\ 3]$ という座標を持つベクトルは標準基底 $\mathcal{E} = (e_1, e_2, e_3)$ ではどういう座標を持つか.

問題 11.4.4 $a_1 = \begin{bmatrix}2\\1\\1\end{bmatrix}$, $a_2 = \begin{bmatrix}2\\2\\1\end{bmatrix}$, $a_3 = \begin{bmatrix}2\\2\\2\end{bmatrix}$ とし, 基底 $\mathcal{A} = (a_1, a_2, a_3)$ から基底変更の行列 $P = \begin{bmatrix}1 & 2 & 3\\0 & 1 & 2\\0 & 0 & 1\end{bmatrix}$ で基底を変更して得られる基底を $\mathcal{B} = (b_1, b_2, b_3)$ とするとき, 次の問に答えよ.

(1) 各ベクトル b_1, b_2, b_3 はどんなベクトルか. 標準基底 $\mathcal{E}$ による座標で表せ.

(2) 基底 $\mathcal{B} = (\boldsymbol{b}_1,\ \boldsymbol{b}_2,\ \boldsymbol{b}_3)$ で座標 ${}^t[\alpha\ \ \beta\ \ \gamma]$ を持つベクトルは標準基底 $\mathcal{E} = (\boldsymbol{e}_1,\ \boldsymbol{e}_2,\ \boldsymbol{e}_3)$ ではどういう座標を持つか.

(3) 基底 $\mathcal{B} = (\boldsymbol{b}_1,\ \boldsymbol{b}_2,\ \boldsymbol{b}_3)$ で座標 ${}^t[\alpha\ \ \beta\ \ \gamma]$ を持つベクトルは基底 $\mathcal{A} = (\boldsymbol{a}_1,\ \boldsymbol{a}_2,\ \boldsymbol{a}_3)$ ではどういう座標を持つか.

問題 11.4.5 $\mathbb{R}^n$ で n 個のベクトル

$$\boldsymbol{a}_1 = \begin{bmatrix} 1 \\ 0 \\ 0 \\ \vdots \\ 0 \\ 0 \end{bmatrix},\ \boldsymbol{a}_2 = \begin{bmatrix} 1 \\ 1 \\ 0 \\ \vdots \\ 0 \\ 0 \end{bmatrix},\ \cdots,\ \boldsymbol{a}_{n-1} = \begin{bmatrix} 1 \\ 1 \\ 1 \\ \vdots \\ 1 \\ 0 \end{bmatrix},\ \boldsymbol{a}_n = \begin{bmatrix} 1 \\ 1 \\ 1 \\ \vdots \\ 1 \\ 1 \end{bmatrix}$$

をとり, 基底 $\mathcal{A} = (\boldsymbol{a}_1, \boldsymbol{a}_2, \cdots, \boldsymbol{a}_n)$ と標準基底 $\mathcal{E} = (\boldsymbol{e}_1, \boldsymbol{e}_2, \cdots, \boldsymbol{e}_n)$ を考える. 次の問に答えよ.

(1) 標準基底 $\mathcal{E}$ から基底 $\mathcal{A}$ への基底変更の行列を求めよ.

(2) 基底 $\mathcal{A}$ から標準基底 $\mathcal{E}$ への基底変更の行列を求めよ.

(3) 標準基底 $\mathcal{E}$ で ${}^t[x_1\ \ x_2\ \ \cdots\ \ x_n]$ という座標を持つベクトルは基底 $\mathcal{A}$ ではどういう座標を持つか.

(4) 基底 $\mathcal{A}$ で ${}^t[\xi_1\ \ \xi_2\ \ \cdots\ \ \xi_n]$ という座標を持つベクトルは標準基底 $\mathcal{E}$ ではどういう座標を持つか.

12 線形写像と行列

12.1 線形写像

例題 12.1 次の写像 f は線形写像か.

(1) $f : \mathbb{R}^3 \longrightarrow \mathbb{R}^2$, $f\left(\begin{bmatrix} x_1 \\ x_2 \\ x_3 \end{bmatrix}\right) = \begin{bmatrix} x_1 \\ x_2 \end{bmatrix}$

(2) $f : \mathbb{R}^3 \longrightarrow \mathbb{R}^1$, $f\left(\begin{bmatrix} x_1 \\ x_2 \\ x_3 \end{bmatrix}\right) = x_1 \cdot x_2$

解説 ベクトル空間 V から W への写像 $f : V \longrightarrow W$, $f(\boldsymbol{v}) = \boldsymbol{w}$ が**線形写像**であるとは,任意のベクトル $\boldsymbol{u}, \boldsymbol{v} \in V$ と任意のスカラー k について,

$$f(\boldsymbol{u} + \boldsymbol{v}) = f(\boldsymbol{u}) + f(\boldsymbol{v}), \qquad f(k\boldsymbol{u}) = kf(\boldsymbol{u})$$

が成り立つことである.あるいは,これら二つの条件を合わせて,任意のベクトル $\boldsymbol{u}, \boldsymbol{v} \in V$ と任意のスカラー k, l について

$$f(k\boldsymbol{u} + l\boldsymbol{v}) = kf(\boldsymbol{u}) + lf(\boldsymbol{v})$$

が成り立つことである.一方,線形写像でないことを示すにはこのことが成り立たない例を一つ作ればよい.

【解答】 (1) 任意の $^t[x_1 \ x_2 \ x_3]$, $^t[y_1 \ y_2 \ y_3]$ と任意のスカラー k, l について,

$$f\left(k\begin{bmatrix} x_1 \\ x_2 \\ x_3 \end{bmatrix} + l\begin{bmatrix} y_1 \\ y_2 \\ y_3 \end{bmatrix}\right) = f\left(\begin{bmatrix} kx_1 + ly_1 \\ kx_2 + ly_2 \\ kx_3 + ly_3 \end{bmatrix}\right)$$

$$= \begin{bmatrix} kx_1 + ly_1 \\ kx_2 + ly_2 \end{bmatrix} = k \begin{bmatrix} x_1 \\ x_2 \end{bmatrix} + l \begin{bmatrix} y_1 \\ y_2 \end{bmatrix}$$

$$= kf\left(\begin{bmatrix} x_1 \\ x_2 \\ x_3 \end{bmatrix}\right) + lf\left(\begin{bmatrix} y_1 \\ y_2 \\ y_3 \end{bmatrix}\right)$$

すなわち,与えられた写像 f は線形である.

(2) 例えば $\boldsymbol{a} = \begin{bmatrix} 1 \\ 1 \\ 1 \end{bmatrix}$ としよう.すると $f(\boldsymbol{a}) = f\left(\begin{bmatrix} 1 \\ 1 \\ 1 \end{bmatrix}\right) = 1 \cdot 1 = 1$ であるから,もし f が線形ならば $f(\boldsymbol{a} + \boldsymbol{a}) = f(\boldsymbol{a}) + f(\boldsymbol{a}) = 1 + 1 = 2$ でなければならない.しかし実際は $f(\boldsymbol{a} + \boldsymbol{a}) = f\left(\begin{bmatrix} 2 \\ 2 \\ 2 \end{bmatrix}\right) = 2 \cdot 2 = 4$ となる.したがって, f は線形ではない. ◇

問題 12.1.1 次の写像 f は線形写像か.

(1) $f : \mathbb{R}^2 \longrightarrow \mathbb{R}^1$, $f\left(\begin{bmatrix} x_1 \\ x_2 \end{bmatrix}\right) = 0$

(2) $f : \mathbb{R}^2 \longrightarrow \mathbb{R}^1$, $f\left(\begin{bmatrix} x_1 \\ x_2 \end{bmatrix}\right) = x_1 + x_2$

(3) $f : \mathbb{R}^3 \longrightarrow \mathbb{R}^2$, $f\left(\begin{bmatrix} x_1 \\ x_2 \\ x_3 \end{bmatrix}\right) = \begin{bmatrix} x_1 + x_2 \\ x_1 + x_3 \end{bmatrix}$

(4) $f : \mathbb{R}^3 \longrightarrow \mathbb{R}^2$, $f\left(\begin{bmatrix} x_1 \\ x_2 \\ x_3 \end{bmatrix}\right) = \begin{bmatrix} x_1 + x_2 + x_3 + 1 \\ x_1 + x_2 + x_3 + 1 \end{bmatrix}$

(5) $f : \mathbb{R}^3 \longrightarrow \mathbb{R}^3$, $f\left(\begin{bmatrix} x_1 \\ x_2 \\ x_3 \end{bmatrix}\right) = \begin{bmatrix} x_1 + x_2 \\ x_2 + x_3 \\ x_3 + x_1 \end{bmatrix}$

(6) $f : \mathbb{R}^3 \longrightarrow \mathbb{R}^3$, $f\left(\begin{bmatrix} x_1 \\ x_2 \\ x_3 \end{bmatrix}\right) = \begin{bmatrix} 1 \\ x_2 \\ x_3 \end{bmatrix}$

例題 12.2 $f : \mathbb{R}^2 \longrightarrow \mathbb{R}^3$ が線形写像であって次の条件を満たすとするとき，一般のベクトル $^t[x_1\ x_2]$ について $f(^t[x_1\ x_2])$ を求めよ

$$f\left(\begin{bmatrix} 1 \\ 1 \end{bmatrix}\right) = \begin{bmatrix} 1 \\ 1 \\ 1 \end{bmatrix}, \quad f\left(\begin{bmatrix} 1 \\ 2 \end{bmatrix}\right) = \begin{bmatrix} 1 \\ 2 \\ 3 \end{bmatrix}$$

【解答】 一般のベクトル $^t[x_1\ x_2]$ が $^t[1\ 1]$, $^t[1\ 2]$ の1次結合でどのように書けるかを考えればよい．方程式

$$\xi_1 \begin{bmatrix} 1 \\ 1 \end{bmatrix} + \xi_2 \begin{bmatrix} 1 \\ 2 \end{bmatrix} = \begin{bmatrix} x_1 \\ x_2 \end{bmatrix}$$

の解は $\xi_1 = 2x_1 - x_2$, $\xi_2 = -x_1 + x_2$ である．すなわち

$$\begin{bmatrix} x_1 \\ x_2 \end{bmatrix} = (2x_1 - x_2) \begin{bmatrix} 1 \\ 1 \end{bmatrix} + (-x_1 + x_2) \begin{bmatrix} 1 \\ 2 \end{bmatrix}$$

これから

$$f\left(\begin{bmatrix} x_1 \\ x_2 \end{bmatrix}\right) = f\left((2x_1 - x_2)\begin{bmatrix} 1 \\ 1 \end{bmatrix} + (-x_1 + x_2)\begin{bmatrix} 1 \\ 2 \end{bmatrix}\right)$$

$$= (2x_1 - x_2) \begin{bmatrix} 1 \\ 1 \\ 1 \end{bmatrix} + (-x_1 + x_2) \begin{bmatrix} 1 \\ 2 \\ 3 \end{bmatrix} = \begin{bmatrix} x_1 \\ x_2 \\ -x_1 + 2x_2 \end{bmatrix}$$

を得る． $\diamondsuit$

問題 12.1.2 次の条件を満たす線形写像 $f : \mathbb{R}^n \longrightarrow \mathbb{R}^m$ について，一般のベクトル $^t[x_1\ \cdots\ x_n]$ の像 $f(^t[x_1\ \cdots\ x_n])$ を求めよ．

(1)　$n = 2, m = 2$ とする．$f\left(\begin{bmatrix} 3 \\ 1 \end{bmatrix}\right) = \begin{bmatrix} 1 \\ 0 \end{bmatrix}$, $f\left(\begin{bmatrix} 1 \\ 3 \end{bmatrix}\right) = \begin{bmatrix} 0 \\ 1 \end{bmatrix}$

(2) $n=2, m=3$ とする．$f\left(\begin{bmatrix}3\\2\end{bmatrix}\right)=\begin{bmatrix}1\\0\\1\end{bmatrix}$, $f\left(\begin{bmatrix}2\\3\end{bmatrix}\right)=\begin{bmatrix}0\\1\\0\end{bmatrix}$

(3) $n=3, m=3$ とする．

$$f\left(\begin{bmatrix}1\\0\\0\end{bmatrix}\right)=\begin{bmatrix}1\\1\\0\end{bmatrix}, f\left(\begin{bmatrix}1\\1\\0\end{bmatrix}\right)=\begin{bmatrix}0\\1\\1\end{bmatrix}, f\left(\begin{bmatrix}1\\1\\1\end{bmatrix}\right)=\begin{bmatrix}1\\0\\1\end{bmatrix}$$

(4) $n=4, m=3$ とする．

$$f\left(\begin{bmatrix}1\\0\\0\\0\end{bmatrix}\right)=\begin{bmatrix}1\\0\\0\end{bmatrix}, f\left(\begin{bmatrix}-1\\1\\0\\0\end{bmatrix}\right)=\begin{bmatrix}1\\1\\0\end{bmatrix}, f\left(\begin{bmatrix}0\\-1\\1\\0\end{bmatrix}\right)=\begin{bmatrix}1\\1\\1\end{bmatrix},$$

$$f\left(\begin{bmatrix}0\\0\\-1\\1\end{bmatrix}\right)=\begin{bmatrix}0\\0\\0\end{bmatrix}$$

(5) 一般の n と $m=1$ について．

$$f\left(\begin{bmatrix}1\\0\\0\\\vdots\\0\end{bmatrix}\right)=1, f\left(\begin{bmatrix}0\\1\\0\\\vdots\\0\end{bmatrix}\right)=1, \cdots, f\left(\begin{bmatrix}0\\0\\\vdots\\0\\1\end{bmatrix}\right)=1$$

(6) $m=n$ とする．

$$f\left(\begin{bmatrix}1\\0\\0\\\vdots\\0\end{bmatrix}\right)=\begin{bmatrix}1\\0\\0\\\vdots\\0\end{bmatrix}, f\left(\begin{bmatrix}0\\1\\0\\\vdots\\0\end{bmatrix}\right)=\begin{bmatrix}1\\1\\0\\\vdots\\0\end{bmatrix}, \cdots, f\left(\begin{bmatrix}0\\0\\\vdots\\0\\1\end{bmatrix}\right)=\begin{bmatrix}1\\1\\1\\\vdots\\1\end{bmatrix}$$

12.2 線形写像と行列

例題 12.3 線形写像 $f : \mathbb{R}^2 \longrightarrow \mathbb{R}^3$ を
$$f\left(\begin{bmatrix} x_1 \\ x_2 \end{bmatrix}\right) = \begin{bmatrix} x_1 \\ x_2 \\ -x_1 + x_2 \end{bmatrix}$$
で定義するとき，f の標準基底に関する表現行列を求めよ．

解説 線形写像 $f : \mathbb{R}^n \longrightarrow \mathbb{R}^m$ の標準基底による**表現行列**とは，$\mathbb{R}^n$ のベクトル $\boldsymbol{x} = {}^t[x_1 \ \cdots \ x_n]$ にどんな $m \times n$ 行列 A を掛けたら $f(\boldsymbol{x})$ が得られるかという行列 A のことである．

【解答】 $\begin{bmatrix} 1 & 0 \\ 0 & 1 \\ -1 & 1 \end{bmatrix}$ ◇

問題 12.2.1 問題 12.1.2 の線形写像 f について標準基底に関する表現行列を求めよ．

例題 12.4 標準基底による表現行列が $\begin{bmatrix} 1 & 3 & 3 \\ 3 & 3 & 1 \end{bmatrix}$ であるような線形写像
$$f : \mathbb{R}^3 \longrightarrow \mathbb{R}^2$$
および，$\mathbb{R}^3$ における基底
$$\mathcal{F} = \left(\begin{bmatrix} 1 \\ 0 \\ 0 \end{bmatrix}, \begin{bmatrix} 1 \\ 1 \\ 0 \end{bmatrix}, \begin{bmatrix} 1 \\ 1 \\ 1 \end{bmatrix} \right)$$
と $\mathbb{R}^2$ における基底
$$\mathcal{G} = \left(\begin{bmatrix} 1 \\ 2 \end{bmatrix}, \begin{bmatrix} 1 \\ 1 \end{bmatrix} \right)$$
を考える．線形写像 f の基底 $\mathcal{F}$, $\mathcal{G}$ に関する表現行列を求めよ．

12.2 線形写像と行列

【解答】 $F = \begin{bmatrix} 1 & 1 & 1 \\ 0 & 1 & 1 \\ 0 & 0 & 1 \end{bmatrix}$, $G = \begin{bmatrix} 1 & 1 \\ 2 & 1 \end{bmatrix}$ としておく. $\mathcal{F}$ による座標が $^t[\xi_1\ \xi_2\ \xi_3]$ であるベクトル $\boldsymbol{x}$ すなわち,

$$\boldsymbol{x} = \xi_1 \begin{bmatrix} 1 \\ 0 \\ 0 \end{bmatrix} + \xi_2 \begin{bmatrix} 1 \\ 1 \\ 0 \end{bmatrix} + \xi_3 \begin{bmatrix} 1 \\ 1 \\ 1 \end{bmatrix} = \begin{bmatrix} 1 & 1 & 1 \\ 0 & 1 & 1 \\ 0 & 0 & 1 \end{bmatrix} \begin{bmatrix} \xi_1 \\ \xi_2 \\ \xi_3 \end{bmatrix} = F \begin{bmatrix} \xi_1 \\ \xi_2 \\ \xi_3 \end{bmatrix}$$

について $f(\boldsymbol{x}) = \boldsymbol{y}$ とするとき, $\boldsymbol{y}$ の $\mathcal{G}$ による座標ベクトルを $^t[\eta_1\ \eta_2]$ とする. このとき,

$$A \begin{bmatrix} \xi_1 \\ \xi_2 \\ \xi_3 \end{bmatrix} = \begin{bmatrix} \eta_1 \\ \eta_2 \end{bmatrix}$$

となる 2×3 行列 A を求めよというのが問題である.

$$f(\boldsymbol{x}) = \begin{bmatrix} 1 & 3 & 3 \\ 3 & 3 & 1 \end{bmatrix} F \begin{bmatrix} \xi_1 \\ \xi_2 \\ \xi_3 \end{bmatrix}$$

であり, これが $\boldsymbol{y} = \eta_1 \begin{bmatrix} 1 \\ 2 \end{bmatrix} + \eta_2 \begin{bmatrix} 1 \\ 1 \end{bmatrix} = \begin{bmatrix} 1 & 1 \\ 2 & 1 \end{bmatrix} \begin{bmatrix} \eta_1 \\ \eta_2 \end{bmatrix} = G \begin{bmatrix} \eta_1 \\ \eta_2 \end{bmatrix}$ に等しいのであるから,

$$\begin{bmatrix} 1 & 3 & 3 \\ 3 & 3 & 1 \end{bmatrix} F \begin{bmatrix} \xi_1 \\ \xi_2 \\ \xi_3 \end{bmatrix} = G \begin{bmatrix} \eta_1 \\ \eta_2 \end{bmatrix}$$

したがって,

$$G^{-1} \begin{bmatrix} 1 & 3 & 3 \\ 3 & 3 & 1 \end{bmatrix} F \begin{bmatrix} \xi_1 \\ \xi_2 \\ \xi_3 \end{bmatrix} = \begin{bmatrix} \eta_1 \\ \eta_2 \end{bmatrix}$$

となる. これから,

$$A = G^{-1} \begin{bmatrix} 1 & 3 & 3 \\ 3 & 3 & 1 \end{bmatrix} F$$

が求めるものになるはずである.

$$G^{-1} = \begin{bmatrix} 1 & 1 \\ 2 & 1 \end{bmatrix}^{-1} = \begin{bmatrix} -1 & 1 \\ 2 & -1 \end{bmatrix}$$

であるから

$$A = \begin{bmatrix} -1 & 1 \\ 2 & -1 \end{bmatrix} \begin{bmatrix} 1 & 3 & 3 \\ 3 & 3 & 1 \end{bmatrix} \begin{bmatrix} 1 & 1 & 1 \\ 0 & 1 & 1 \\ 0 & 0 & 1 \end{bmatrix} = \begin{bmatrix} 2 & 2 & 0 \\ -1 & 2 & 7 \end{bmatrix}$$

が最後に求めるものである. $\diamondsuit$

問題 12.2.2 $\mathbb{R}^n$, $\mathbb{R}^m$ の標準基底で次の表現行列を持つ線形写像 $f : \mathbb{R}^n \longrightarrow \mathbb{R}^m$ の次に与えられる基底 $\mathcal{F}$, $\mathcal{G}$ に関する表現行列を求めよ.

(1)　$n=2, m=3$; $\begin{bmatrix} 1 & 1 \\ 1 & 2 \\ 2 & 3 \end{bmatrix}$;

$$\mathcal{F} = \left(\begin{bmatrix} 1 \\ 1 \end{bmatrix}, \begin{bmatrix} 1 \\ 2 \end{bmatrix} \right), \quad \mathcal{G} = \left(\begin{bmatrix} 1 \\ 1 \\ 1 \end{bmatrix}, \begin{bmatrix} 1 \\ 2 \\ 3 \end{bmatrix}, \begin{bmatrix} 0 \\ 0 \\ 1 \end{bmatrix} \right)$$

(2)　$n=3, m=2$; $\begin{bmatrix} -\frac{1}{3} & -\frac{1}{3} & \frac{2}{3} \\ -\frac{4}{3} & -\frac{1}{3} & \frac{5}{3} \end{bmatrix}$;

$$\mathcal{F} = \left(\begin{bmatrix} 1 \\ 2 \\ 3 \end{bmatrix}, \begin{bmatrix} 2 \\ 1 \\ 3 \end{bmatrix}, \begin{bmatrix} 1 \\ 1 \\ 1 \end{bmatrix} \right), \quad \mathcal{G} = \left(\begin{bmatrix} 1 \\ 3 \end{bmatrix}, \begin{bmatrix} 1 \\ 2 \end{bmatrix} \right)$$

(3)　$n=3, m=3$; $\begin{bmatrix} 1 & 0 & -1 \\ -1 & 1 & 0 \\ 1 & 0 & 1 \end{bmatrix}$;

$$\mathcal{F} = \left(\begin{bmatrix} \frac{1}{2} \\ \frac{1}{2} \\ -\frac{1}{2} \end{bmatrix}, \begin{bmatrix} -\frac{1}{2} \\ \frac{1}{2} \\ \frac{1}{2} \end{bmatrix}, \begin{bmatrix} \frac{1}{2} \\ -\frac{1}{2} \\ \frac{1}{2} \end{bmatrix} \right), \quad \mathcal{G} = \left(\begin{bmatrix} 1 \\ 0 \\ 0 \end{bmatrix}, \begin{bmatrix} -1 \\ 1 \\ 0 \end{bmatrix}, \begin{bmatrix} 0 \\ -1 \\ 1 \end{bmatrix} \right)$$

問題 12.2.3 線形写像 $f : \mathbb{R}^3 \longrightarrow \mathbb{R}^2$ が次の条件を満たしているとする.

$$f\left(\begin{bmatrix} 1 \\ 2 \\ 3 \end{bmatrix}\right) = \begin{bmatrix} 3 \\ -1 \end{bmatrix}, \; f\left(\begin{bmatrix} 2 \\ 3 \\ 1 \end{bmatrix}\right) = \begin{bmatrix} 2 \\ -1 \end{bmatrix}, \; f\left(\begin{bmatrix} 3 \\ 1 \\ 2 \end{bmatrix}\right) = \begin{bmatrix} 1 \\ -1 \end{bmatrix}$$

このとき次の問に答えよ.

(1) f の標準基底に関する表現行列を求めよ.

(2) $\mathbb{R}^3$ の基底を $\mathcal{F} = \left(\begin{bmatrix} 1 \\ 2 \\ 3 \end{bmatrix}, \begin{bmatrix} 2 \\ 3 \\ 1 \end{bmatrix}, \begin{bmatrix} 3 \\ 1 \\ 2 \end{bmatrix}\right)$, $\mathbb{R}^2$ の基底を $\mathcal{G} = \left(\begin{bmatrix} 1 \\ 1 \end{bmatrix}, \begin{bmatrix} 1 \\ -1 \end{bmatrix}\right)$

とするとき $\mathcal{F}$, $\mathcal{G}$ に関する f の表現行列を求めよ.

例題 12.5 次の行列 A によって定まる線形写像 $f : \mathbb{R}^4 \longrightarrow \mathbb{R}^3$, $f(\boldsymbol{x}) = A\boldsymbol{x}$ について,次の問に答えよ.

$$A = \begin{bmatrix} 1 & -1 & 1 & -1 \\ 2 & 3 & 1 & -6 \\ 4 & 1 & 3 & -8 \end{bmatrix}$$

(1) ${}^t[1 \; 1 \; 1 \; 1] \in \mathrm{Ker}(f)$ であるか.

(2) ${}^t[1 \; 2 \; 3] \in \mathrm{Im}(f)$ であるか.

(3) $\mathrm{Im}(f)$, $\mathrm{Ker}(f)$ の次元を求めよ.

【解答】 (1) $A\begin{bmatrix} 1 \\ 1 \\ 1 \\ 1 \end{bmatrix} = \boldsymbol{0}$ は実際に代入してみればすぐわかる.したがって ${}^t[1 \; 1 \; 1 \; 1] \in \mathrm{Ker}(f)$ である.

(2) $\mathrm{rank}(A) = 2$, $\mathrm{rank}\left(\left[A, \begin{matrix} 1 \\ 2 \\ 3 \end{matrix}\right]\right) = 3$, したがって $f(\boldsymbol{x}) = \begin{bmatrix} 1 \\ 2 \\ 3 \end{bmatrix}$ となる $\boldsymbol{x}$ は存在しない.したがって ${}^t[1 \; 2 \; 3] \in \mathrm{Im}(f)$ ではない.

(3) $\dim(\mathrm{Im}(f)) = \mathrm{rank}(A) = 2$,
$\dim(\mathrm{Ker}(f)) = 4 - \dim(\mathrm{Im}(f)) = 4 - 2 = 2$ ◇

問題 12.2.4 $n \times m$ 行列 A を次のように定めるとき，おのおのの A が決める $\mathbb{R}^n$ から $\mathbb{R}^m$ への線形写像 $f(\boldsymbol{x}) = A\boldsymbol{x}$ について下の問に答えよ．

(i) $\begin{bmatrix} 1 & 1 \\ -1 & -1 \end{bmatrix}$ (ii) $\begin{bmatrix} 1 & 1 & 1 \\ -1 & -1 & 1 \end{bmatrix}$ (iii) $\begin{bmatrix} 1 & 3 \\ 1 & -1 \\ 2 & 5 \end{bmatrix}$

(iv) $\begin{bmatrix} 1 & 3 & 4 \\ 1 & -1 & 0 \\ 2 & 5 & 7 \end{bmatrix}$ (v) $\begin{bmatrix} 1 & 3 & 4 \\ 1 & -1 & 0 \\ 2 & 5 & 6 \end{bmatrix}$

(1) $\dim(\mathrm{Im}(f))$ と $\dim(\mathrm{Ker}(f))$ を求めよ．
(2) $(\dim(\mathrm{Im}(f)) > 0$ か $\dim(\mathrm{Ker}(f)) > 0$ のとき，$)$ $\mathrm{Im}(f)$ と $\mathrm{Ker}(f)$ の基底をそれぞれ選べ．
(3) f は上への写像（全射）であるか．また 1 対 1 写像（単射）であるか．

例題 12.6 標準基底に関する表現行列が

$$A = \begin{bmatrix} 2 & 0 & 1 \\ 0 & 2 & -1 \\ 1 & -1 & 1 \end{bmatrix}$$ である $\mathbb{R}^3$ の線形変換 $f : \mathbb{R}^3 \longrightarrow \mathbb{R}^3$

の基底

$$\mathcal{H} = \left(\begin{bmatrix} \frac{1}{\sqrt{3}} \\ -\frac{1}{\sqrt{3}} \\ \frac{1}{\sqrt{3}} \end{bmatrix}, \begin{bmatrix} \frac{1}{\sqrt{2}} \\ \frac{1}{\sqrt{2}} \\ 0 \end{bmatrix}, \begin{bmatrix} -\frac{1}{\sqrt{6}} \\ \frac{1}{\sqrt{6}} \\ \frac{2}{\sqrt{6}} \end{bmatrix} \right)$$

に関する表現行列を求めよ．

解説 ある線形空間 W から W 自身の中への線形写像 $f : W \longrightarrow W$ を W の**線形変換**という．W の基底 $\mathcal{F}$ に関する線形変換 f の表現行列とは，$\boldsymbol{x}$ の $\mathcal{F}$ による座標ベクトルにどんな行列を掛ければ $f(\boldsymbol{x})$ の $\mathcal{F}$ による座標ベクトルが得られる

かという，その行列のことである．

【解答】 標準基底での f の表現行列 A が与えられている．
$$H = \begin{bmatrix} \dfrac{1}{\sqrt{3}} & \dfrac{1}{\sqrt{2}} & -\dfrac{1}{\sqrt{6}} \\ \dfrac{-1}{\sqrt{3}} & \dfrac{1}{\sqrt{2}} & \dfrac{1}{\sqrt{6}} \\ \dfrac{1}{\sqrt{3}} & 0 & \dfrac{2}{\sqrt{6}} \end{bmatrix}$$

とする．$\boldsymbol{x} \in \mathbb{R}^3$ の $\mathcal{H}$ による座標ベクトル $\boldsymbol{x}'$ は $H^{-1}\boldsymbol{x}$ である．つまり，$\boldsymbol{x}$ は $\mathcal{H}$ による座標ベクトル $\boldsymbol{x}'$ に左から H を掛けたものである．

$$\boldsymbol{x} = H\boldsymbol{x}'$$

$\boldsymbol{x}$ の左から A を掛けたものが，標準基底での $f(\boldsymbol{x})$ の座標であるから，$f(\boldsymbol{x})$ の左から H^{-1} を掛ければ $\mathcal{H}$ による $f(\boldsymbol{x})$ の座標が得られる．すなわち $H^{-1}AH$ が求める行列である．

$$H^{-1} = \begin{bmatrix} \dfrac{1}{\sqrt{3}} & -\dfrac{1}{\sqrt{3}} & \dfrac{1}{\sqrt{3}} \\ \dfrac{1}{\sqrt{2}} & \dfrac{1}{\sqrt{2}} & 0 \\ -\dfrac{1}{\sqrt{6}} & \dfrac{1}{\sqrt{6}} & \dfrac{2}{\sqrt{6}} \end{bmatrix}$$

であるから，結局求める行列は

$$H^{-1}AH = \begin{bmatrix} 3 & 0 & 0 \\ 0 & 2 & 0 \\ 0 & 0 & 0 \end{bmatrix}$$

である． ◇

問題 12.2.5 $\mathbb{R}^n$ の線形変換 f が標準基底に関して次に与えられる行列 A で決まっているとき，与えられた基底 $\mathcal{H}$ に関する f の行列を求めよ．

(1) （$n=2$ とする）　 $A = \begin{bmatrix} 3 & 2 \\ 2 & 1 \end{bmatrix}$, $\mathcal{H} = \left(\begin{bmatrix} 2 \\ 1 \end{bmatrix}, \begin{bmatrix} 1 \\ 2 \end{bmatrix} \right)$

(2) （$n=3$ とする）　 $A = \begin{bmatrix} 1 & 1 & 2 \\ 1 & 2 & 1 \\ 2 & 1 & 3 \end{bmatrix}$, $\mathcal{H} = \left(\begin{bmatrix} 1 \\ 0 \\ 0 \end{bmatrix}, \begin{bmatrix} 1 \\ 1 \\ 0 \end{bmatrix}, \begin{bmatrix} 0 \\ 1 \\ 1 \end{bmatrix} \right)$

(3) （$n=3$ とする） $A = \begin{bmatrix} 1 & 3 & 5 \\ 2 & 4 & 6 \\ 3 & 5 & 7 \end{bmatrix}$, $\mathcal{H} = \left(\begin{bmatrix} 1 \\ -1 \\ 0 \end{bmatrix}, \begin{bmatrix} 0 \\ 1 \\ -1 \end{bmatrix}, \begin{bmatrix} 0 \\ 0 \\ 1 \end{bmatrix} \right)$

(4) （$n=3$ とする） $A = \begin{bmatrix} 6 & -1 & 5 \\ -3 & 2 & -3 \\ -7 & 1 & -6 \end{bmatrix}$, $\mathcal{H} = \left(\begin{bmatrix} 1 \\ -1 \\ -1 \end{bmatrix}, \begin{bmatrix} 1 \\ 0 \\ -1 \end{bmatrix}, \begin{bmatrix} 2 \\ -1 \\ -3 \end{bmatrix} \right)$

(5) $A = \begin{bmatrix} 1 & 1 & 1 & 1 & \cdots & 1 & 1 \\ 0 & 2 & 1 & 1 & \cdots & 1 & 1 \\ 0 & 0 & 3 & 1 & \cdots & 1 & 1 \\ \vdots & \vdots & & \ddots & & \vdots & \vdots \\ \vdots & \vdots & & & \ddots & 1 & \vdots \\ 0 & 0 & & & & n-1 & 1 \\ 0 & 0 & & & \cdots & 0 & n \end{bmatrix}$, $\mathcal{H} = \left(\begin{bmatrix} 1 \\ 0 \\ 0 \\ \vdots \\ 0 \end{bmatrix}, \begin{bmatrix} 1 \\ 1 \\ 0 \\ \vdots \\ 0 \end{bmatrix}, \cdots, \begin{bmatrix} 1 \\ 1 \\ 1 \\ \vdots \\ 1 \end{bmatrix} \right)$

例題 12.7 xy 平面を通常の方法で $\mathbb{R}^2$ と同一視するとき次の移動は $\mathbb{R}^2$ の線形変換であることを示し、(その標準基底に関する) 表現行列を求めよ．

(1) y 軸に関する対称移動
(2) 原点を中心にした角 θ の回転移動

【解答】 いずれも線形写像であることは明らかである．表現行列を示そう．

(1) $\begin{bmatrix} -1 & 0 \\ 0 & 1 \end{bmatrix}$

(2) $\begin{bmatrix} \cos\theta & -\sin\theta \\ \sin\theta & \cos\theta \end{bmatrix}$ ◇

問題 12.2.6 xy 平面を通常の方法で $\mathbb{R}^2$ と同一視するとき、次の移動または変形は $\mathbb{R}^2$ の線形変換であることを示し、標準基底に関する表現行列を求めよ．

(1) 軸に関する対称移動
(2) 直線 $y = x$ に関する対称移動

(3) 軸への正射影
(4) 直線 $y = x$ への正射影
(5) 任意の点を原点とその点を結ぶ直線に沿って原点からの距離が 2 倍になるように移動する（原点は固定）．
(6) すべての点を原点に写す．

問題 12.2.7 xyz 空間を通常の方法で $\mathbb{R}^3$ と同一視するとき，次の移動は $\mathbb{R}^3$ の線形変換であることを示し，標準基底に関する表現行列を求めよ．
(1) 原点について対称に移動する．
(2) xy 平面について対称に移動する．
(3) x 軸について対称に移動する．
(4) 平面 $x + y + z = 0$ について対称に移動する．
(5) 直線 $x = y = z$ について対称に移動する．
(6) z 軸を固定し z 軸のまわりに角度 θ だけ回転する．
(7) 直線 $y = 0, x = z$ のまわりに角度 θ だけ回転する．

問題 12.2.8 xyz 空間を通常の方法で $\mathbb{R}^3$ とみなす．次の写像が線形写像であることを示し，標準基底に関する表現行列を求めよ．
(1) $\boldsymbol{b}$ を固定して $\mathbb{R}^3$ の中の写像 $\boldsymbol{x} \mapsto \boldsymbol{x} \times \boldsymbol{b}$．
(2) $\boldsymbol{a}$ を固定して $\mathbb{R}^3$ の中の写像 $\boldsymbol{x} \mapsto \boldsymbol{a} \times \boldsymbol{x}$．
(3) $\boldsymbol{b}, \boldsymbol{c}$ を固定して $\mathbb{R}^3$ の中の写像 $\boldsymbol{x} \mapsto \boldsymbol{x} \times (\boldsymbol{b} \times \boldsymbol{c})$．

問題 12.2.9 $\varphi : V \to W$ を n 次元ベクトル空間 V から m 次元ベクトル空間 W への線形写像とする．V^* を V から $\mathbb{R}$ への線形写像全体の作る集合とし，同様に W^* を W から $\mathbb{R}$ への線形写像全体の作る集合とする．
(1) V^* がベクトル空間であることを示せ．
(2) $W \to \mathbb{R}$ を線形写像とするとき，合成写像 $f \circ \varphi : V \to \mathbb{R}$ が線形写像であることを示せ．
(3) 写像 $\varphi^* : W^* \to V^*$ を $\varphi^*(f) = f \circ \varphi$ で定めるとき，φ^* は線形写像であることを示せ．

(4) $(\boldsymbol{e}_1, \cdots, \boldsymbol{e}_n)$ を V の基底, $(\boldsymbol{f}_1, \cdots, \boldsymbol{f}_m)$ を W の基底とし, V^* の元 $\boldsymbol{e}_i^*$ と W^* の元 $\boldsymbol{f}_i^*$ を

$$\boldsymbol{e}_i^*(\boldsymbol{e}_j) = \begin{cases} 1 & i = j \text{ のとき} \\ 0 & i \neq j \text{ のとき} \end{cases} \qquad \boldsymbol{f}_i^*(\boldsymbol{f}_j) = \begin{cases} 1 & i = j \text{ のとき} \\ 0 & i \neq j \text{ のとき} \end{cases}$$

で定めると, $(\boldsymbol{e}_1^*, \cdots, \boldsymbol{e}_n^*)$ は V^* の基底, $(\boldsymbol{f}_1^*, \cdots, \boldsymbol{f}_m^*)$ は W^* の基底となることを示せ.

(5) $\varphi : V \to W$ の $(\boldsymbol{e}_1, \cdots, \boldsymbol{e}_n)$ と $(\boldsymbol{f}_1, \cdots, \boldsymbol{f}_m)$ に関する表現行列を A とするとき, $\varphi^* : W^* \to V^*$ の $(\boldsymbol{f}_1^*, \cdots, \boldsymbol{f}_m^*)$ と $(\boldsymbol{e}_1^*, \cdots, \boldsymbol{e}_n^*)$ に関する表現行列は ${}^t\!A$ となることを示せ.

参考 線形写像や行列の応用は, 数ベクトル空間 $\mathbb{R}^n$ の話題にとどまらない. 一例として, n 次以下の (実数係数) 多項式の集合

$$\mathbb{R}[x]_n = \{c_0 + c_1 x + c_2 x^2 + \cdots + c_n x^n \mid c_0, c_1, c_2, \cdots, c_n \in \mathbb{R}\}$$

を考えよう. このとき, $\mathbb{R}[x]_n$ はベクトル空間で, 基底に $(1, x, x^2, \cdots, x^n)$ がとれる. 実際, すべての実数 x に対して $c_0 + c_1 x + c_2 x^2 + \cdots + c_n x^n = 0$ ならば $c_0 = c_1 = c_2 = \cdots = c_n = 0$ だから $\{1, x, x^2, \cdots, x^n\}$ は 1 次独立である. また, $\mathbb{R}[x]_n$ の任意の元, すなわち, n 次以下の多項式は $\{1, x, x^2, \cdots, x^n\}$ の 1 次結合で表せる.

そこで, $\mathbb{R}[x]_2$ から $\mathbb{R}[x]_1$ への写像 $d : \mathbb{R}[x]_2 \to \mathbb{R}[x]_1$ を, 微分することによって, $d(f) = f'$ と定義しよう. このとき, 任意の $f, g \in \mathbb{R}[x]_2$ と $k, l \in \mathbb{R}$ に対して, $d(kf + lg) = (kf + lg)' = kf' + lg' = kd(f) + ld(g)$ なので, d は線形写像である.

この d の表現行列を考えてみよう. $\mathbb{R}[x]_2$ の基底 $(1, x, x^2)$ の d による像を求めると, $d(1) = 0$, $d(x) = 1$, $d(x^2) = 2x$ であって, $c_0 + c_1 x + c_2 x^2 \in \mathbb{R}[x]_2$ の d による像は,

$$d(c_0 + c_1 x + c_2 x^2) = (c_0 + c_1 x + c_2 x^2)' = c_1 + 2c_2 x$$

となる. $\mathbb{R}[x]_2$ の基底 $(1, x, x^2)$ を $\mathbb{R}^3$ の標準基底 $(\boldsymbol{e}_1, \boldsymbol{e}_2, \boldsymbol{e}_3)$ に, $\mathbb{R}[x]_1$ の基底 $(1, x)$ を $\mathbb{R}^2$ の標準基底 $(\boldsymbol{e}_1, \boldsymbol{e}_2)$ にそれぞれ同一視すると, 写像 $d : \mathbb{R}[x]_2 \to$

$\mathbb{R}[x]_1$ による対応は，

$$\begin{bmatrix} c_1 \\ 2c_2 \end{bmatrix} = \begin{bmatrix} 0 & 1 & 0 \\ 0 & 0 & 2 \end{bmatrix} \begin{bmatrix} c_0 \\ c_1 \\ c_2 \end{bmatrix}$$

と表される．したがって，$d : \mathbb{R}[x]_2 \to \mathbb{R}[x]_1$ の表現行列は $\begin{bmatrix} 0 & 1 & 0 \\ 0 & 0 & 2 \end{bmatrix}$ である．

13 内積空間

本章では内積が定義されたベクトル空間を扱う．内積の基本的性質，シュワルツの不等式，三角不等式，二つのベクトルのなす角等については教科書を読んで理解しておいてほしい．

内積を持つベクトル空間として $\mathbb{R}^n$ を考えるときには，
$$\boldsymbol{a} = {}^t[a_1 \ a_2 \ \cdots \ a_n], \quad \boldsymbol{b} = {}^t[b_1 \ b_2 \ \cdots \ b_n] \in \mathbb{R}^n$$
に対して
$$(\boldsymbol{a}, \boldsymbol{b}) = a_1 b_1 + a_2 b_2 + \cdots + a_n b_n$$
で定義される標準的内積を考えることにしよう．

13.1 内積とノルムに関する基本事項

例題 13.1 内積空間 V で，$\boldsymbol{a}, \boldsymbol{b} \in V$ とし，θ を $\boldsymbol{a}, \boldsymbol{b}$ のなす角とするとき，次のことを示せ．

(1) $\|\boldsymbol{a}+\boldsymbol{b}\|^2 + \|\boldsymbol{a}-\boldsymbol{b}\|^2 = 2(\|\boldsymbol{a}\|^2 + \|\boldsymbol{a}\|^2)$

(2) $\|\boldsymbol{a}-\boldsymbol{b}\|^2 = \|\boldsymbol{a}\|^2 + \|\boldsymbol{b}\|^2 - 2\|\boldsymbol{a}\| \|\boldsymbol{b}\| \cos\theta$

(3) $\sqrt{\|\boldsymbol{a}\|^2 \|\boldsymbol{b}\|^2 - (\boldsymbol{a}, \boldsymbol{b})^2} = \|\boldsymbol{a}\| \|\boldsymbol{b}\| \sin\theta$

【解答】 (1) (ア) $\|\boldsymbol{a}+\boldsymbol{b}\|^2 = (\boldsymbol{a}+\boldsymbol{b}, \boldsymbol{a}+\boldsymbol{b})$
$= (\boldsymbol{a},\boldsymbol{a}) + (\boldsymbol{a},\boldsymbol{b}) + (\boldsymbol{b},\boldsymbol{a}) + (\boldsymbol{b},\boldsymbol{b}) = \|\boldsymbol{a}\|^2 + 2(\boldsymbol{a},\boldsymbol{b}) + \|\boldsymbol{b}\|^2$

同様にして

(イ) $\|\boldsymbol{a}-\boldsymbol{b}\|^2 = \|\boldsymbol{a}\|^2 - 2(\boldsymbol{a},\boldsymbol{b}) + \|\boldsymbol{b}\|^2$

(ア)(イ) を辺々加えて (1) を得る．

(2) 上記の (イ) から $\|\boldsymbol{a}-\boldsymbol{b}\|^2 = \|\boldsymbol{a}\|^2 + \|\boldsymbol{b}\|^2 - 2(\boldsymbol{a},\boldsymbol{b})$ であるが，$\boldsymbol{a},\boldsymbol{b}$ のなす角の定義より

$$(\boldsymbol{a},\boldsymbol{b}) = \|\boldsymbol{a}\|\,\|\boldsymbol{b}\|\cos\theta$$

であるから (2) を得る．

(3) $\boldsymbol{a},\boldsymbol{b}$ のなす角の定義から

$$\|\boldsymbol{a}\|\|\boldsymbol{b}\|\cos\theta = (\boldsymbol{a},\boldsymbol{b})$$

であり，かつ $0 \leqq \theta \leqq \pi$ である．したがって $\sin\theta \geqq 0$ であり，

$$\|\boldsymbol{a}\|^2\|\boldsymbol{b}\|^2\sin^2\theta = \|\boldsymbol{a}\|^2\|\boldsymbol{b}\|^2(1-\cos^2\theta) = \|\boldsymbol{a}\|^2\|\boldsymbol{b}\|^2 - (\boldsymbol{a},\boldsymbol{b})^2$$

となるから，この左端と右端の平方根をとれば (3) を得る． ◇

問題 13.1.1 内積空間 V で，$\boldsymbol{a},\boldsymbol{b} \in V$ についてシュワルツの不等式

$$|(\boldsymbol{a},\boldsymbol{b})| \leqq \|\boldsymbol{a}\|\,\|\boldsymbol{b}\|$$

を証明せよ．ここで等号が成り立つのはどんな場合か．

問題 13.1.2 内積空間 V で，$\boldsymbol{a},\boldsymbol{b} \in V$ について次の不等式を示せ（三角不等式という）．

(1) $\|\boldsymbol{a}+\boldsymbol{b}\| \leqq \|\boldsymbol{a}\| + \|\boldsymbol{b}\|$

(2) $\big|\|\boldsymbol{a}\| - \|\boldsymbol{b}\|\big| \leqq \|\boldsymbol{a}-\boldsymbol{b}\|$

問題 13.1.3 内積空間で $\boldsymbol{a} \perp \boldsymbol{b}$ とは $(\boldsymbol{a},\boldsymbol{b}) = 0$ となることである．次のことを示せ．

(1) $\boldsymbol{a} \perp \boldsymbol{b} \iff \|\boldsymbol{a}-\boldsymbol{b}\|^2 = \|\boldsymbol{a}\|^2 + \|\boldsymbol{b}\|^2$

(2) $(\boldsymbol{a}+\boldsymbol{b}) \perp (\boldsymbol{a}-\boldsymbol{b}) \iff \|\boldsymbol{a}\| = \|\boldsymbol{b}\|$

問題 13.1.4 内積空間で次のことを示せ．

$$(\boldsymbol{a},\boldsymbol{b}) = \frac{1}{4}\left(\|\boldsymbol{a}+\boldsymbol{b}\|^2 - \|\boldsymbol{a}-\boldsymbol{b}\|^2\right)$$

問題 13.1.5 n 次実正方行列 $A = [\boldsymbol{a}_1 \ \boldsymbol{a}_2 \ \cdots \ \boldsymbol{a}_n]$ $(\boldsymbol{a}_j \in \mathbb{R}^n)$ について

$$G(A) = \begin{bmatrix} (\boldsymbol{a}_1, \boldsymbol{a}_1) & (\boldsymbol{a}_1, \boldsymbol{a}_2) & \cdots & (\boldsymbol{a}_1, \boldsymbol{a}_n) \\ (\boldsymbol{a}_2, \boldsymbol{a}_1) & (\boldsymbol{a}_2, \boldsymbol{a}_2) & \cdots & (\boldsymbol{a}_2, \boldsymbol{a}_n) \\ \vdots & \vdots & \ddots & \vdots \\ (\boldsymbol{a}_n, \boldsymbol{a}_1) & (\boldsymbol{a}_n, \boldsymbol{a}_2) & \cdots & (\boldsymbol{a}_n, \boldsymbol{a}_n) \end{bmatrix}$$

とおくと $\det(G(A)) = (\det(A))^2$ となることを示せ[†].

13.2 正規直交系, 正規直交基底

例題 13.2 次のベクトルの組が 1 次独立であることを確かめ, グラム-シュミットの方法で正規直交化せよ.

(1) $\begin{bmatrix} 1 \\ 2 \end{bmatrix}, \begin{bmatrix} 2 \\ 1 \end{bmatrix}$ (2) $\begin{bmatrix} 1 \\ 1 \\ 1 \\ 1 \end{bmatrix}, \begin{bmatrix} 1 \\ 1 \\ 1 \\ 0 \end{bmatrix}, \begin{bmatrix} 1 \\ 1 \\ 0 \\ 0 \end{bmatrix}$

【解答】 (1) $\mathrm{rank}\left(\begin{bmatrix} 1 & 2 \\ 2 & 1 \end{bmatrix}\right) = 2$ より, 二つのベクトル $\begin{bmatrix} 1 \\ 2 \end{bmatrix}, \begin{bmatrix} 2 \\ 1 \end{bmatrix}$ は 1 次独立である. これらのベクトルを $\boldsymbol{a}_1, \boldsymbol{a}_2$ とおく.

$\|\boldsymbol{a}_1\| = \sqrt{5}$. したがって, 第 1 のベクトルとして $\boldsymbol{u}_1 = \dfrac{1}{\sqrt{5}}\boldsymbol{a}_1 = \dfrac{1}{\sqrt{5}}\begin{bmatrix} 1 \\ 2 \end{bmatrix}$ を得る. 第 2 のベクトルを得るためにまず

$$\boldsymbol{b}_2 = \boldsymbol{a}_2 - (\boldsymbol{a}_2, \boldsymbol{u}_1)\boldsymbol{u}_1$$

を計算する. その結果は $\boldsymbol{b}_2 = \dfrac{1}{5}\begin{bmatrix} 6 \\ 3 \end{bmatrix}$ で $\|\boldsymbol{b}_2\| = \dfrac{3}{\sqrt{5}}$. したがって

$$\boldsymbol{u}_2 = \dfrac{1}{\|\boldsymbol{b}_2\|}\boldsymbol{b}_2 = \dfrac{1}{\sqrt{5}}\begin{bmatrix} 2 \\ -1 \end{bmatrix}$$

こうして, $\boldsymbol{a}_1, \boldsymbol{a}_2$ をグラム-シュミットの方法で正規直交化した組は

[†] $G(A)$ を $\boldsymbol{a}_1, \boldsymbol{a}_2, \cdots, \boldsymbol{a}_n$ のグラム行列という.

$$\{\boldsymbol{u}_1, \boldsymbol{u}_2\} = \left\{ \frac{1}{\sqrt{5}} \begin{bmatrix} 1 \\ 2 \end{bmatrix}, \frac{1}{\sqrt{5}} \begin{bmatrix} 2 \\ -1 \end{bmatrix} \right\}$$

(2) $\operatorname{rank} \begin{bmatrix} 1 & 1 & 1 \\ 1 & 1 & 1 \\ 1 & 1 & 0 \\ 1 & 0 & 0 \end{bmatrix} = 3$. よって，与えられたベクトルの組は1次独立である．これらを $\boldsymbol{a}_1, \boldsymbol{a}_2, \boldsymbol{a}_3$ とおく．

$$\boldsymbol{u}_1 = \frac{1}{\|\boldsymbol{a}_1\|} \boldsymbol{a}_1 = \frac{1}{2} \begin{bmatrix} 1 \\ 1 \\ 1 \\ 1 \end{bmatrix}. \quad \boldsymbol{b}_2 = \boldsymbol{a}_2 - (\boldsymbol{a}_2, \boldsymbol{u}_1) \boldsymbol{u}_1 = \frac{1}{4} \begin{bmatrix} 1 \\ 1 \\ 1 \\ -3 \end{bmatrix}, \quad \|\boldsymbol{b}_2\| = \frac{\sqrt{3}}{2}.$$

$$\boldsymbol{u}_2 = \frac{1}{\|\boldsymbol{b}_2\|} \boldsymbol{b}_2 = \frac{1}{2\sqrt{3}} \begin{bmatrix} 1 \\ 1 \\ 1 \\ -3 \end{bmatrix}.$$

$$\boldsymbol{b}_3 = \boldsymbol{a}_3 - (\boldsymbol{a}_3, \boldsymbol{u}_1) \boldsymbol{u}_1 - (\boldsymbol{a}_3, \boldsymbol{u}_2) \boldsymbol{u}_2 = \frac{1}{3} \begin{bmatrix} 1 \\ 1 \\ -2 \\ 0 \end{bmatrix}, \quad \|\boldsymbol{b}_3\| = \frac{\sqrt{2}}{3}.$$

$$\boldsymbol{u}_3 = \frac{1}{\|\boldsymbol{b}_3\|} \boldsymbol{b}_3 = \frac{1}{\sqrt{6}} \begin{bmatrix} 1 \\ 1 \\ -2 \\ 0 \end{bmatrix}$$

したがって，求めるベクトルの組は

$$\{\boldsymbol{u}_1, \boldsymbol{u}_2, \boldsymbol{u}_3\} = \left\{ \frac{1}{2} \begin{bmatrix} 1 \\ 1 \\ 1 \\ 1 \end{bmatrix}, \frac{1}{2\sqrt{3}} \begin{bmatrix} 1 \\ 1 \\ 1 \\ -3 \end{bmatrix}, \frac{1}{\sqrt{6}} \begin{bmatrix} 1 \\ 1 \\ -2 \\ 0 \end{bmatrix} \right\} \qquad \diamondsuit$$

問題 13.2.1 次のベクトルの組が1次独立であることを示し，グラム-シュミットの方法により正規直交系を作れ．

(1) $\begin{bmatrix} 1 \\ 0 \\ 0 \\ 0 \end{bmatrix}, \begin{bmatrix} 1 \\ 1 \\ 0 \\ 0 \end{bmatrix}, \begin{bmatrix} 1 \\ 1 \\ 1 \\ 0 \end{bmatrix}, \begin{bmatrix} 1 \\ 1 \\ 1 \\ 1 \end{bmatrix}$ (2) $\begin{bmatrix} 1 \\ 1 \\ 0 \\ 0 \end{bmatrix}, \begin{bmatrix} 0 \\ 1 \\ 1 \\ 0 \end{bmatrix}, \begin{bmatrix} 0 \\ 0 \\ 1 \\ 1 \end{bmatrix}$

(3) $\begin{bmatrix} 1 \\ 2 \\ 2 \end{bmatrix}, \begin{bmatrix} 2 \\ 1 \\ 2 \end{bmatrix}, \begin{bmatrix} 2 \\ 2 \\ 1 \end{bmatrix}$
(4) $\begin{bmatrix} -1 \\ 1 \\ 1 \\ 1 \end{bmatrix}, \begin{bmatrix} 1 \\ -1 \\ 1 \\ 1 \end{bmatrix}, \begin{bmatrix} 1 \\ 1 \\ -1 \\ 1 \end{bmatrix}, \begin{bmatrix} 1 \\ 1 \\ 1 \\ -1 \end{bmatrix}$

問題 13.2.2 次の $\mathbb{R}^n$ の部分空間の正規直交基底を定めよ（記号 $\langle \cdots \rangle$ については p.135 を参照）．

(1) $(n=3)$ $W_1 = \left\langle \begin{bmatrix} 3 \\ 1 \\ 1 \end{bmatrix}, \begin{bmatrix} 1 \\ 3 \\ 1 \end{bmatrix}, \begin{bmatrix} 2 \\ 2 \\ 1 \end{bmatrix} \right\rangle$

(2) $(n=4)$ $W_2 = \left\langle \begin{bmatrix} 1 \\ 2 \\ 2 \\ 2 \end{bmatrix}, \begin{bmatrix} 2 \\ 4 \\ 4 \\ 4 \end{bmatrix}, \begin{bmatrix} 1 \\ 1 \\ 2 \\ 2 \end{bmatrix}, \begin{bmatrix} 3 \\ 3 \\ 4 \\ 4 \end{bmatrix} \right\rangle$

問題 13.2.3 次の正規直交系を拡張して $\mathbb{R}^3$ の正規直交基底を作れ．

(1) $\dfrac{1}{\sqrt{14}} \begin{bmatrix} 1 \\ 2 \\ 3 \end{bmatrix}, \dfrac{1}{\sqrt{3}} \begin{bmatrix} 1 \\ 1 \\ -1 \end{bmatrix}$
(2) $\dfrac{1}{\sqrt{30}} \begin{bmatrix} 1 \\ 5 \\ 2 \end{bmatrix}, \dfrac{1}{\sqrt{6}} \begin{bmatrix} 1 \\ -1 \\ 2 \end{bmatrix}$

(3) $\dfrac{1}{\sqrt{35}} \begin{bmatrix} 5 \\ -1 \\ 3 \end{bmatrix}$

例題 13.3 $\mathbb{R}^3$ の部分空間 $W = \left\langle \begin{bmatrix} 1 \\ 2 \\ 2 \end{bmatrix}, \begin{bmatrix} 1 \\ 1 \\ 2 \end{bmatrix} \right\rangle$ について次の問に答えよ．

(1) $W^\perp$ を求めよ．

(2) W の正規直交基底 $\boldsymbol{u}_1, \boldsymbol{u}_2$ を定めよ．

(3) $\boldsymbol{a} = \begin{bmatrix} 1 \\ 1 \\ 1 \end{bmatrix}$ の W への正射影 $\boldsymbol{u}$ と $W^\perp$ への正射影 $\boldsymbol{v}$ を求めよ．

【解答】 (1) ${}^t[x_1, x_2, x_3] \in W^\perp$ であるためには連立1次方程式
$$\begin{cases} x_1 + 2x_2 + 2x_3 = 0 \\ x_1 + x_2 + 2x_3 = 0 \end{cases}$$
が満たされることが必要十分である．この方程式の一般解は
$$\begin{bmatrix} x_1 \\ x_2 \\ x_3 \end{bmatrix} = \lambda \begin{bmatrix} -2 \\ 0 \\ 1 \end{bmatrix} \quad (\lambda \text{ は任意})$$
である．すなわち，$W^\perp = \left\langle \begin{bmatrix} -2 \\ 0 \\ 1 \end{bmatrix} \right\rangle$.

(2) $\begin{bmatrix} 1 \\ 2 \\ 2 \end{bmatrix}, \begin{bmatrix} 1 \\ 1 \\ 2 \end{bmatrix}$ をグラム-シュミットの方法で直交化すればよい．
$$\boldsymbol{u}_1 = \frac{1}{3} \begin{bmatrix} 1 \\ 2 \\ 2 \end{bmatrix}, \quad \boldsymbol{u}_2 = \frac{1}{3\sqrt{5}} \begin{bmatrix} 2 \\ -5 \\ 4 \end{bmatrix}$$

(3) $\boldsymbol{u} = \left(\begin{bmatrix} 1 \\ 1 \\ 1 \end{bmatrix}, \boldsymbol{u}_1 \right) \boldsymbol{u}_1 + \left(\begin{bmatrix} 1 \\ 1 \\ 1 \end{bmatrix}, \boldsymbol{u}_2 \right) \boldsymbol{u}_2 = \frac{1}{5} \begin{bmatrix} 3 \\ 5 \\ 6 \end{bmatrix}$

$\boldsymbol{v} = \begin{bmatrix} 1 \\ 1 \\ 1 \end{bmatrix} - \boldsymbol{u} = \frac{1}{5} \begin{bmatrix} 2 \\ 0 \\ -1 \end{bmatrix}$ ◇

問題 13.2.4 $\mathbb{R}^3$ の部分空間 W を

$W = \left\langle \begin{bmatrix} 1 \\ 3 \\ 5 \end{bmatrix} \right\rangle$ とおくとき，次の問に答えよ．

(1) $W^\perp$ を求めよ．
(2) W の正規直交基底を定めよ．
(3) $W^\perp$ の正規直交基底を定めよ．

(4) $\begin{bmatrix} 1 \\ 2 \\ 3 \end{bmatrix}$ の W への正射影 $\boldsymbol{u}$ と $W^\perp$ への正射影 $\boldsymbol{v}$ を求めよ.

問題 13.2.5 $\mathbb{R}^4$ の部分空間 W を

$$W = \left\langle \begin{bmatrix} 1 \\ 1 \\ 2 \\ 3 \end{bmatrix}, \begin{bmatrix} 1 \\ 2 \\ 3 \\ 4 \end{bmatrix}, \begin{bmatrix} 2 \\ 3 \\ 5 \\ 7 \end{bmatrix} \right\rangle \text{ とおくとき, 次の問に答えよ.}$$

(1) $W^\perp$ を求めよ.

(2) W の正規直交基底を定めよ.

(3) $W^\perp$ の正規直交基底を定めよ.

(4) $\begin{bmatrix} 0 \\ 1 \\ 2 \\ 3 \end{bmatrix}$ の W への正射影 $\boldsymbol{u}$ と $W^\perp$ への正射影 $\boldsymbol{v}$ を求めよ.

14 固有値，固有ベクトルと対角化

14.1 線形変換の固有値と固有ベクトル

ここでは**実ベクトル空間**の線形変換の固有値と固有ベクトルを扱う．

（実）ベクトル空間 V の線形変換 T について，**零でないベクトル** $v \in V$ と $\alpha \in \mathbb{R}$ があって，

$$Tv = \alpha v$$

であるとき，v は T の**固有値** α に対する**固有ベクトル**であるという．

例題 14.1 ベクトル $v \neq 0$ が線形変換 T の固有値 α に対する固有ベクトルとすれば，実数 $k\,(\neq 0)$ について，kv も同じ固有値 α に対する固有ベクトルであることを示せ．

【解答】 $kv \neq 0$ であり，かつ $T(kv) = kT(v) = k\alpha v = \alpha(kv)$ である． ◇

問題 14.1.1 $v_1, v_2, \cdots, v_r$ が線形変換 T の同じ固有値 α に対する固有ベクトルとすれば，これらの1次結合 $k_1 v_1 + k_2 v_2 + \cdots + k_r v_r$ も，$\mathbf{0}$ でなければ，やはり固有値 α に対する固有ベクトルであることを示せ．

n 次の正方行列 A について，λ に関する n 次の多項式

$$f_A(\lambda) = \det(\lambda E - A)$$

を A の**固有多項式**という．また，方程式 $f_A(\lambda) = 0$ を行列 A の**固有方程式**という．

ベクトル空間 V の線形変換 T の固有多項式 $f_T(\lambda)$ および固有方程式とは V のある基底による T の表現行列の固有多項式および固有方程式のことである（それは基底の選び方にはよらない）.

$\boldsymbol{x} \in \mathbb{R}^n$ と n 次の（実）正方行列 A について, $T_A \boldsymbol{x} = A\boldsymbol{x}$ で定義される線形変換 T_A の固有値 α は $f_A(\lambda) = 0$ の根の一つであるが, 実のベクトル空間のみを扱うわれわれの立場ではこの逆は必ずしも成り立たない.

例題 14.2 $A = \begin{bmatrix} 0 & -1 \\ 1 & 0 \end{bmatrix}$ の固有多項式を求めよ. また固有方程式 $f_A(\lambda) = 0$ の根が T_A の固有値であるかどうかを述べよ.

【解答】 固有多項式は

$$f_A(\lambda) = |\lambda E - A| = \begin{vmatrix} \lambda & 1 \\ -1 & \lambda \end{vmatrix} = \lambda^2 + 1$$

である. 固有方程式 $f_A(\lambda) = 0$ は純虚数の根 $\pm\sqrt{-1}$ を持つ. これは $\mathbb{R}^2$ の線形変換 T_A の固有値ではない. ◇

問題 14.1.2 $\mathbb{R}^2$ の線形変換 T を

$$T\boldsymbol{x} = \begin{bmatrix} 3 & 2 \\ 3 & 8 \end{bmatrix} \boldsymbol{x}, \quad (\boldsymbol{x} \in \mathbb{R}^2)$$

で定義する. T の固有値をすべて求め, それらに関する固有ベクトルを求めよ.

問題 14.1.3 次の行列 A の固有方程式の根をすべて求めよ.

(1) $A = \begin{bmatrix} -1 & 5 \\ 6 & -8 \end{bmatrix}$ (2) $A = \begin{bmatrix} 1 & -3 \\ 2 & 5 \end{bmatrix}$ (3) $A = \begin{bmatrix} 1 & 2 & -1 \\ 1 & 3 & 1 \\ 2 & 4 & -2 \end{bmatrix}$

問題 14.1.4 問題 14.1.3 の各行列 A に対して $T_A(\boldsymbol{x}) = A\boldsymbol{x}$ で定義される $\mathbb{R}^n$ の線形変換 T_A の固有値と固有ベクトルを求めよ.

問題 14.1.5 $V = \mathbb{R}[x]_2$ の線形変換 T を

$$T(f(x)) = f(1 + 3x)$$

で定義する．このとき
(1) T の固有多項式 $f_T(\lambda)$ を求めよ．
(2) T の固有値と固有ベクトルを求めよ．

問題 14.1.6 $V = \mathbb{R}[x]_2$ の線形変換 T を
$$T(f(x)) = f'(x)$$
で定義する．このとき
(1) T の固有多項式 $f_T(\lambda)$ を求めよ．
(2) T の固有値と固有ベクトルを求めよ．

14.2 線形変換の対角化

ベクトル空間 V の線形変換 T の固有値 α に対して，
$$W(\alpha, T) = \{\boldsymbol{v} \in V \mid T(\boldsymbol{v}) = \alpha \boldsymbol{v}\}$$
を T の固有値 α に対する**固有空間** という．

$W(\alpha, T)$ に属する $\boldsymbol{0}$ 以外のベクトルが T の固有値 α に対する固有ベクトルである．

次の事実を線形代数学の教科書で確かめておくことが必要である．

定理 14.1 ($\mathbb{R}$ 上の) ベクトル空間 V ($\dim(V) = n$) の線形変換 T の相異なる固有値のすべてを $\alpha_1, \alpha_2, \cdots, \alpha_r$ ($\in \mathbb{R}$) とする．T が対角化可能であるためには
$$\sum_{i=1}^{r} \dim(W(\alpha_i, T)) = n$$
であることが必要十分である．

例題 14.3 次の行列が各行列が実行列の範囲内で対角化できるかどうかを述べ，対角化できる場合はその対角行列 D と正則行列 P で $D = P^{-1}AP$ となるものの例を求めよ．

$$(1) \quad A = \begin{bmatrix} 3 & 0 & 0 \\ 1 & 4 & 1 \\ -3 & -3 & 0 \end{bmatrix} \qquad (2) \quad A = \begin{bmatrix} 4 & 1 & -1 \\ 2 & 7 & 3 \\ -2 & -1 & 3 \end{bmatrix}$$

【解答】 (1) A の固有多項式は

$$f_A(\lambda) = \det(\lambda E - A) = \begin{vmatrix} \lambda - 3 & 0 & 0 \\ -1 & \lambda - 4 & -1 \\ 3 & 3 & \lambda \end{vmatrix} = (\lambda - 1)(\lambda - 3)^2$$

であるから，T_A の固有値として $\lambda = 1, 3$ が得られる．

固有値 $\lambda = 1$ に対する固有空間は，連立方程式 $(E - A)\boldsymbol{x} = \boldsymbol{0}$ の解空間である．すなわち，

$$\begin{bmatrix} -2 & 0 & 0 \\ -1 & -3 & -1 \\ 3 & 3 & 1 \end{bmatrix} \boldsymbol{x} = \boldsymbol{0} \text{ の解空間：} W(1, T_A) = \left\{ k \begin{bmatrix} 0 \\ -1 \\ 3 \end{bmatrix} \middle| k \in \mathbb{R} \right\}$$

である．固有値 $\lambda = 3$ に対する固有空間は，連立方程式 $(3E - A)\boldsymbol{x} = \boldsymbol{0}$ の解空間である．すなわち

$$\begin{bmatrix} 0 & 0 & 0 \\ -1 & -1 & -1 \\ 3 & 3 & 3 \end{bmatrix} \boldsymbol{x} = \boldsymbol{0} \text{ の解空間：}$$

$$W(3, T_A) = \left\{ k_1 \begin{bmatrix} -1 \\ 1 \\ 0 \end{bmatrix} + k_2 \begin{bmatrix} -1 \\ 0 \\ 1 \end{bmatrix} \middle| k_1, k_2 \in \mathbb{R} \right\}$$

である．

$$\dim(W(1, T_A)) + \dim(W(3, T_A)) = 1 + 2 = 3$$

であるから，p.175 の定理の条件を満たしている．T_A を対角化する基底は固有値 $\lambda = 1, 3$ の1次独立な固有ベクトルを並べておけばよい．

$$P = \begin{bmatrix} 0 & -1 & -1 \\ -1 & 1 & 0 \\ 3 & 0 & 1 \end{bmatrix}, \quad P^{-1} = \begin{bmatrix} \dfrac{1}{2} & \dfrac{1}{2} & \dfrac{1}{2} \\ \dfrac{1}{2} & \dfrac{3}{2} & \dfrac{1}{2} \\ -\dfrac{3}{2} & -\dfrac{3}{2} & -\dfrac{1}{2} \end{bmatrix}$$

として，A の対角化は

$$P^{-1}AP = \begin{bmatrix} 1 & 0 & 0 \\ 0 & 3 & 0 \\ 0 & 0 & 3 \end{bmatrix}$$

である．

(2) A の固有多項式は

$$f_A(\lambda) = \begin{vmatrix} \lambda - 4 & -1 & 1 \\ -2 & \lambda - 7 & -3 \\ 2 & 1 & \lambda - 3 \end{vmatrix} = (\lambda - 2)(\lambda - 6)^2$$

である．T_A の固有値は $\lambda = 2, 6$ である．固有値 $\lambda = 2$ に対する固有空間は，連立方程式 $(2E - A)\boldsymbol{x} = \boldsymbol{0}$ の解空間である．すなわち，

$$\begin{bmatrix} -2 & -1 & 1 \\ -2 & -5 & -3 \\ 2 & 1 & -1 \end{bmatrix} \boldsymbol{x} = \boldsymbol{0} \text{ の解空間：} W(2, T_A) = \left\{ k \begin{bmatrix} 1 \\ -1 \\ 1 \end{bmatrix} \middle| k \in \mathbb{R} \right\}$$

である．固有値 $\lambda = 6$ に対する固有空間は連立方程式 $(6E - A)\boldsymbol{x} = \boldsymbol{0}$ の解空間である．すなわち，

$$\begin{bmatrix} 2 & -1 & 1 \\ -2 & -1 & -3 \\ 2 & 1 & 3 \end{bmatrix} \boldsymbol{x} = \boldsymbol{0} \text{ の解空間：} W(6, T_A) = \left\{ k \begin{bmatrix} -1 \\ -1 \\ 1 \end{bmatrix} \middle| k \in \mathbb{R} \right\}$$

である．
$$\dim(W(2, T_A)) + \dim(W(6, T_A)) = 1 + 1 = 2 < 3$$
であるから，p.175 の定理の条件は満たされない．したがって A は（T_A は）対角化できない． $\diamondsuit$

問題 14.2.1 問題 14.1.3 (p.174) の各行列が実行列の範囲内で対角化できるかどうかを述べ，対角化できる場合はその対角行列 D と正則行列 P で $D = P^{-1}AP$ となるものの例を求めよ．

問題 14.2.2 次の各行列 A の固有値をすべて求め，実行列の範囲内で対角化できるかどうか判定せよ．対角化できる場合は，$P^{-1}AP = D$ となる正則行列 P と対角行列 D をそれぞれ求めよ．

(1) $\begin{bmatrix} -1 & 0 & 2 \\ 3 & 2 & 2 \\ 1 & -1 & 3 \end{bmatrix}$
(2) $\begin{bmatrix} 5 & 4 & 3 \\ -1 & 0 & -3 \\ 1 & -2 & 1 \end{bmatrix}$

(3) $\begin{bmatrix} 0 & -1 & 1 \\ 2 & 3 & -2 \\ 2 & 2 & -1 \end{bmatrix}$
(4) $\begin{bmatrix} 0 & 0 & 0 & 1 \\ -2 & 0 & -2 & 0 \\ 3 & 1 & 3 & -1 \\ -2 & 0 & 0 & 3 \end{bmatrix}$

問題 14.2.3 $V = \mathbb{R}[x]_2$ の線形変換 T を
$$T(f(x)) = f(1 + 3x)$$
で定義する（問題 14.1.5 (p.174) 参照）．このとき T を対角化せよ．T の行列表現が対角行列になるような基底の例を求めよ．

問題 14.2.4 $V = \mathbb{R}[x]_2$ の線形変換を
$$T(f(x)) = f'(x)$$
で定義する（問題 14.1.6 (p.175) 参照）．このとき T が対角化できるかどうかを調べよ．

問題 14.2.5 n 次の実の正方行列 A の固有多項式 $f_A(\lambda)$ について，$f_A(\lambda) = 0$ が n 個の相異なる実根を持てば A は実行列の範囲内で対角化できることを示せ．

14.3　実対称行列の対角化

正方行列 A が条件 ${}^tA = A$ を満たすとき A を **対称行列** であるという．対称行列 A の成分がすべて実数のとき，A は **実対称行列** であるという．実対称行列 A の固有値はすべて実数であり，かつ A は（T_A は）対角化できる．しかも，A を対角化する行列 P，つまり $P^{-1}AP$ が対角行列である P は **回転行列**

(直交行列であり,かつ $\det(P) = 1$) となるように選ぶことができる.

実対称行列の実際の対角化の手順の一例は次のようになる.

A を n 次の実対称行列とする.

(1) A の固有方程式を解き,固有値をすべて求める.それらのうち相異なるものを $\alpha_1, \alpha_2, \cdots, \alpha_r$ としておく.$\alpha_k \, (1 \leqq k \leqq r)$ の重複度を m_k とすると,$m_1 + m_2 + \cdots + m_r = n$ である.

(2) 各 $\alpha_k \, (0 \leqq k \leqq r)$ について,連立 1 次方程式 $(\alpha_k E - A)\bm{x} = \bm{0}$ は m_k 個の 1 次独立な解を持つ.それをグラム-シュミットの直交化法で正規直交化したものを $\bm{p}_{kl} \, (1 \leqq l \leqq m_k)$ とする.

(3) $\bm{p}_{11}, \cdots, \bm{p}_{1m_1}, \bm{p}_{21}, \cdots, \bm{p}_{2m_2}, \cdots, \bm{p}_{r1}, \cdots, \bm{p}_{rm_r}$ をこの順で横に並べた行列を P とする.P は直交行列である.$\det(P) = -1$ である可能性があるが,もし $\det(P) = 1$ にする必要があれば P の列ベクトルの一つ,例えば $\bm{p}_{11}$ を $-\bm{p}_{11}$ で置き換えればよい.$P^{-1}AP$ は対角行列である.ここで $P^{-1}AP$ の対角成分は左上から右下に向かって $\alpha_1 \, (m_1 \text{ 個}), \alpha_2 \, (m_2 \text{ 個}), \cdots, \alpha_r \, (m_r \text{ 個})$ と並ぶ.

例題 14.4 実対称行列 $A = \begin{bmatrix} 2 & 1 & 1 \\ 1 & 2 & 1 \\ 1 & 1 & 2 \end{bmatrix}$ を回転行列によって対角化せよ.

【解答】 A の固有方程式は

$$|\lambda E - A| = \begin{vmatrix} \lambda - 2 & -1 & -1 \\ -1 & \lambda - 2 & -1 \\ -1 & -1 & \lambda - 2 \end{vmatrix} = \lambda^3 - 6\lambda^2 + 9\lambda - 4$$

$$= (\lambda - 1)^2 (\lambda - 4) = 0$$

である.したがって,A の固有値は $\lambda = 1$ (2 重根),および $\lambda = 4$ である.固有値 $\lambda = 1$ に対しては連立 1 次方程式 $(\lambda E - A)\bm{x} = \bm{0}$ は

$$\begin{bmatrix} -1 & -1 & -1 \\ -1 & -1 & -1 \\ -1 & -1 & -1 \end{bmatrix} \bm{x} = \bm{0}$$

となる．これは 1 次独立な二つの解として，例えば

$$\boldsymbol{v}_{11} = \begin{bmatrix} -1 \\ 1 \\ 0 \end{bmatrix}, \quad \boldsymbol{v}_{12} = \begin{bmatrix} -1 \\ 0 \\ 1 \end{bmatrix}$$

を持つ．$\boldsymbol{v}_{11}, \boldsymbol{v}_{12}$ にグラム-シュミットの直交化法を適用して，

$$\boldsymbol{p}_{11} = \frac{1}{\sqrt{2}} \begin{bmatrix} -1 \\ 1 \\ 0 \end{bmatrix}, \quad \boldsymbol{p}_{12} = \frac{1}{\sqrt{6}} \begin{bmatrix} -1 \\ -1 \\ 2 \end{bmatrix}$$

を得る．固有値 $\lambda = 4$ に対しては，連立 1 次方程式 $(\lambda E - A)\boldsymbol{x} = \boldsymbol{0}$ は

$$\begin{bmatrix} 2 & -1 & -1 \\ -1 & 2 & -1 \\ -1 & -1 & 2 \end{bmatrix} \boldsymbol{x} = \boldsymbol{0}$$

であり，これは解として例えば $\boldsymbol{v}_2 = \begin{bmatrix} 1 \\ 1 \\ 1 \end{bmatrix}$ を持つ．これを正規化（長さ 1）にして $\boldsymbol{p}_{21} = \frac{1}{\sqrt{3}} \begin{bmatrix} 1 \\ 1 \\ 1 \end{bmatrix}$ を得る．そこで

$$P = \begin{bmatrix} \boldsymbol{p}_{11} & \boldsymbol{p}_{12} & \boldsymbol{p}_{21} \end{bmatrix} = \begin{bmatrix} -\frac{1}{\sqrt{2}} & -\frac{1}{\sqrt{6}} & \frac{1}{\sqrt{3}} \\ \frac{1}{\sqrt{2}} & -\frac{1}{\sqrt{6}} & \frac{1}{\sqrt{3}} \\ 0 & \frac{2}{\sqrt{6}} & \frac{1}{\sqrt{3}} \end{bmatrix}$$

とおけば，P は直交行列でありかつ $\det(P) = 1$ はすぐ確かめられるから P は回転行列である．そして

$$P^{-1}AP = \begin{bmatrix} 1 & 0 & 0 \\ 0 & 1 & 0 \\ 0 & 0 & 4 \end{bmatrix}$$

となっている． $\diamondsuit$

問題 14.3.1 次の実対称行列 A について，回転行列 P と対角行列 $D = P^{-1}AP$ を求めよ．

(1) $A = \begin{bmatrix} 1 & 2 \\ 2 & 1 \end{bmatrix}$ (2) $A = \begin{bmatrix} 1 & 2 & -1 \\ 2 & 0 & 2 \\ -1 & 2 & 1 \end{bmatrix}$ (3) $A = \begin{bmatrix} 2 & 0 & -1 \\ 0 & 3 & 0 \\ -1 & 0 & 2 \end{bmatrix}$

(4) $A = \begin{bmatrix} 3 & 1 & 1 \\ 1 & 3 & 1 \\ 1 & 1 & 3 \end{bmatrix}$ (5) $A = \begin{bmatrix} 1 & 0 & 0 & 2 \\ 0 & 1 & 2 & 0 \\ 0 & 2 & 1 & 0 \\ 2 & 0 & 0 & 1 \end{bmatrix}$

問題 14.3.2 次の実対称行列 A について,回転行列 P と対角行列 $D = P^{-1}AP$ を求めよ.

(1) $A = \begin{bmatrix} a & 0 & b \\ 0 & c & 0 \\ b & 0 & a \end{bmatrix}$ (2) $A = \begin{bmatrix} a & b & -a \\ b & 0 & b \\ -a & b & a \end{bmatrix}$

問題 14.3.3 次の実対称行列 A について,回転行列 P と対角行列 $D = P^{-1}AP$ を求めよ.

$$A = \begin{bmatrix} \cos\theta & \sin\theta \\ \sin\theta & -\cos\theta \end{bmatrix}$$

例題 14.5 次の 2 次形式

$$q(x_1, x_2) = x_1^2 + 4x_1 x_2 + x_2^2$$

について,以下の問に答えよ.

(1) 実対称行列 A を用いて ($\boldsymbol{x} = {}^t[x_1 \ x_2]$ に対して)

$$q(x_1, x_2) = {}^t\boldsymbol{x} A \boldsymbol{x}$$

の形に表示せよ.

(2) $q(x_1, x_2)$ を標準化せよ.標準化に際して用いる変数変換 $\boldsymbol{x} = P\boldsymbol{y}$ を与える直交行列 P も求めよ.

【解答】 (1) $q(x_1, x_2) = x_1^2 + 4x_1x_2 + x_2^2$
$= x_1 x_1 + 2x_2 x_1 + 2x_1 x_2 + x_2 x_2 = \begin{bmatrix} x_1 & x_2 \end{bmatrix} \begin{bmatrix} 1 & 2 \\ 2 & 1 \end{bmatrix} \begin{bmatrix} x_1 \\ x_2 \end{bmatrix}$

(2) (問題 14.3.1 の (1) を参照)

$$q(x_1, x_2) = -y_1^2 + 3y_2^2$$

ただし, $\begin{bmatrix} x_1 \\ x_2 \end{bmatrix} = \begin{bmatrix} \dfrac{1}{\sqrt{2}} & \dfrac{1}{\sqrt{2}} \\ -\dfrac{1}{\sqrt{2}} & \dfrac{1}{\sqrt{2}} \end{bmatrix} \begin{bmatrix} y_1 \\ y_2 \end{bmatrix}$ つまり, $P = \begin{bmatrix} \dfrac{1}{\sqrt{2}} & \dfrac{1}{\sqrt{2}} \\ -\dfrac{1}{\sqrt{2}} & \dfrac{1}{\sqrt{2}} \end{bmatrix}$ である. ◇

問題 14.3.4 次の2次形式を ${}^t\boldsymbol{x}A\boldsymbol{x}$ の形に表す実対称行列 A を求め, ついで標準化せよ. 標準化に際して用いる変数変換 $\boldsymbol{x} = P\boldsymbol{y}$ を与える直交行列 P も求めよ.

(1) $q(x_1, x_2, x_3) = x_1^2 + 4x_1x_2 - 2x_1x_3 + 4x_2x_3 + x_3^2$

(2) $q(x_1, x_2, x_3, x_4) = x_1^2 + 4x_1x_4 + x_2^2 + 4x_2x_3 + x_3^3 + x_4^2$

(3) $q(x_1, x_2, x_3) = ax_1^2 + 2bx_1x_3 + cx_2^2 + ax_3^2$

問題解答

1章

問題 1.1.1 (p.4)　(1) 真とは限らない．(2) 真とは限らない．(3) 真である．

問題 1.1.2 (p.4)　(1) どれでもない．(2) 裏．(3) 逆．(4) 対偶．

問題 1.1.3 (p.5)　(1) 1 は $\mathbb{N}$ の要素であって部分集合ではない．$1 \in \mathbb{N}$ かまたは $\{1\} \subset \mathbb{N}$ と書くべきである．

(2) $\{2, 3, 4\}$ は $\mathbb{N}$ の部分集合であって，要素ではない．$\{1, 2, 3\} \subset \mathbb{N}$ と書くべきである．

(3) この記述は A, B の与え方によっては正しいこともあるが一般には正しくない．しかし，A, B のいずれにも属する要素は A か B のいずれかには属するから，$A \cup B \supset A \cap B$ なら一般に正しい．

問題 1.1.4 (p.5)　(1) $a \in A$ ならば $a \in A$ である．

(2) 「$a \in A$ ならば $a \in B$」が成り立ち，かつ「$b \in B$ ならば $b \in A$」が成り立つとき，「$a \in A$」と「$a \in B$」とは同値な条件である．

(3) 「$a \in A$ ならば $a \in B$」が成り立ち，かつ「$b \in B$ ならば $b \in C$」が成り立つとき，「$a \in A$」ならば「$a \in B$」であるから「$a \in C$」である．

(4) 「$a \in A$」と「$a \in B$」がともに成り立てば「$a \in A$」か「$a \in B$」の少なくとも一方は成り立っている．

(5) A の元は C の元でありかつ B の元は C の元であれば，A と B のいずれか一方に属する元は当然 C の元である．

(6) C の元が A の元であり，かつ C の元が B の元であれば，C の元は A の元でありかつ B の元である．

(注意：　一応解答は上のようになるが，このような問題の解答は図を描いて直感的にも理解しておくことが必要である．この注意は以下の集合の演算に関する問題の解答についても成り立つ．)

問題 1.1.5 (p.5)　(1) $x \in E$ は $x \in A$ か $x \in A^c$ のいずれかである．

(2) $x \in A$ であって $x \in A^c$ である元 x は存在しない．

(3) A^c に属さない元 x は A に属し，A に属する元は A^c に属さない．

(4)「A または B」に属さない元は「A に属さずかつ B にも属さない.」このことは明らかに逆も正しい.（以下後半）「A と B のいずれにも属する」の否定は A に属さないかまたは B に属さないかのいずれかである. また, A に属さないかまたは B に属さない元は A と B の両方に属することはない.

問題 1.1.6 (p.6)　① は「$(x \in A) \Rightarrow (x \in B)$」と書けることに気を付けておく.

（① $\Rightarrow$ ② の証明）「$(x \in A)$ または $(x \in B)$」とすれば ① のとき,「$x \in B$」がなりたつ. 逆に「$x \in B$」なら「$(x \in A)$ または $(x \in B)$」は（① があろうとなかろうと）成り立つ.

（② $\Rightarrow$ ① の証明）「$x \in A$」ならば当然「$(x \in A)$ または $(x \in B)$」は成り立つから ② から「$x \in B$」となる.

（① $\Rightarrow$ ③ の証明）「$(x \in A)$ かつ $(x \in B)$」とすると当然「$x \in A$」は成り立つ. 逆に「$x \in A$ とすれば, ① から「$x \in B$」となるから,「$(x \in A)$ かつ $(x \in B)$」が成り立つ.

（③ $\Rightarrow$ ① の証明）「$x \in A$」のとき「$(x \in A)$ かつ $(x \in B)$」が成り立つというのだから当然「$x \in B$」が成り立つ.

（① $\Leftrightarrow$ ④）① と ④ は対偶の関係になっている.

（② $\Leftrightarrow$ ⑥）② と ⑥ は対偶の関係になっている（ド・モルガンの法則 (p. 6) 参照）.（ここで ② と ⑥ が対偶の関係になっているとは詳しくいえば次のようなことである. ② は二つの主張 (i) $(x \in A \cup B) \Rightarrow (x \in B)$ と
(ii) $(x \in B) \Rightarrow (x \in A \cup B)$ からなっている. この (i) の対偶を考えれば
(i)$'$ $(x \in B^c) \Rightarrow (x \in A^c \cap B^c)$ であり, (ii) の対偶を考えれば
(ii)$'$ $(x \in A^c \cap B^c) \Rightarrow (x \in B^c)$ である. (i) が真であることと (i)$'$ が真であることは同値であり, (ii) が真であることと (ii)$'$ が真であることは同値であるから ⑥ の主張 (i)$'$ と (ii)$'$ は ② の主張と同値である.）

（③ $\Leftrightarrow$ ⑤）③ と ⑤ は対偶の関係になっている（ド・モルガンの法則 (p. 6) 参照）.

（④ $\Rightarrow$ ⑦ の証明）$A^c \cup B \supset B^c \cup B = E$

（⑦ $\Leftrightarrow$ ⑧）⑦ と ⑧ は対偶の関係になっている.

（⑧ $\Rightarrow$ ④ の証明）④ を否定すると $x \in B^c$ であって $x \notin A^c$（つまり $x \in A$）である $x \in E$ があることになる. これは ⑧ に反する.

問題 1.1.7 (p.6)　(1)　$(a_{11} + a_{12} + a_{13}) + (a_{21} + a_{22} + a_{23})$

(2)　$(a_{11} + a_{21}) + (a_{12} + a_{22}) + (a_{13} + a_{23})$. この和は (1) の和と和をとる順序が異なるだけで明らかに等しい.

問題 1.1.8 (p.6)　$(x_1 - x_2)(x_1 - x_3)(x_1 - x_4)(x_2 - x_3)(x_2 - x_4)(x_3 - x_4)$

問　題　解　答　　185

問題 1.2.1 (p.7)　2項定理によって $(1+h)^n = 1 + nh + \dfrac{n(n-1)}{2}h^2 + \cdots + \dfrac{n(n-1)\cdots(n-k+1)}{k!}h^k + \cdots + \dfrac{n(n-1)\cdots 2\cdot 1}{n!}h^n$ である．この右辺の各項はすべて正であるから，各項とも左辺より小さい．したがって，(1),(2),(3) が示された．

問題 1.2.2 (p.7)　(1) $a^2 - b^2 = (a-b)(a+b)$ と $2b < a+b < 2a$ から得られる．
(2) $a^3 - b^3 = (a-b)(a^2 + ab + b^2)$ と $3b^2 < a^2 + ab + b^2 < 3a^2$ から得られる．
(3) $a^n - b^n = (a-b)(a^{n-1} + a^{n-2}b + \cdots + ab^{n-2} + b^{n-1})$ と $nb^{n-1} < a^{n-1} + a^{n-2}b + \cdots ab^{n-2} + b^{n-1} < na^{n-1}$ から得られる．

問題 1.2.3 (p.7)　$x>0$ のとき，$0<t<x$ から $\left|\dfrac{x-t}{1+t}\right| = \dfrac{x-t}{1+t} < x-t < x = |x|$．$x<0$ のとき，$-x<1$ から $-tx>t$，したがって，$-x(1+t)>t-x$．このことから，$-x > \dfrac{t-x}{1+t}$ すなわち $|x| > \left|\dfrac{x-t}{1+t}\right|$ を得る．

問題 1.2.4 (p.8)　(1) $\dfrac{1}{2}$　(2) 0　(3) $2\sin\left(\theta + \dfrac{5\pi}{6}\right)$
(4) $\sin\theta = -\dfrac{4}{5}, \cos\theta = \dfrac{3}{5}$　(5) $\sin\theta = \dfrac{2}{\sqrt{5}}, \cos\theta = \dfrac{1}{\sqrt{5}}$　(6) $\dfrac{9}{2}$
(7) (i) $\dfrac{\alpha+1}{3}$　(ii) $\dfrac{\alpha+1}{\alpha}$　(iii) $\dfrac{\alpha}{(\alpha+1)^2}$　(8) $x=5, y=\dfrac{2}{5}$　(9) $\sqrt{2}$

問題 1.2.5 (p.8)　(1) $\dfrac{5}{2}$　(2) 2　(3) 1　(4) 0　(5) $\dfrac{1}{2}$　(6) $\dfrac{3}{5}$　(7) e^a
(8) $\dfrac{1}{\sqrt{e}}$　(9) $\log 5$

問題 1.2.6 (p.9)　(1) $\dfrac{x(3x+4)}{(3x+2)^2}$　(2) $\dfrac{2x^3}{\sqrt{2+x^4}}$
(3) $5(x^2-1)(x^3-2x)^{2/3}$　(4) $10\sin^4 2x \cdot \cos 2x$　(5) $\dfrac{2\sin x}{\cos^3 x}$
(6) $2xe^{x^2-1}$　(7) $5^x(1+x\log 5)$　(8) $\dfrac{3x^2-2}{x^3-2x}$　(9) $\dfrac{1}{\sqrt{x^2+1}}$
(10) $\dfrac{1}{\sqrt{1+x^2}}$

問題 1.2.7 (p.10)　(以下では積分定数を省略) (1) $\log|x-2|$
(2) $\dfrac{x^2}{2} + 2x + 2\log|x+1|$　(3) $-3\cos\theta + \dfrac{7}{2}\sin 2\theta$　(4) $\log|\sin x|$
(5) $-\dfrac{2}{3}\cos^3 x + \cos x$ (または $-\dfrac{1}{6}\cos 3x + \dfrac{1}{2}\cos x$)　(6) $\dfrac{1}{2}e^{2x-1}$
(7) $-\dfrac{1}{8}(x+1)^2 + \dfrac{1}{4}(x^2-1)\log(x-1)$

問題 1.2.8 (p.10)　(1) $\dfrac{\pi}{3} + \dfrac{\sqrt{3}}{2}$　(2) 14　(3) $\dfrac{1}{\sqrt{2}}\left(1 - \dfrac{\pi}{4}\right)$　(4) $\dfrac{\pi}{2} - 1$

186　　問　　題　　解　　答

(5) $\dfrac{1}{\log 2}+\dfrac{4}{\log 3}$　　(6) $\log 4-2\log 3+\dfrac{7}{4}=\dfrac{7}{4}+2\log\left(\dfrac{2}{3}\right)$

問題 1.2.9 (p.11)　　(1) $\sqrt{2}-1$　　(2) 1　　(3) $\log 2$

2 章

問題 2.1.1 (p.12)　　(1) 1　　(2) 0　　(3) 1　　(4) 1　　(5) ∞　　(6) 0　　(7) 0　　(8) c　　(9) $\dfrac{1}{3}$　　(10) $\dfrac{1}{k+1}$

問題 2.1.2 (p.13)　　(1) 1　　(2) 0　　(3) $-1+\sqrt{3}$　　(4) $\dfrac{1+\sqrt{5}}{2}$

問題 2.2.1 (p.14)　　(1) $a-b$　　(2) $\log\dfrac{a}{b}$　　(3) $a-b$　　(4) $a,b>1$ のとき 0, $a=b$ のとき 0, $a<1$ かつ $a<b$ のとき ∞, $b<1$ かつ $b<a$ のとき $-\infty$
(5) $a-b$　　(6) 0　　(7) $\dfrac{1}{2}$　　(8) 1　　(9) $\dfrac{1}{\log 3-\log 2}=\dfrac{1}{\log\dfrac{3}{2}}$　　(10) 0

(11) 1　　(12) $\dfrac{1}{e}$　　(13) $e^{-\frac{1}{2}}$　　(14) 1

問題 2.3.1 (p.15)　　(1) $-\dfrac{\pi}{6}$　　(2) $\dfrac{\pi}{6}$　　(3) $\dfrac{\pi}{2}$

問題 2.3.2 (p.15)　　省略

問題 2.3.3 (p.15)　　(1) $x=\dfrac{1}{\sqrt{5}}$　　(2) $x=\dfrac{7}{8}$　　(3) $x=\dfrac{1}{7}$

問題 2.3.4 (p.15)　　(1) 定義域 $[-1,1]$ (すなわち $\{x\in\mathbb{R}\,|\,-1\leqq x\leqq 1\}$), 値 $\dfrac{\pi}{2}$
(2) 定義域 $(-\infty,0)\cup(0,\infty)$ (すなわち $\{x\in\mathbb{R}\,|\,x\neq 0\}$), 値 $x<0$ のとき $-\dfrac{\pi}{2}$, $x>0$ のとき $\dfrac{\pi}{2}$

問題 2.3.5 (p.16)　　(1) $y=\mathrm{Cos}^{-1}x$ は $-1\leqq x\leqq 1$ で $0\leqq y\leqq\pi$ という条件を満たす. この y の値の範囲で $\sin y\geqq 0$ であるから, $\sin y=\sqrt{1-\cos^2 y}$ である. これに $y=\mathrm{Cos}^{-1}x$ を代入すればよい.
(2) $y=\mathrm{Tan}^{-1}x$ はすべての実数値 x で定義されていて $-\dfrac{\pi}{2}<y<\dfrac{\pi}{2}$ である. この y の範囲で $\sin y=\dfrac{\tan y}{\sqrt{1+\tan^2 y}}$ となっている. これに $y=\mathrm{Tan}^{-1}x$ を代入する.
(3) (2) と同様である. $\cos y=\dfrac{1}{\sqrt{1+\tan^2 y}}$ を利用する.
(4) $-1\leqq x<1$ のとき, $\theta=\mathrm{Sin}^{-1}x+\dfrac{\pi}{2}$ と置けば, $0\leqq\theta<\pi$ かつ $x=$

$\sin\left(\theta - \dfrac{\pi}{2}\right) = -\cos\theta$. このとき $\tan^2\dfrac{\theta}{2} = \dfrac{\sin^2\dfrac{\theta}{2}}{\cos^2\dfrac{\theta}{2}} = \dfrac{1-\cos\theta}{1+\cos\theta} = \dfrac{1+x}{1-x}$, $0 \leqq \dfrac{\theta}{2} < \dfrac{\pi}{2}$ に注意して, $\tan\dfrac{\theta}{2} = \sqrt{\dfrac{1+x}{1-x}}$. さらに $\dfrac{\theta}{2} = \mathrm{Tan}^{-1}\sqrt{\dfrac{1+x}{1-x}}$. したがって, $\theta = 2\mathrm{Tan}^{-1}\sqrt{\dfrac{1+x}{1-x}} = \mathrm{Sin}^{-1}x + \dfrac{\pi}{2}$ を得る.

(これ以外にもさまざまな計算による証明が可能である.)

問題 2.3.6 (p.16)　与えられた関係はそれぞれ $x_1 = \tan y_1 \left(-\dfrac{\pi}{2} < y_1 < \dfrac{\pi}{2}\right)$ および $x_2 = \tan y_2 \left(-\dfrac{\pi}{2} < y_2 < \dfrac{\pi}{2}\right)$ と同値である. したがって, (1) は $x_1x_2 = 1$ のとき右辺が定まらないが, $x_1x_2 \neq 1$ のときは正接 (tan) の加法定理そのもので正しい. (2) は $1 - x_1x_2 = \dfrac{\cos(y_1+y_2)}{\cos y_1 \cos y_2}$ に注意して, $x_1x_2 < 1 \left(\Leftrightarrow -\dfrac{\pi}{2} < y_1+y_2 < \dfrac{\pi}{2}\right)$ のとき正しいが, そうでなければ左辺が Tan^{-1} の値域に入らないから等式は不成立.

$x_1x_2 = 1$ かつ $x_1, x_2 \geqq 0$ のときは　$y_1 + y_2 = \pm\dfrac{\pi}{2}$,

$x_1x_2 > 1$ かつ $x_1, x_2 \geqq 0$ のときは　$y_1 + y_2 = \mathrm{Tan}^{-1}\left(\dfrac{x_1+x_2}{1-x_1x_2}\right) \pm \pi$

としなければならない. (不等号複号同順)

3 章

問題 3.1.1 (p. 17)　(1) $\displaystyle\lim_{h\to 0} \dfrac{\dfrac{1}{\sqrt{x+h}} - \dfrac{1}{\sqrt{x}}}{h} = \lim_{h\to 0} \dfrac{\sqrt{x} - \sqrt{x+h}}{h\sqrt{x+h}\sqrt{x}}$
$= \displaystyle\lim_{h\to 0} \dfrac{x - (x+h)}{h\sqrt{x+h}\sqrt{x}(\sqrt{x+h}+\sqrt{x})} = \lim_{h\to 0} \dfrac{-1}{\sqrt{x+h}\sqrt{x}(\sqrt{x+h}+\sqrt{x})} = -\dfrac{1}{2x\sqrt{x}}$

(2) $\displaystyle\lim_{h\to 0} \dfrac{\dfrac{1}{(x+h)^2} - \dfrac{1}{x^2}}{h} = \lim_{h\to 0} \dfrac{x^2 - (x+h)^2}{h(x+h)^2 x^2} = \lim_{h\to 0} \dfrac{-2xh - h^2}{h(x+h)^2 x^2}$
$= \displaystyle\lim_{h\to 0} \dfrac{-2x+h}{(x+h)^2 x^2} = -\dfrac{2}{x^3}$

(3) $\displaystyle\lim_{h\to 0} \dfrac{\sin(x+h) - \sin x}{h} = \lim_{h\to 0} \dfrac{\sin x \cos h + \cos x \sin h - \sin x}{h}$
$= \displaystyle\lim_{h\to 0}\left\{\sin x \dfrac{\cos h - 1}{h} + \cos x \dfrac{\sin h}{h}\right\} = \cos x$

(4) $\displaystyle\lim_{h\to 0} \dfrac{\log(x+h) - \log x}{h} = \lim_{h\to 0} \log\left(1 + \dfrac{h}{x}\right)^{\frac{1}{h}} = \lim_{h\to 0} \log\left(1 + \dfrac{1}{\frac{x}{h}}\right)^{\frac{x}{h}\cdot\frac{1}{x}}$
$= \dfrac{1}{x} \displaystyle\lim_{y\to\pm\infty} \log\left(1 + \dfrac{1}{y}\right)^y = \dfrac{1}{x} \log e = \dfrac{1}{x}$

問題 **3.1.2** (p.18)　(1) $60(x^4+x^3+x^2)$　(2) $10(2x+1)(x^2+x+1)^9$

(3) $\dfrac{1+\dfrac{1}{\sqrt{x}}}{2\sqrt{x+2\sqrt{x}}}$　(4) $\dfrac{1+\dfrac{1+\dfrac{1}{\sqrt{x}}}{\sqrt{x+2\sqrt{x}}}}{2\sqrt{x+2\sqrt{x+2\sqrt{x}}}}$

(5) $\dfrac{(x+1)^2}{(x-2)^3(x+3)^4}\left(\dfrac{2}{x+1}-\dfrac{3}{x-2}-\dfrac{4}{x+3}\right) = -\dfrac{(x+1)(5x^2+6x+13)}{(x-2)^4(x+3)^5}$

(6) $\dfrac{\sqrt[3]{x^2+1}}{x-1}\left(\dfrac{2x}{3(x^2+1)}-\dfrac{1}{x-1}\right) = -\dfrac{x^2+2x+3}{3(x-1)^2(x^2+1)^{2/3}}$

(7) $-\dfrac{1}{2\sqrt{x(1+\sqrt{x})^3(1-\sqrt{x})}} = -\dfrac{1-\sqrt{x}}{2\sqrt{x(1-x)^3}}$

(8) $2\left(-\dfrac{a^2}{x^3}+\dfrac{x}{\sqrt{a^4-x^4}}-\dfrac{\sqrt{a^4-x^4}}{x^3}\right) = -\dfrac{2a^2}{x^3}\left(1+\dfrac{a^2}{\sqrt{a^4-x^4}}\right)$

問題 **3.1.3** (p.19)　(1) $\dfrac{3}{2\sqrt{x}}\sin^2(\sqrt{x}+4)\cdot\cos(\sqrt{x}+4)$　(2) $\dfrac{\sin\dfrac{1}{x}}{x^2}$

(3) $\cos(\tan(\sin\theta))\dfrac{\cos\theta}{\cos^2(\sin\theta)}$

(4) $-\dfrac{1}{(\cos^2\theta)(1+\tan\theta)^2} = -\dfrac{1}{(\cos\theta+\sin\theta)^2} = -\dfrac{1}{1+\sin 2\theta}$

(5) $-\dfrac{1}{2}\sqrt{\dfrac{1+\cos x}{1+\cos x}}\left(\dfrac{\sin\theta}{1+\cos\theta}+\dfrac{\cos\theta}{1+\sin\theta}\right) = -\dfrac{1+\sin x+\cos x}{2\sqrt{(1+\sin x)^3(1+\cos x)}}$

問題 **3.1.4** (p.19)　(1) $\dfrac{1-2x\,\mathrm{Tan}^{-1}x}{(1+x^2)^2}$　(2) $\dfrac{2\,\mathrm{Sin}^{-1}x}{\sqrt{1-x^2}}$　(3) $\dfrac{2x}{\sqrt{1-x^4}}$

(4) $\dfrac{1}{2(x-2)\sqrt{1-x}}$　(5) $2x\cosh x^2$　(6) $\cosh^2 x+\sinh^2 x=\cosh 2x$

問題 **3.1.5** (p.19)　(1) $\dfrac{x^{\sqrt{x}}}{\sqrt{x}}\left(\dfrac{\log x}{2}+1\right)$

(2) $(\sin x)^{\cos x}\left\{-\sin x\log(\sin x)+\dfrac{\cos^2 x}{\sin x}\right\}$

(3) $((\sin x)^{\cos x})^{\sin x}\{(\cos 2x)\log(\sin x)+\cos^2 x\}$

(4) $(\cos x)^{(\sin x)^{\cos x}}(\sin x)^{\cos x}\left\{\left(-\sin x\log(\sin x)+\dfrac{\cos^2 x}{\sin x}\right)\log(\cos x)-\tan x\right\}$

問題 **3.1.6** (p.19)　(1) $e^x\left(\log x+\dfrac{1}{x}\right)$　(2) $-2xe^{-x^2}$　(3) $2x^{\log x-1}\log x$

(4) $\dfrac{1}{x\log x}$　(5) $(\log a)(2x+2)a^{x^2+2x}$

問題 **3.1.7** (p.20)　(1) 0　(2) 0　(3) 0　(4) 0　(5) 0

問題 **3.2.1** (p.22)　(1) 極大値 1 $(x=0)$　(2) 極大値 163 $(x=-3)$,

極小値 -161 $(x = 3)$ (3) 極小値 $-\dfrac{1}{e}$ $\left(x = \dfrac{1}{e}\right)$ (4) 極大値 $\dfrac{1}{2}$ $(x = -1)$, 極小値 $-\dfrac{1}{6}$ $(x = 3)$ (5) 極大値 1 $\left(x = \left(n + \dfrac{1}{2}\right)\pi, n:\text{整数}\right)$, 極小値 0 $(x = n\pi, n:\text{整数})$ (6) 極大値 1 $(x = 0)$, 極小値 0 $(x = \pm 1)$ (7) 極大値 $\dfrac{3\sqrt{3}}{4}$ $\left(x = 2n\pi + \dfrac{\pi}{3}\right)$, 極小値 $-\dfrac{3\sqrt{3}}{4}$ $\left(x = 2n\pi + \dfrac{5\pi}{3}\right)$

3.2.2 (p.22)   (1) -2 (2) $2\log 2$ (3) 1

(4) $x\left(\dfrac{\pi}{2} - \mathrm{Tan}^{-1} x\right) = \dfrac{\dfrac{\pi}{2} - \mathrm{Tan}^{-1} x}{\dfrac{1}{x}}$ と書けば $x \to \infty$ のとき $\dfrac{0}{0}$ の不定形になる．そこでロピタルの定理を用いて $\dfrac{-\dfrac{1}{1+x^2}}{-\dfrac{1}{x^2}} \to 1$ $(x \to \infty)$ となる．ロピタルの定理を用いない計算を考えよう．例えば $y = \mathrm{Tan}^{-1} x$ とおけば, $x \to \infty$ の代わりに $y \to \dfrac{\pi}{2} - 0$ を考えればよい． $\displaystyle\lim_{x\to\infty} x\left(\dfrac{\pi}{2} - \mathrm{Tan}^{-1} x\right) = \lim_{y\to\frac{\pi}{2}-0} (\tan y)\left(\dfrac{\pi}{2} - y\right) = \lim_{z\to +0} \dfrac{\sin\left(\dfrac{\pi}{2} - z\right)}{\cos\left(\dfrac{\pi}{2} - z\right)} z = \lim_{z\to +0}(\cos z)\dfrac{z}{\sin z} = 1$ (5) 2 (6) $\sqrt{ab}$

問題 3.2.3 (p.23)   (1) $y = -x + 1$ ($x^2 - y^2 - 3x - y + 2 = (x+y-1)(x-y-2)$ に注意．)   (2) $y = -x + 6$ (3) $xx_0^{-1/3} + yy_0^{-1/3} = a^{2/3}$ (4) $y = 4x - 9$ (5) $x - a\left(\dfrac{\pi}{4} - \dfrac{1}{\sqrt{2}}\right) = (\sqrt{2} - 1)\lambda$, $y - a\left(1 - \dfrac{1}{\sqrt{2}}\right) = \lambda$ あるいは $y = (\sqrt{2} + 1)x + a\left(2 - \dfrac{\sqrt{2}+1}{4}\pi\right)$

問題 3.2.4 (p.24)   (1) $f(x) = \sin x - x + \dfrac{x^3}{6}$ とおく． $f(0) = 0$ かつ $f'(x) = \cos x - 1 + \dfrac{x^2}{2}$ となる．例題 3.6 から $f'(x) > 0$ $(x > 0)$ となるから, $f(x) > 0$ $(x > 0)$ を得る．

(2) 省略   (3) 省略

(4) $f(x) = e^x - 1 - x$ とおく． $f(0) = 0$ である．さらに $f'(x) = e^x - 1$ となる． $f'(x) > 0$ $(x > 0)$, $f'(x) < 0$ $(x < 0)$ となるから, $f(x) > 0 (x \neq 0)$ を得る．

(5) 省略

(6) $n = 0$ のとき $e^x > 1$ $(x > 0)$ は成り立っている．問題の不等式が $n = N$ (N は非負整数) のとき成り立つと仮定しよう． $f(x) = e^x - \displaystyle\sum_{k=0}^{N+1} \dfrac{x^k}{k!}$ とおく．

$f(0) = 0$ である. $f'(x) = e^x - \sum_{k=1}^{N+1} \frac{kx^{k-1}}{k!} = e^x - \sum_{k=1}^{N+1} \frac{x^{k-1}}{(k-1)!} = e^x - \sum_{k=0}^{N} \frac{x^k}{k!}$ この最後の辺は仮定により $x > 0$ のとき正である. したがって $f(x) > 0$ $(x > 0)$ が示された.

(7) $n = 1$ のとき, $e^x > 1 + x$ $(x < 0)$ は上の (4) の結果の一部である. 問題の不等式が $n = N$ (N は正の奇数) のとき成り立つと仮定しよう. $f(x) = e^x - \sum_{k=0}^{N+2} \frac{x^k}{k!}$ とおく. $f(0) = 0$ であり, $f'(x) = e^x - \sum_{k=0}^{N+1} \frac{x^k}{k!}$ であるから $f'(0) = 0$ である. さらに, $f''(x) = e^x - \sum_{k=0}^{N} \frac{x^k}{k!}$ となるから, 仮定により $f''(x) > 0$ $(x < 0)$ となっている. したがって $f'(x) < 0$ $(x < 0)$ であるから, $f(x) > 0$ $(x < 0)$ となる.

(8) 省略

問題 3.2.5 (p.25)　　(1) $y^{(n)} = (-1)^{n-1} \dfrac{(n-1)!}{(1+x)^n}$　(2) $y^{(n)} = 2^n \sin\left(2x + \dfrac{n\pi}{2}\right)$

(3) $y^{(n)} = 2^{n-1} \sin\left(2x + \dfrac{n-1}{2}\pi\right)$

(4) $y^{(n)} = (-1)^n \dfrac{1 \cdot 3 \cdots (2n-1)}{2^n}(1+x)^{-(2n+1)/2}$

(5) $y' = e^{-x}(-x^2 + 2x)$, $y^{(n)} = (-1)^n e^{-x}\{x^2 - 2nx + n(n-1)\}$ $(n \geqq 2)$
($y^{(n)} = (-1)^n e^{-x}\{x^2 - 2nx + n(n-1)\}$ $(n = 0, 1, 2, \cdots)$)

(6) $y^{(n)} = e^x \sum_{p=0}^{n} {}_n\mathrm{C}_p \sin\left(x + \dfrac{p\pi}{2}\right)$.　　あるいは, $y' = e^x(\sin x + \cos x)$
$= \sqrt{2} e^x \sin\left(x + \dfrac{\pi}{4}\right)$ を繰り返し用いて $y^{(n)} = 2^{\frac{n}{2}} e^x \sin\left(x + \dfrac{n\pi}{4}\right)$.

(7) $y' = e^{2x}(4x^2 + 4x + 2)$, $y^{(n)} = 2^{n-1} e^{2x}\{4x^2 + 4nx + n(n-1) + 2\}$ $(n \geqq 2)$
($y^{(n)} = 2^{n-1} e^{2x}\{4x^2 + 4nx + n(n-1) + 2\}$ $(n = 0, 1, 2, \cdots)$)

(8) $y' = x^2(3\log x + 1)$,　$y'' = x(6\log x + 5)$,　$y''' = 6\log x + 11$, $y^{(n)} = (-1)^n \dfrac{6 \cdot (n-4)!}{x^{n-3}}$ $(n \geqq 4)$

(9) $y^{(n)} = 3 \cdot 2^{n-1} \dfrac{n!}{(1-2x)^{n+1}}$　(10) $y^{(n)} = 3(-1)^{n-1} \dfrac{n!}{(1+x)^{n+1}}$

(11) $y^{(n)} = \dfrac{1}{5}(-1)^n n! \left(\dfrac{1}{(x-4)^{n+1}} - \dfrac{1}{(x+1)^{n+1}}\right)$

(12) $y^{(n)} = (-1)^n n! \left(\dfrac{1}{(x-3)^{n+1}} - \dfrac{1}{(x-2)^{n+1}}\right)$

問題 3.2.6 (p.25)　　(1) $\dfrac{1}{2a^4}$　(2) $-\dfrac{1}{2a^3}$　(3) $-\dfrac{1}{2a^2}$　(4) $\dfrac{1}{a^6}$　(5) 0

問　題　解　答　　　191

問題 3.2.7 (p.26)　(1)　$e^x = \sum_{k=0}^{n-1} \frac{x^k}{k!} + \frac{e^{\theta x} x^n}{n!} \quad (0 < \theta < 1)$

(2)　$a^x = \sum_{k=0}^{n-1} \frac{(\log a)^k x^k}{k!} + \frac{(\log a)^n a^{\theta x} x^n}{n!} \quad (0 < \theta < 1)$

(3)　$\sqrt{1+x}$
$= 1 + \frac{x}{2} + \sum_{k=2}^{n-1} (-1)^{k-1} \frac{1 \cdot 3 \cdots (2k-3)}{2^k k!} x^k + (-1)^{n-1} \frac{1 \cdot 3 \cdots (2n-3)}{2^n n!} (1+\theta x)^{-n+\frac{1}{2}} x^n$
$= 1 + \sum_{k=1}^{n-1} (-1)^{k-1} \frac{(2k-3)!!}{(2k)!!} x^k + (-1)^{n-1} \frac{(2n-3)!!}{(2n)!!} \frac{x^n}{(1+\theta x)^{n-1/2}} \quad (0 < \theta < 1)$

(4)　$\log(1+cx) = \sum_{k=1}^{n-1} (-1)^{k-1} \frac{c^k x^k}{k} + (-1)^{n-1} \frac{c^n x^n}{n(1+c\theta x)^n} \quad (0 < \theta < 1)$

(5)　$\cos x = \sum_{k=0}^{n-1} \frac{\cos\left(\frac{k\pi}{2}\right)}{k!} x^k + \frac{\cos\left(\theta x + \frac{n\pi}{2}\right)}{n!} x^n \quad (0 < \theta < 1)$

これは
$$\cos x = \sum_{m=0}^{\lfloor \frac{n-1}{2} \rfloor} \frac{(-1)^m}{(2m)!} x^{2m} + \frac{\cos\left(\theta x + \frac{n\pi}{2}\right)}{n!} x^n \quad (0 < \theta < 1)$$
と書け，これは，$n = 2l$ のとき，
$$\cos x = \sum_{m=0}^{l-1} \frac{(-1)^m}{(2m)!} x^{2m} + (-1)^l \frac{\cos \theta x}{(2l)!} x^{2l} \quad (0 < \theta < 1)$$
であり，$n = 2l+1$ のときは
$$\cos x = \sum_{m=0}^{l-1} \frac{(-1)^m}{(2m)!} x^{2m} - (-1)^l \frac{\sin \theta x}{(2l+1)!} x^{2l+1} \quad (0 < \theta < 1)$$
となる．

問題 3.2.8 (p.27)　$e^x = e^{\frac{1}{2}} + e^{\frac{1}{2}}\left(x - \frac{1}{2}\right) + \frac{e^{\frac{1}{2}}}{2!}\left(x - \frac{1}{2}\right)^2 +$
$$\cdots + \frac{e^{\frac{1}{2}}}{(n-1)!}\left(x - \frac{1}{2}\right)^{n-1} + \frac{e^{\frac{1}{2}+\theta\left(x-\frac{1}{2}\right)}}{n!}\left(x - \frac{1}{2}\right)^n$$
$$= \sum_{k=0}^{n-1} \frac{\sqrt{e}}{k!}\left(x - \frac{1}{2}\right)^k + \frac{e^{\frac{1}{2}+\theta\left(x-\frac{1}{2}\right)}}{n!}\left(x - \frac{1}{2}\right)^n \quad (0 < \theta < 1)$$

問題 3.2.9 (p.27)　(1)　$X = \frac{1}{x}$ とおけば，$\lim_{x \to 0} \frac{e^{-1/x}}{x} = \lim_{X \to \infty} \frac{X}{e^X} = 0$ （例題 3.9 の (1) 参照.）

(2)　$\sin x$ のマクローリン展開 $\sin x = x - \frac{x^3}{6} + o(x^3)$ から，$\sin^2 x = x^2 - \frac{x^4}{3} + o(x^4)$．

これから $\dfrac{1}{x^2} - \dfrac{1}{\sin^2 x} = \dfrac{\sin^2 x - x^2}{x^2 \sin^2 x} = \dfrac{-\dfrac{x^4}{3} + o(x^4)}{x^2(x^2 + o(x^2))} \to -\dfrac{1}{3}\ (x \to 0)$

(3) $\log\left(\dfrac{1+x}{1-x}\right)^{1/x} = \dfrac{1}{x}\{\log(1+x) - \log(1-x)\} = \dfrac{1}{x}\{x + O(x^2) - (-x + O(x^2))\} = 2 + O(x) \to 2\ (x \to 0)$ したがって, $\left(\dfrac{1+x}{1-x}\right)^{1/x} \to e^2\ (x \to 0)$

問題 3.2.10 (p.28) (1) $f(0) = \log 2,\ f^{(n)}(0) = (-1)^{n-1}(n-1)!\left(\dfrac{3}{2}\right)^n\ (n \geqq 1),\ f(x) = \log 2 + \sum\limits_{n=1}^{\infty}(-1)^{n-1}\dfrac{\left(\dfrac{3}{2}\right)^n}{n}x^n$

(2) $f(0) = 0,\ f'(0) = 1, f^{(2m)}(0) = 0\ (m \geqq 0),\ f^{(2m+1)}(0) = (-1)^m \cdot 1^2 \cdot 3^2 \cdots (2m-1)^2\ (m \geqq 1),\ f(x) = x + \sum\limits_{m=1}^{\infty}(-1)^m \dfrac{1 \cdot 3 \cdots (2m-1)}{2 \cdot 4 \cdots (2m)} \dfrac{x^{2m+1}}{(2m+1)} = \sum\limits_{m=0}^{\infty}(-1)^m \dfrac{(2m-1)!!}{(2m)!!} \dfrac{x^{2m+1}}{2m+1}$

(3) $f(0) = 0,\quad f^{(2m)}(0) = 2 \cdot 2^2 \cdot 4^2 \cdots (2m-2)^2,\quad f^{(2m+1)}(0) = 0\ (m \geqq 1),\quad f(x) = \sum\limits_{m=1}^{\infty} \dfrac{2 \cdot 4 \cdots (2m-2)}{3 \cdot 5 \cdots (2m-1)} \dfrac{x^{2m}}{m} = \sum\limits_{m=1}^{\infty} \dfrac{(2m-2)!!}{(2m-1)!!} \dfrac{x^{2m}}{m}$

(4) $f(0) = 0,\quad f^{(2m-1)}(0) = 0,\ f^{(2m)}(0) = (2m)!\dfrac{(-1)^{m-1}}{m}\left(1 + \dfrac{1}{3} + \cdots + \dfrac{1}{2m-1}\right)\ (m \geqq 1),\ f(x) = \sum\limits_{m=1}^{\infty} \dfrac{(-1)^{m-1}}{m}\left(1 + \dfrac{1}{3} + \cdots + \dfrac{1}{2m-1}\right)x^{2m}$

4 章

問題 4.1.1(p. 32) (1) $\dfrac{1}{3a}(ax+b)^3$ (2) $\dfrac{2}{\pi}\log\left|\tan\dfrac{\pi}{2}x\right|$ (3) $-2\cot 2x$
(4) $\log\left|x + \dfrac{a}{2} + \sqrt{x^2 + ax}\right|$ (5) $2\sqrt{1+e^x}$ (6) $-\cos x + \dfrac{1}{3}\cos^3 x$
(7) $-\dfrac{\sqrt{a^2 - x^2}}{a^2 x}$ (8) $n \neq -1$ のとき $\dfrac{(\log x)^{n+1}}{n+1}$, $n = -1$ なら $\log|\log x|$
(9) $\dfrac{x^{\alpha+1}}{\alpha+1}\left(\log x - \dfrac{1}{\alpha+1}\right)$ (10) $xe^x - e^x$ (11) $x\operatorname{Tan}^{-1}x - \dfrac{1}{2}\log(1+x^2)$
(12) $\dfrac{1}{2}e^x(\cos x + \sin x)$ (13) $\dfrac{1}{3}(x^2+1)^{\frac{3}{2}}$ (14) $\dfrac{1}{4}\log(x^4+1)$
(15) $\dfrac{1}{2}e^{x^2}$ (16) $x - \log(e^x + 1)$

問題 4.2.1(p. 36) (1) $\dfrac{1}{5}\log\left|\dfrac{x+4}{x-1}\right|$ (2) $\dfrac{1}{\sqrt{3}}\operatorname{Tan}^{-1}\left(\dfrac{4x+1}{\sqrt{3}}\right)$

(3) $-\dfrac{1}{12(3x+7)^4}$　　(4) $-\dfrac{1}{2}\dfrac{1}{x+1}+\dfrac{1}{2}\log|x+1|-\dfrac{1}{4}\log(x^2+1)$

(5) $\dfrac{x^2}{2}-x+\log|x+1|$　　(6) $\dfrac{1}{x+1}+\log|x+1|$

(7) $x+\dfrac{1}{2}\log\left|\dfrac{x-1}{x+1}\right|-\mathrm{Tan}^{-1}x$　　(8) $\log\dfrac{|x|}{\sqrt{x^2+1}}+\dfrac{1}{2}\dfrac{1}{x^2+1}$

(9) $\dfrac{\sqrt{2}}{2}\left\{\mathrm{Tan}^{-1}(\sqrt{2}x+1)+\mathrm{Tan}^{-1}(\sqrt{2}x-1)\right\}$

(10) $\log|x-a|$ $(m=1)$, $\quad -\dfrac{1}{(m-1)(x-a)^{m-1}}\quad (m\neq 1)$

(11) $-\dfrac{1}{2}\log|x^2-2x-154|$　　(12) $-\dfrac{13}{25}\log|x-14|-\dfrac{12}{25}\log|x+11|$

(13) $x^2+\dfrac{1}{2}\log(x^2+2)$　　(14) $x-\dfrac{1}{2}\mathrm{Tan}^{-1}\dfrac{x}{2}$

(15) $\dfrac{1}{32}\log\left|\dfrac{x-2}{x+2}\right|-\dfrac{1}{16}\mathrm{Tan}^{-1}\dfrac{x}{2}$　　(16) $\log\dfrac{|x-3|^3}{(x+1)^2}+\dfrac{1}{x+1}$

(17) $\dfrac{-x-1}{2(x^2+1)}+\dfrac{1}{2}\mathrm{Tan}^{-1}x$　　(18) $\dfrac{1}{8}\left(\dfrac{2x}{(x^2+1)^2}+\dfrac{3x}{x^2+1}+3\mathrm{Tan}^{-1}x\right)$

(19) $\dfrac{2x+1}{3(x^2+x+1)}+\dfrac{4}{3\sqrt{3}}\mathrm{Tan}^{-1}\left(\dfrac{2x+1}{\sqrt{3}}\right)$

(20) $\dfrac{1}{12}\log|x-2|-\dfrac{1}{24}\log(x^2+2x+4)-\dfrac{1}{4\sqrt{3}}\mathrm{Tan}^{-1}\dfrac{x+1}{\sqrt{3}}$

(21) $\dfrac{1}{6}\dfrac{x}{2x^2+3}+\dfrac{1}{12}\sqrt{\dfrac{2}{3}}\mathrm{Tan}^{-1}\left(\sqrt{\dfrac{2}{3}}x\right)$

(22) $x-\log(x^2+x+1)+\dfrac{2}{\sqrt{3}}\mathrm{Tan}^{-1}\dfrac{2x+1}{\sqrt{3}}$

(23) $-\dfrac{1}{3}\mathrm{Tan}^{-1}x+\dfrac{1}{6\sqrt{2}}\log\left|\dfrac{x-\sqrt{2}}{x+\sqrt{2}}\right|$

問題 4.3.1 (p.38)　(1) $t=\sqrt{\dfrac{-x}{x-1}}$ とおいてみる. $t^2=\dfrac{-x}{x-1}$ $(0<x<1)$ である. これから, $x=\dfrac{t^2}{t^2+1}$, $dx=\dfrac{2tdt}{(t^2+1)^2}$ となり, $\displaystyle\int\dfrac{1}{\sqrt{x-x^2}}dx=\int\dfrac{2dt}{t^2+1}=\mathrm{Tan}^{-1}t=2\mathrm{Tan}^{-1}\sqrt{\dfrac{x}{1-x}}$ を得る. ほかの計算も可能である. 例えば, $x-x^2=\dfrac{1}{4}-\left(x-\dfrac{1}{2}\right)^2$ に注目して, $\displaystyle\int\dfrac{1}{\sqrt{x-x^2}}dx=\mathrm{Sin}^{-1}\left\{2\left(x-\dfrac{1}{2}\right)\right\}=\mathrm{Sin}^{-1}(2x-1)$ としてもよい. これらの結果の違いは積分定数（本書ではそれを書くのを省略しているが (p.30 の注意)）の違いである. 実際 $y=2\mathrm{Tan}^{-1}\sqrt{\dfrac{x}{1-x}}$ とすれば, 少し計算して $2x-1=-\cos y$ を得るから, $y=\mathrm{Cos}^{-1}(-(2x-1))=\mathrm{Sin}^{-1}(2x-1)+\dfrac{\pi}{2}$ となる.

(2) $\log\left|\dfrac{\sqrt{x}+\sqrt{x-1}}{\sqrt{x}-\sqrt{x-1}}\right|$ これも積分定数の違いで $\log\left|x-\dfrac{1}{2}+\sqrt{x^2-x}\right|$ と書ける

(問題 4.1.1(4) 参照).

(3) $\dfrac{4}{45}(5x+4)(x-1)\sqrt[4]{1-x}$　(4) $2\sqrt{x}-2\log(\sqrt{x}+1)$　(5) $\dfrac{2}{15}(3x-2)(x+1)\sqrt{x+1}$　(6) $\sqrt{x^2+1}$　(7) $-\dfrac{2}{3}(x+2)\sqrt{1-x}$

(8) $\dfrac{1}{2}\log(x+\sqrt{x^2+1})-\dfrac{1}{4}\dfrac{1}{(x+\sqrt{x^2+1})^2}$

(9) $-\dfrac{1}{2}\log|\sqrt[3]{x}+2|+\dfrac{1}{4}\log\left(\sqrt[3]{x^2}-2\sqrt[3]{x}+4\right)+\dfrac{\sqrt{3}}{2}\mathrm{Tan}^{-1}\dfrac{\sqrt[3]{x}-1}{\sqrt{3}}$

(10) $-\dfrac{\sqrt{1-x}}{x}+\dfrac{1}{2}\log\left|\dfrac{1-\sqrt{1-x}}{1+\sqrt{1-x}}\right|$

(11) $t=\sqrt{\dfrac{x-1}{x}}$ とおく．$x=\dfrac{1}{1-t^2}$, $dx=\dfrac{2tdt}{(1-t^2)^2}$ となるから，

$$\begin{aligned}\int\sqrt{\dfrac{x-1}{x}}\,dx&=\int t\cdot\dfrac{2t}{(1-t^2)^2}\,dt=t\cdot\dfrac{1}{1-t^2}-\int\dfrac{dt}{1-t^2}\quad\text{(部分積分)}\\&=\dfrac{t}{1-t^2}-\dfrac{1}{2}\int\left(\dfrac{1}{1+t}+\dfrac{1}{1-t}\right)dt\\&=\dfrac{1}{1-t^2}-\dfrac{1}{2}\log\left|\dfrac{1+t}{1-t}\right|\\&=x\sqrt{\dfrac{x-1}{x}}-\dfrac{1}{2}\log\left|\dfrac{1+\sqrt{\dfrac{x-1}{x}}}{1-\sqrt{\dfrac{x-1}{x}}}\right|\end{aligned}$$

ここで根号内が正である場合を考えると $x<0$，または $x>1$ である．$x<0$ のとき，$\sqrt{x^2}=-x$ に注意して，

$$\begin{aligned}\int\sqrt{\dfrac{x-1}{x}}\,dx&=-\sqrt{x(x-1)}-\dfrac{1}{2}\log\left|\dfrac{\sqrt{-x}+\sqrt{1-x}}{\sqrt{-x}-\sqrt{1-x}}\right|\\&=-\sqrt{x(x-1)}-\log\left(\sqrt{-x}+\sqrt{1-x}\right)\end{aligned}$$

$x>1$ のときには，$\sqrt{x^2}=x$ に注意して，

$$\begin{aligned}\int\sqrt{\dfrac{x-1}{x}}\,dx&=\sqrt{x(x-1)}-\dfrac{1}{2}\log\left|\dfrac{\sqrt{x}+\sqrt{x-1}}{\sqrt{x}-\sqrt{x-1}}\right|\\&=\sqrt{x(x-1)}-\log\left(\sqrt{x}+\sqrt{x-1}\right)\end{aligned}$$

これらをまとめると，

$$\int\sqrt{\dfrac{x-1}{x}}\,dx=\begin{cases}-\sqrt{x(x-1)}-\log(\sqrt{-x}+\sqrt{1-x})&(x<0)\\\sqrt{x(x-1)}-\log(\sqrt{x}+\sqrt{x-1})&(x>1)\end{cases}$$

(12) 他の計算もあり得るが，(11) の結果を利用してみる．

$$\sqrt{\frac{x+a}{x-a}}=\sqrt{\frac{(x-a)+2a}{x-a}}=\sqrt{\frac{\dfrac{x-a}{-2a}-1}{\dfrac{x-a}{-2a}}}=\sqrt{\frac{y-1}{y}}$$

($y=(x-a)/(-2a)$ とおいた) と変形して，$dx=-2a\,dy$ に注意して，

$$\int \sqrt{\frac{x+a}{x-a}}\,dx = -2a\int\sqrt{y-1}\,y\,dy$$

$$= -2a\left(y\sqrt{\frac{y-1}{y}}-\frac{1}{2}\log\left|\frac{1+\sqrt{\dfrac{y-1}{y}}}{1-\sqrt{\dfrac{y-1}{y}}}\right|\right)$$

$$= (x-a)\sqrt{\frac{x+a}{x-a}}+a\log\left|\frac{1+\sqrt{\dfrac{x+a}{x-a}}}{1-\sqrt{\dfrac{x+a}{x-a}}}\right|$$

ここで根号内が正であるための条件は $x<-|a|$，または $x>|a|$ であるから，(11) と同様な考察により，

$$\int \sqrt{\frac{x+a}{x-a}}\,dx = \begin{cases} -\sqrt{x^2-a^2}+2a\log(\sqrt{a-x}+\sqrt{-a-x}) & (x<-|a|) \\ \sqrt{x^2-a^2}+2a\log(\sqrt{x-a}+\sqrt{a+x}) & (x>|a|) \end{cases}$$

$$= \begin{cases} -\sqrt{x^2-a^2}+a\log(\sqrt{x^2-a^2}-x) & (x<-|a|) \\ \sqrt{x^2-a^2}+a\log(\sqrt{x^2-a^2}+x) & (x>|a|) \end{cases}$$

(13) $(x-a)\sqrt{\dfrac{x+a}{a-x}}+2a\,\mathrm{Tan}^{-1}\sqrt{\dfrac{x+a}{a-x}}$

(14) $\sqrt{x^2+bx+c}-\dfrac{b}{2}\log\left|x+\dfrac{b}{2}+\sqrt{x^2+bx+c}\right|$

(15) $2\,\mathrm{Tan}^{-1}\left(\sqrt{x^2+3x-1}-x\right)$ または $2\,\mathrm{Tan}^{-1}\left(x+\sqrt{x^2+3x-1}\right)$ （これらの結果は積分定数の違いになる）．少し解説する．$t-x=\sqrt{x^2+3x-1}$ で t を定めれば，$(t-x)^2=x^2+3x-1$ から $x=\dfrac{t^2+1}{2t+3}$, $dx=\dfrac{2(t^2+3t-1)}{(2t+3)^2}dt$
$\sqrt{x^2+3x-1}=t-x=\dfrac{t^2+3t-1}{2t+3}$．これから，

$$\int \frac{dx}{x\sqrt{x^2+3x-1}}=2\int\frac{dt}{t^2+1}=2\,\mathrm{Tan}^{-1}(x+\sqrt{x^2+3x-1})$$

一方，$t+x=\sqrt{x^2+3x-1}$ とおいて t を定めて計算すれば，

$$\int \frac{dx}{x\sqrt{x^2+3x-1}} = 2\operatorname{Tan}^{-1}(-x+\sqrt{x^2+3x-1})$$

となる．これらの結果の差は $2\left(\operatorname{Tan}^{-1}(x+\sqrt{x^2+3x-1})-\operatorname{Tan}^{-1}(-x+\sqrt{x^2+3x-1})\right)$

$$= \begin{cases} 2\operatorname{Tan}^{-1}\dfrac{2}{3} & \left(x > \dfrac{-3+\sqrt{13}}{2}\right) \\ 2\operatorname{Tan}^{-1}\dfrac{2}{3}-2\pi & \left(x < \dfrac{-3-\sqrt{13}}{2}\right) \end{cases}$$ である（問題 2.3.6 参照）．

(16) $\dfrac{1}{\sqrt{3}}\log\left|\dfrac{\sqrt{x^2+2x+3}+x-\sqrt{3}}{\sqrt{x^2+2x+3}+x+\sqrt{3}}\right|$ または $\dfrac{1}{\sqrt{3}}\log\left|\dfrac{\sqrt{x^2+2x+3}-x-\sqrt{3}}{\sqrt{x^2+2x+3}-x+\sqrt{3}}\right|$
（積分定数の違い）．

問題 4.3.2 (p.39)　(1) $-\dfrac{2}{1+\tan\dfrac{x}{2}}$　(2) $\dfrac{1}{2}\log\left|\tan\dfrac{x}{2}\right|+\tan\dfrac{x}{2}+\dfrac{1}{4}\tan^2\dfrac{x}{2}$

(3) $a=1$ のとき $\tan\dfrac{x}{2}$, $a=-1$ のとき $\cot\dfrac{x}{2}$,

$|a|>1$ のとき $\dfrac{2}{a-1}\sqrt{\dfrac{a-1}{a+1}}\operatorname{Tan}^{-1}\left(\sqrt{\dfrac{a-1}{a+1}}\tan\dfrac{x}{2}\right)$

$= \begin{cases} \dfrac{2}{\sqrt{a^2-1}}\operatorname{Tan}^{-1}\left(\sqrt{\dfrac{a-1}{a+1}}\tan\dfrac{x}{2}\right) & (a>1) \\ -\dfrac{2}{\sqrt{a^2-1}}\operatorname{Tan}^{-1}\left(\sqrt{\dfrac{a-1}{a+1}}\tan\dfrac{x}{2}\right) & (a<-1) \end{cases}$,

$|a|<1$ のとき $\dfrac{1}{\sqrt{1-a^2}}\log\left|\dfrac{\tan\dfrac{x}{2}+\sqrt{\dfrac{1+a}{1-a}}}{\tan\dfrac{x}{2}-\sqrt{\dfrac{1+a}{1-a}}}\right|$

(4) $\dfrac{1}{ab}\operatorname{Tan}^{-1}\left(\dfrac{b}{a}\tan x\right)$

(5) $\dfrac{3}{8}x+\dfrac{1}{4}\sin 2x+\dfrac{1}{32}\sin 4x$　(6) $\dfrac{1}{4}\left(\log\left|\dfrac{1-\sin x}{1+\sin x}\right|-\dfrac{1}{1+\sin x}+\dfrac{1}{1-\sin x}\right)$

(7) $\dfrac{1}{2\sqrt{2}}\log\left|\dfrac{\sqrt{2}+\tan x}{\sqrt{2}-\tan x}\right|$　(8) $\log(2+\cos x)+\dfrac{4}{\sqrt{3}}\operatorname{Tan}^{-1}\left(\dfrac{1}{\sqrt{3}}\tan\dfrac{x}{2}\right)$

問題 4.4.1 (p.41)　(1) $1-\dfrac{\pi}{4}$　(2) $\log(1+\sqrt{2})$　(3) $\sqrt{2}-1$
(4) $\dfrac{1}{4}(4^{4/3}-1)$　(5) $\dfrac{\pi}{6}$　(6) $\dfrac{16}{105}$　(7) $\dfrac{16}{45}$　(8) $\dfrac{\pi}{4}$　(9) $2-2\log 2$
(10) $\dfrac{44}{15}\sqrt{2}$　(11) $\dfrac{11}{8}\pi$　(12) $\dfrac{\pi}{2}$
(13) $\dfrac{2}{\sqrt{7}}\left(\operatorname{Tan}^{-1}\sqrt{7}-\operatorname{Tan}^{-1}\dfrac{3}{\sqrt{7}}\right)=\dfrac{2}{\sqrt{7}}\operatorname{Tan}^{-1}\dfrac{1}{\sqrt{7}}$　(14) $\dfrac{1}{2\sqrt{2}}\log\dfrac{4+\sqrt{2}}{4-\sqrt{2}}$
(15) $2\sqrt{3}+\pi-4\operatorname{Tan}^{-1}(2+\sqrt{3})=2\sqrt{3}-\dfrac{2}{3}\pi$　$\left(\tan\dfrac{5\pi}{12}=2+\sqrt{3}\right.$ である．例え

ば，$\dfrac{5\pi}{12} = \dfrac{\pi}{4} + \dfrac{\pi}{6}$ と加法定理を使えばよい．）

問題 4.4.2 (p.41) (1) $\log\sqrt{2}$ (2) $\dfrac{\pi}{2}$ (3) $\log 2$ (4) π (5) $\dfrac{3}{16}\pi$ (6) $\dfrac{\pi^2}{4}$ (7) $\pi^2 - 4$ (8) $\dfrac{\pi}{32}$ (9) $\dfrac{1}{3}$ (10) $\dfrac{2}{\pi}c + \dfrac{4}{\pi^2}(2a+b) - \dfrac{16}{\pi^3}a$

問題 4.4.3 (p.42) (1) $\dfrac{\pi}{2} - 1$ (2) $\dfrac{\pi^2}{72}$ (3) $\dfrac{\pi^2}{32}$ (4) $\dfrac{\pi}{4} - \dfrac{1}{2}\log 2$ (5) $\dfrac{\pi}{8}$

問題 4.4.4 (p.42) (1) 0 (2) e (3) $1 + \dfrac{1}{2}\log\dfrac{2}{e^2+1}$ (4) $-\dfrac{1}{2e} + \dfrac{1}{2}$ (5) $-2e + 6$ (6) $\dfrac{2}{\pi}$ (7) $\dfrac{2}{a}\log\dfrac{e^a+1}{2}$ または $\dfrac{2}{a}\log\left(\cosh\dfrac{a}{2}\right)$

問題 4.4.5 (p.43) (1) $\log 2$ (2) $\dfrac{\pi}{4}$ (3) $\dfrac{\pi}{\sqrt{2}}$ (4) 発散 (5) $\dfrac{\pi}{2}$ (6) $-\dfrac{4}{9}$ (7) 発散 (8) 1

問題 4.4.6 (p.43) (1) 収束 (2) $\alpha > 1$ のとき収束，$\alpha \leqq 1$ のとき発散
(3) 発散
(4) について：$a_n = \displaystyle\int_{n\pi}^{(n+1)\pi} \dfrac{\sin x}{x}\,dx = (-1)^n \int_0^\pi \dfrac{\sin x}{x + n\pi}\,dx\ (n \geqq 0)$ とおく．$\sin x$ は積分区間内で符号を変えないから，

$$|a_n| = \int_{n\pi}^{(n+1)\pi} \dfrac{|\sin x|}{x}\,dx = \int_0^\pi \dfrac{\sin x}{x + n\pi}\,dx \geqq \int_0^\pi \dfrac{\sin x}{(n+1)\pi}\,dx \geqq \dfrac{2}{(n+1)\pi}.$$

同様にして $|a_n| \leqq \dfrac{2}{n\pi}$ ($n \geqq 1$, (5) の最後で用いる)．これより，$m \geqq 1$ に対して

$$\int_0^{m\pi} \dfrac{|\sin x|}{x}\,dx = \sum_{n=0}^{m-1} \int_{n\pi}^{(n+1)\pi} \dfrac{|\sin x|}{x}\,dx \geqq \dfrac{2}{\pi}\sum_{n=1}^m \dfrac{1}{n} \to \infty \quad (m \to \infty).$$

よって (4) の広義積分は (∞ に) 発散する．
(5) について：$b_n = \displaystyle\int_{2n\pi}^{2(n+1)\pi} \dfrac{\sin x}{x}\,dx = a_{2n} - a_{2n+1}\ (n \geqq 0)$ とおく．$n \geqq 1$ なら

$$0 < b_n = \int_0^\pi \left(\dfrac{\sin x}{x + 2n\pi} - \dfrac{\sin x}{x + (2n+1)\pi} \right) dx$$
$$= \int_0^\pi \dfrac{\pi \sin x}{(x+2n\pi)(x+(2n+1)\pi)}\,dx \leqq \dfrac{2}{2n(2n+1)\pi} \leqq \dfrac{1}{2n^2\pi}.$$

正数 d (十分大) に対して，$2n_d\pi < d \leqq 2(n_d+1)\pi$ となる自然数 n_d が定まり，

$$\int_0^d \dfrac{\sin x}{x}\,dx = b_0 + \sum_{n=1}^{n_d-1} b_n + \int_{2n_d\pi}^d \dfrac{\sin x}{x}\,dx.$$

ここで, $d \to \infty$ (したがって $n_d \to \infty$) とすれば, 上述の b_n に関する不等式より右辺の第 2 項は収束し, $0 \leqq$ (右辺の第 3 項) $\leqq a_{2n_d} \to 0$. よって (5) の広義積分は収束する.

問題 4.4.7 (p.44)　(1)　$2xf(x^2) - f(x)$　(2)　$f(x) - f(a)$

問題 4.4.8 (p.44)　(1)　$\dfrac{2x+1}{\sqrt{x^2+x+1}}$　(2)　$\dfrac{1}{x+1}$　(3)　$\dfrac{\sqrt{x}+2\sqrt[4]{x^3}-1}{2\sqrt{x}(1+\sqrt{x})(1+\sqrt[4]{x})}$

(4)　$x^5 - \dfrac{5}{2}x^4 + 2x^3 - \dfrac{x^2}{2}$

問題 4.4.9 (p. 44)　(1)　$[0, \dfrac{1}{2}]$ で $1 \geqq \sqrt{1-x^n} \geqq \sqrt{1-x^2}$

(2)　$\left[0, \dfrac{\pi}{2}\right]$ で $\dfrac{2}{\pi}x \leqq \sin x \leqq x$　(3)　$[0, 1]$ で $\sqrt[3]{1-x} \leqq \sqrt[3]{1-x^3} \leqq 1$

(4)　$[0, 1]$ で $\sqrt{1+x^2} \geqq \sqrt{1+x^n} \geqq 1$ $(n > 2)$

問題 4.4.10 (p.45)　(1)　$\dfrac{1}{12}$　(2)　$\left(\dfrac{\pi}{4} - \dfrac{1}{3}\right)a^2$　(3)　πab　(4)　πa^2

(5)　$3\pi a^2$　(6)　$\dfrac{3\pi}{8}ab$　(7)　$\dfrac{\pi}{8}a^2$

問題 4.4.11 (p.46)　(1)　$\sqrt{17} + \dfrac{1}{4}\log\left(4 + \sqrt{17}\right)$

(2)　$\dfrac{3}{\sqrt{2}} + \dfrac{1}{2}\log\left(1 + \sqrt{2}\right)$　(3)　$\dfrac{4(a^2 + ab + b^2)}{a+b}$　(4)　$8a$

問題 4.4.12 (p.46)　(1)　$\dfrac{3}{2}\sqrt{10} + \dfrac{1}{2}\log\left(3 + \sqrt{10}\right)$　(2)　$\dfrac{\pi a}{2}$

(3)　$\dfrac{a}{b}\sqrt{1+b^2}\left(e^{2\pi b} - 1\right)$

5 章

問題 5.1.1 (p.49)　(1) (a) 0　(b) 0　(c) 存在しない　(2) (a) 存在しない　(b) 存在しない　(c) 存在しない　(3) (a) -1　(b) 1　(c) 存在しない　(4) (a) -1 (b) 0　(c) 存在しない　(5) (a) 0　(b) 0　(c) 0　(6) (a) 0　(b) 存在しない (c) 0　(7) (a) 存在しない　(b) 存在しない　(c) 0

問題 5.1.2 (p.50)　(1)　原点以外で連続, 原点で不連続.　(2)　全平面で連続. (3)　原点以外で連続, 原点で不連続.

問題 5.1.3 (p.51)　(1)　$f_x = 6x - 4y$,　$f_y = -4x + 10y$,　$f_{xx} = 6$, $f_{xy} = f_{yx} = -4$,　$f_{yy} = 10$

(2)　$f_x = \dfrac{x}{\sqrt{x^2-y^2}}$,　$f_y = -\dfrac{y}{\sqrt{x^2-y^2}}$,　$f_{xx} = -\dfrac{y^2}{\sqrt{(x^2-y^2)^3}}$,

$f_{xy} = f_{yx} = \dfrac{xy}{\sqrt{(x^2-y^2)^3}}$,　$f_{yy} = -\dfrac{x^2}{\sqrt{(x^2-y^2)^3}}$

問　題　解　答　　*199*

(3) $f_x = \dfrac{1}{y}, \quad f_y = -\dfrac{x}{y^2}, \quad f_{xx} = 0, \quad f_{xy} = f_{yx} = -\dfrac{1}{y^2}, \quad f_{yy} = \dfrac{2x}{y^3}$

(4) $f_x = y\cos(xy), \quad f_y = x\cos(xy), \quad f_{xx} = -y^2\sin(xy),$
$f_{xy} = f_{yx} = \cos(xy) - xy\sin(xy) \quad f_{yy} = -x^2\sin(xy)$

(5) $f_x = \dfrac{1}{y}\cos\left(\dfrac{x}{y}\right), \quad f_y = -\dfrac{x}{y^2}\cos\left(\dfrac{x}{y}\right), \quad f_{xx} = -\dfrac{1}{y^2}\sin\left(\dfrac{x}{y}\right),$
$f_{xy} = f_{yx} = -\dfrac{1}{y^2}\cos\left(\dfrac{x}{y}\right) + \dfrac{x}{y^3}\sin\left(\dfrac{x}{y}\right), \quad f_{yy} = \dfrac{2x}{y^3}\cos\left(\dfrac{x}{y}\right) - \dfrac{x^2}{y^4}\sin\left(\dfrac{x}{y}\right)$

(6) $f_x = 2xe^{x^2+y^2}, \quad f_y = 2ye^{x^2+y^2}, \quad f_{xx} = (2+4x^2)e^{x^2+y^2},$
$f_{xy} = f_{yx} = 4xye^{x^2+y^2}, \quad f_{yy} = (2+4y^2)e^{x^2+y^2}$

(7) $f_x = ye^{xy}, \quad f_y = xe^{xy}, \quad f_{xx} = y^2e^{xy}, \quad f_{xy} = f_{yx} = (1+xy)e^{xy},$
$f_{yy} = x^2e^{xy}$

(8) $f_x = \dfrac{1}{x\log y}, \quad f_y = -\dfrac{\log x}{y(\log y)^2}, \quad f_{xx} = -\dfrac{1}{x^2\log y},$
$f_{xy} = f_{yx} = -\dfrac{1}{xy(\log y)^2}, \quad f_{yy} = \dfrac{(2+\log y)\log x}{y^2(\log y)^3}$

(9) $f_x = \dfrac{-x^2y+y^3}{(x^2+y^2)^2}, \quad f_y = \dfrac{x^3-xy^2}{(x^2+y^2)^2}, \quad f_{xx} = \dfrac{2x^3y-6xy^3}{(x^2+y^2)^3},$
$f_{xy} = f_{yx} = \dfrac{-x^4+6x^2y^2-y^4}{(x^2+y^2)^3}, \quad f_{yy} = \dfrac{-6x^3y+2xy^3}{(x^2+y^2)^3}$

(10) $f(x,y)$ は $\left|\dfrac{y}{x}\right| \leqq 1$ のとき定義され，$\left|\dfrac{y}{x}\right| < 1$ のとき何回でも偏微分可能である．
$f_x = -\dfrac{y\,\mathrm{sgn}\,x}{x\sqrt{x^2-y^2}}, \quad f_y = \dfrac{\mathrm{sgn}\,x}{\sqrt{x^2-y^2}}, \quad f_{xx} = \dfrac{y(2x^2-y^2)\,\mathrm{sgn}\,x}{x^2(x^2-y^2)^{3/2}},$
$f_{xy} = f_{yx} = -\dfrac{x\,\mathrm{sgn}\,x}{(x^2-y^2)^{3/2}}, \quad f_{yy} = \dfrac{y\,\mathrm{sgn}\,x}{(x^2-y^2)^{3/2}}$

$\left(\text{ここで，}\mathrm{sgn}\,x = \begin{cases} 1 & (x>0) \\ -1 & (x<0) \end{cases} \text{と定義する．}\right)$

問題 5.1.4 (p.51)　(1) 0　(2) $\dfrac{1}{\sqrt{(x^2+y^2)^3}}$　(3) 0　(4) 0　(5) 0　(6) 0
(7) 0

問題 5.2.1 (p.52)　(1) $-\dfrac{2}{1+t^2}$．　(2) $\dfrac{3\sqrt{3}}{4}$．　(3) $\dfrac{22}{17}$．

問題 5.2.2 (p.52)　(1) $\dfrac{3}{7}$
(2) $z_u = \dfrac{4u+2uv}{1+(2u^2-v^2+u^2v)^2}, \quad z_v = \dfrac{u^2-2v}{1+(2u^2-v^2+u^2v)^2}$

(3) $z_u = \dfrac{-2u^3 + u^2v + v^3}{u^2(u^2+v^2)^2}e^{-\frac{v}{u}}, \ z_v = -\dfrac{(u+v)^2}{u(u^2+v^2)^2}e^{-\frac{v}{u}}$

(4) $z_u = 0, z_v = \dfrac{8e^{4v}}{(e^{4v}+1)^2}$.

問題 5.2.3 (p.53)　(1) $f_x(x,\varphi(x)) + f_y(x,\varphi(x))\varphi'(x)$. (2) 0. (3) $(z_r)^2 + \dfrac{(z_\theta)^2}{r^2}$.
(4) $f(tx, ty) = t^n f(x,y)$ の両辺を t で偏微分して $t=1$ とおけばよい.

問題 5.2.4 (p.53) (1) $x_s = x,\ x_t = -y,\ y_s = y,\ y_t = x,\ x_{ss} = x_s = x,\ x_{tt} = (-y)_t = -x,\ y_{ss} = y_s = y,\ y_{tt} = x_t = -y$. (2) $f_x x_s + f_y y_s$. (3) $(f_x)_s x_s + f_x x_{ss} + (f_y)_s y_s + z_y y_{ss} = (f_{xx} x_s + f_{xy} y_s) x_s + f_x x_{ss} + (f_{xy} x_s + f_{yy} y_s) y_s + f_y y_{ss}$
(4) (3) で s を t に置き換えれば z_{tt} の式が求まる. $z_{ss} + z_{tt}$ に (1) を代入すると $(x^2+y^2)(f_{xx}+f_{yy})$ が得られる. $x^2+y^2 = e^{2s}$ であることから問題の式は成り立つ.

問題 5.2.5 (p.55)　(1) $(x^x)^x(2x\log x + x)$
(2) $x^{x^x}\left\{x^x\left((\log x)^2 + \log x + \dfrac{1}{x}\right)\right\}$　(3) $\dfrac{x^{\sqrt{x}}}{\sqrt{x}}\left(1 + \dfrac{1}{2}\log x\right)$
(4) $(\sin x)^{\sin x}\{\cos x \log(\sin x) + \cos x\}$

問題 5.2.6 (p.55)　(1) $f_x = (xy)^{xy} y(\log(xy) + 1),\ \ f_y = (xy)^{xy} x(\log(xy) + 1)$
(2) $f_x = x^{(y^x)} y^x \left\{(\log x)(\log y) + \dfrac{1}{x}\right\},\ \ f_y = x^{(y^x)+1} y^{x-1} \log x$
(3) $f_x = x^{y(x^y+1)-1} y(y\log x + 1),\ \ f_y = x^{y(x^y+1)}(\log x)(y\log x + 1)$
(4) $f_x = x^{(y^{(x^y)})} y^{(x^y)} \left\{x^{y-1} y (\log x)(\log y) + \dfrac{1}{x}\right\}$,
$f_y = x^{(y^{(x^y)})} y^{(x^y)} x^y \left\{(\log x)(\log y) + \dfrac{1}{y}\right\} \log x$
(5) $f_x = f_y = (\cos(x+y))^{\sin(x+y)} \left\{\cos(x+y)\log(\cos(x+y)) - \dfrac{\sin^2(x+y)}{\cos(x+y)}\right\}$

問題 5.2.7 (p.56)　(1) $y' = \dfrac{y^2+1}{3y^2 - 2xy + 1},\ y'' = \dfrac{2(y^2+1)(y-x)(3y^2-1)}{(3y^2-2xy+1)^3}$
(2) $y' = -\sqrt{\dfrac{y}{x}},\ \ y'' = \dfrac{1}{2x}\left(\sqrt{\dfrac{y}{x}} + 1\right)$
(3) $y' = -\dfrac{e^x(e^y-1)}{e^y(e^x-1)},\ \ y'' = \dfrac{e^x(e^y-1)(e^x+e^y)}{e^{2y}(e^x-1)^2}$
(4) $y' = \dfrac{x+y}{x-y},\ \ y'' = \dfrac{2(x^2+y^2)}{(x-y)^3}$　(5) $y' = \dfrac{e^y}{1-xe^y},\ \ y'' = \dfrac{e^{2y}(2-xe^y)}{(1-xe^y)^3}$

[注意] 上の表現式は $f(x,y) = c$ (c は定数) の場合にも通用する形で書かれている. $f(x,y) = 0$ に限ればもっと簡単な形も可能. 例えば, (1) は $f(x,y) = (y^2+1)(y-x)$ であるから, 実は $y = x$ である. (2), (3) でも y は x の具体的な関数で表される.

問　題　解　答　201

問題 5.2.8 (p.57)　(1) $(2,3)$ で極小値 -7　(2) $(1,0)$ で極小値 -1
(3) $(0,0)$ で極小値 0　(4) 極値なし
(5) $ab-h^2<0$ のとき極値はない．$ab-h^2>0$ のとき $\left(\dfrac{hd-bc}{2(ab-h^2)}, \dfrac{hc-ad}{2(ab-h^2)}\right)$
で極値 $\dfrac{2hcd-ad^2-bc^2}{4(ab-h^2)}+g$．$a>0$ なら極小，$a<0$ なら極大．
(6) $\left(\pi\left(2n+\dfrac{1}{2}\right), \pi\left(2m+\dfrac{1}{2}\right)\right)$ (n,m 整数) で極大値 2,
$\left(\pi\left(2n+\dfrac{3}{2}\right), \pi\left(2m+\dfrac{3}{2}\right)\right)$ (n,m 整数) で極小値 -2
(7) $f(x,y)$ の定義域の内部の点 $\left(\dfrac{\pi}{2}, \dfrac{\pi}{2}\right)$ で極大値 2, $\left(\dfrac{3\pi}{2}, \dfrac{3\pi}{2}\right)$ で極小値 -2.
定義域の境界上の点 $\left(2\pi, \dfrac{\pi}{2}\right)$, $\left(\dfrac{\pi}{2}, 2\pi\right)$ で極大値 1, $\left(0, \dfrac{3\pi}{2}\right)$, $\left(\dfrac{3\pi}{2}, 0\right)$ で極小値
-1, $(2\pi, 2\pi)$ で極大値 0, $(0,0)$ で極小値 0.
(8) $(1,1)$ で極小値 3

問題 5.2.9 (p.57)　(1) $(0,0)$ で極小値 0　(2) 極値なし　(3) $(0,0)$ で極大値 1

問題 5.2.10 (p.58)　(1) $by+abxy+\left(\dfrac{a^2b}{2}x^2y-\dfrac{b^3}{6}y^3\right)+\left(\dfrac{a^3b}{6}x^3y-\dfrac{ab^3}{6}xy^3\right)+\cdots$
(2) $\dfrac{1}{3}-\dfrac{1}{9}(2x-y)+\dfrac{1}{27}\left(4x^2-4xy+y^2\right)-\dfrac{1}{81}\left(8x^3-12x^2y+6xy^2-y^3\right)+\dfrac{1}{243}\left(16x^4-32x^3y+24x^2y^2-8xy^3+y^4\right)+\cdots$
(3) $1-\dfrac{1}{2}\left(x^2+y^2\right)-\dfrac{1}{8}\left(x^4+2x^2y^2+y^4\right)+\cdots$
(4) $1+xy-\dfrac{x^2y}{2}+\dfrac{x^3y}{3}+\dfrac{x^2y^2}{2}+\cdots$

問題 5.2.11 (p.58)
(1) $\left(\dfrac{x}{a}+\dfrac{y}{b}\right)-\dfrac{1}{2}\left(\dfrac{x^2}{a^2}+\dfrac{2xy}{ab}+\dfrac{y^2}{b^2}\right)+\dfrac{1}{3\left(1+\dfrac{\theta x}{a}+\dfrac{\theta y}{b}\right)^3}\left(\dfrac{x^3}{a^3}+3\dfrac{x^2y}{a^2b}+3\dfrac{xy^2}{ab^2}+\dfrac{y^3}{b^3}\right)$
(2) $1-\left(\dfrac{x}{a}+\dfrac{y}{b}\right)+\dfrac{1}{2}\left(\dfrac{x^2}{a^2}+\dfrac{2xy}{ab}+\dfrac{y^2}{b^2}\right)-\dfrac{1}{6\exp\left(\dfrac{\theta x}{a}+\dfrac{\theta y}{b}\right)}\left(\dfrac{x^3}{a^3}+3\dfrac{x^2y}{a^2b}+3\dfrac{xy^2}{ab^2}+\dfrac{y^3}{b^3}\right)$

問題 5.2.12 (p.59)　(1) $y_0x+x_0y=z+z_0$,　$\dfrac{x-x_0}{y_0}=\dfrac{y-y_0}{x_0}=\dfrac{z-z_0}{-1}$
(2) $\dfrac{x_0x}{a^2}+\dfrac{y_0y}{b^2}=z+z_0$,　$\dfrac{x-x_0}{\dfrac{x_0}{a^2}}=\dfrac{y-y_0}{\dfrac{y_0}{b^2}}=\dfrac{z-z_0}{-1}$
(3) $x_0x+y_0y+z_0z=a^2$,　$\dfrac{x}{x_0}=\dfrac{y}{y_0}=\dfrac{z}{z_0}$

問題 5.2.13 (p.61) (1) $\left(\pm\dfrac{1}{\sqrt{2}},\pm\dfrac{1}{\sqrt{2}}\right)$ で極大かつ最大で値 $\dfrac{1}{2}$. $\left(\pm\dfrac{1}{\sqrt{2}},\mp\dfrac{1}{\sqrt{2}}\right)$ で極小かつ最小で値 $-\dfrac{1}{2}$. (いずれも複号同順.) (2) $\left(\dfrac{1}{17^{\frac{1}{4}}},\dfrac{2}{17^{\frac{1}{4}}}\right)$ で極大かつ最大で値は $17^{\frac{3}{4}}$. $\left(-\dfrac{1}{17^{\frac{1}{4}}},-\dfrac{2}{17^{\frac{1}{4}}}\right)$ で極小かつ最小で値は $-17^{\frac{3}{4}}$. (3) $\left(\pm\sqrt{6},\pm\sqrt{6}\right)$ で極大かつ最大で値 6. $\left(\pm\sqrt{3},\mp\sqrt{3}\right)$ で極小かつ最小で値 -3. (いずれも複号同順.) (4) $(\pm\sqrt{5},\pm 2\sqrt{5})$ (複号同順) で極小かつ最小で値は 25. この問題は, 曲線 $x^2+8xy+7y^2=225$ 上の点と原点との距離の最小値が 5 であると見ることもできる. (5) $(\pm\sqrt{2},\pm 1)$ で極大かつ最大で値は $\sqrt{2}$. $(\pm\sqrt{2},\mp 1)$ で極小かつ最小で値は $-\sqrt{2}$. (いずれも複号同順.) (6) $(0,\sqrt{2}),(\sqrt{2},0)$ で極大かつ最大で値は $2\sqrt{2}$. $(0,-\sqrt{2}),(-\sqrt{2},0)$ で極小かつ最小で値は $-2\sqrt{2}$. これ以外に, $(1,1)$ で極小値 2, $(-1,-1)$ で極大値 -2. (7) $\left(-\dfrac{1}{\sqrt{3}},\dfrac{2}{\sqrt{3}}\right)$ で極小値 $\dfrac{2}{3\sqrt{3}}$. $\left(\dfrac{1}{\sqrt{3}},-\dfrac{2}{\sqrt{3}}\right)$ で極大値 $-\dfrac{2}{3\sqrt{3}}$. 最大値・最小値はなし. (8) $(\pm\sqrt{2},1)$ で極小かつ最小で値は 2.

6 章

問題 6.1.1 (p.62) (1) $\{(x,y)\mid a-\sqrt{a^2-x^2}\leqq y\leqq a+\sqrt{a^2-x^2},\ -a\leqq x\leqq a\}$ と $\{(x,y)\mid -\sqrt{2ay-y^2}\leqq x\leqq\sqrt{2ay-y^2},\ 0\leqq y\leqq 2a\}$

(2) $\left\{(x,y)\,\bigg|\,2x-1\leqq y\leqq\dfrac{1-x}{2},\ 0\leqq x\leqq\dfrac{3}{5}\right\}$ と $\left\{(x,y)\,\bigg|\,0\leqq x\leqq\dfrac{y+1}{2},\ -1\leqq y\leqq\dfrac{1}{5}\right\}\cup\left\{(x,y)\,\bigg|\,0\leqq x\leqq -2y+1,\ \dfrac{1}{5}\leqq y\leqq\dfrac{1}{2}\right\}$

(3) $\{(x,y)\mid 0\leqq y\leqq x,\ 0\leqq x\leqq a\}\cup\{(x,y)\mid 0\leqq y\leqq\sqrt{2ax-x^2},\ a\leqq x\leqq 2a\}$ と $\{(x,y)\mid y\leqq x\leqq a+\sqrt{a^2-y^2},\ 0\leqq y\leqq a\}$

(4) $\{(x,y)\mid 2x^2-1\leqq y\leqq x^2,\ 0\leqq x\leqq 1\}$ と $\left\{(x,y)\,\bigg|\,0\leqq x\leqq\sqrt{\dfrac{y+1}{2}},\ -1\leqq y\leqq 0\right\}\cup\left\{(x,y)\,\bigg|\,\sqrt{y}\leqq x\leqq\sqrt{\dfrac{y+1}{2}},\ 0\leqq y\leqq 1\right\}$

問題 6.1.2 (p.63) (1) $\dfrac{2}{15}a^5$ (2) $\dfrac{\pi}{12}$ (3) $\dfrac{a^4}{6}$ (4) $\dfrac{\pi}{2}-1$ (5) $\dfrac{36}{5}$ (6) $\dfrac{8}{15}$ (7) $\dfrac{\pi a^4}{2}$ (7) は極座標を用いた方法で簡単に計算できるが, ここでは次のように計算してみる.
$$\iint_D(x^2+y^2)\,dxdy=\int_{-a}^{a}dx\int_{-\sqrt{a^2-x^2}}^{\sqrt{a^2-x^2}}(x^2+y^2)\,dy$$

$$= 4\int_0^a dx \int_0^{\sqrt{a^2-x^2}} (x^2+y^2)\,dy = 4\int_0^a \left[x^2 y + \frac{y^3}{3}\right]_{y=0}^{y=\sqrt{a^2-x^2}} dx$$

$$= 4\int_0^a \left\{x^2(a^2-x^2)^{1/2} + \frac{1}{3}(a^2-x^2)^{3/2}\right\} dx = \frac{4}{3}\int_0^a (2x^2+a^2)\sqrt{a^2-x^2}\,dx$$

ここで $x = a\sin t$ とおけば

$$= \frac{4a^4}{3}\int_0^{\frac{\pi}{2}} (2\sin^2 t + 1)\cos^2 t\,dt = \frac{4a^4}{3}\int_0^{\frac{\pi}{2}} (3\cos^2 t - 2\cos^4 t)\,dt = \frac{\pi a^4}{2}$$

問題 6.1.3 (p.64) (1) $\displaystyle\int_0^1 dy \int_0^{\sqrt{y}} f(x,y)\,dx + \int_1^2 dy \int_0^{2-y} f(x,y)\,dx$

(2) $\displaystyle\int_0^a dx \int_{-\sqrt{a^2-x^2}}^{\sqrt{a^2-y^2}} f(x,y)\,dy$

(3) $\displaystyle\int_0^a dx \int_{a-x}^a f(x,y)\,dy + \int_a^{2a} \int_{x-a}^a f(x,y)\,dy$

(4) $\displaystyle\int_0^3 dy \int_{\frac{y}{4}}^y f(x,y)\,dx + \int_3^{12} dy \int_{\frac{y}{4}}^3 f(x,y)\,dx$

(5) $\displaystyle\int_1^4 dy \int_{\sqrt[3]{y}}^{\sqrt{y}} f(x,y)\,dx + \int_4^8 dy \int_{\sqrt[3]{y}}^2 f(x,y)\,dx$

(6) $\displaystyle\int_0^2 dx \int_0^{\operatorname{Cos}^{-1}(x-1)} f(x,y)\,dy$

問題 6.1.4 (p.64) (1) $\dfrac{1}{2}\left(1 - \dfrac{1}{e}\right)$ (2) $\dfrac{1}{2}\left(1 - \dfrac{1}{e}\right)$ (3) $\dfrac{3}{8}$

問題 6.2.1 (p.65) (1) $\displaystyle\iint_{D'} f(a\xi, b\eta)\,ab\,d\xi d\eta$, $\quad D': \xi^2 + \eta^2 \leqq 1$

(2) $\displaystyle\iint_{D'} f(r\cos^4\theta, r\sin^4\theta)\,4r\cos^3\theta\sin^3\theta\,drd\theta$, $\quad D': 0 \leqq r \leqq 1,\ 0 \leqq \theta \leqq \dfrac{\pi}{2}$

(3) $\displaystyle\iint_{D'} f(u(1-v), uv)\,u\,dudv$, $\quad D': c \leqq u \leqq d,\ \dfrac{a}{a+1} \leqq v \leqq \dfrac{b}{b+1}$

問題 6.2.2 (p.66) (1) $\dfrac{ab}{4}(a^2+b^2)\pi$ (2) $\dfrac{(ab)^{3/2}\pi}{24}$ (3) $\dfrac{ab}{28}\left(\dfrac{a^2}{3} + \dfrac{ab}{10} + \dfrac{b^2}{3}\right)$

(4) $\dfrac{8\sqrt{5}}{3}$ (5) $\pi(1 - e^{-a^2})$ (6) $\dfrac{\pi a^7}{35}$

問題 6.3.1 (p.67) (1) $-\pi$ (2) $\dfrac{\pi + \log 2}{2}$ (3) $\dfrac{1}{12}$ (4) $\dfrac{\log 2}{2}$

(5) $2\log 2 - \dfrac{3}{2}$ (6) $\dfrac{1}{2}$ (7) $\dfrac{1}{2}\sin 1$ (8) $\dfrac{\pi^2 a^2}{16}$

問題 6.3.2 (p.68) $ax = X,\ by = Y$ とおけば, $dxdy = \dfrac{1}{ab} dXdY$ であるから,

$$\iint_D f(a^2x^2+b^2y^2)\,dxdy = \frac{1}{ab}\int_0^\infty\int_0^\infty f(X^2+Y^2)\,dXdY.\quad X=r\cos\theta,\ Y=r\sin\theta \text{ とおいて, } =\frac{1}{ab}\int_0^{\pi/2}d\theta\int_0^\infty f(r^2)\,rdr = \frac{\pi}{2ab}\int_0^\infty f(r^2)\,rdr.\text{ さらに } r^2=R \text{ とおいて, } =\frac{\pi}{4ab}\int_0^\infty f(R)\,dR$$

問題 6.4.1 (p.69) (1) π^2

(2) $x=au^2, y=bv^2, z=z$ とおいて, 変数 u,v,z に関する積分を考える (問題 6.2.2 (3) (p.66) 参照). $\dfrac{a^2b^2c^2}{560}$

(3) $\dfrac{abc}{2}$

(4) V を条件 $x\geqq y$ を満たす部分 V' と $x\leqq y$ を満たす部分 V'' に分けて考えると考えやすい. $\iiint_{V'}dxdydz = \int_0^1 dy\int_y^1 dx\int_0^{1-x^2}dz = \int_0^1\int_y^1(1-x^2)\,dx = \int_0^1\left[x-\dfrac{x^3}{3}\right]_{x=y}^{x=1}dy = \int_0^1\left(\dfrac{2}{3}-y+\dfrac{y^3}{3}\right)dy = \dfrac{1}{4}$. 同様にして $\iiint_{V''}dxdydz = \dfrac{1}{4}$ したがって $\iiint_V dxdydz = \dfrac{1}{2}$

(5) $\dfrac{2}{3}\pi abc$ (6) $\dfrac{1}{4}\pi abc\left(a^2+b^2\right)$ (7) $\dfrac{a^2b^2c^2}{720}$

問題 6.4.2 (p.71) (1) $\dfrac{16\sqrt{15}}{3}$ (2) $\dfrac{64}{3}$

(3) 問題の領域の $x\geqq 0, y\geqq 0, z\geqq 0$ にある部分を V' として, V' の体積, つまり全体の $\dfrac{1}{8}$ の体積を求めてみる. $x=au^3, y=bv^3, z=cw^3$ で u,v,w を導入すれば, $\iiint_{V'}dxdydz = 27abc\iiint_{V''}u^2v^2w^2\,dudvdw$ となる. ここで, $V''=\{(u,v,w)\mid u^2+v^2+w^2\leqq 1, u\geqq 0, v\geqq 0, w\geqq 0\}$ である. この右辺の積分を実行すればよいが, 例えば uvw 空間で極座標を導入すれば, この積分の部分は $\int_0^1 dr\int_0^{\pi/2}d\varphi\int_0^{\pi/2}r^8\sin^5\theta\cos^2\theta\cos^2\varphi\sin^2\varphi\,d\theta = \dfrac{\pi}{15\cdot 9\cdot 7\cdot 2}$ となる. 最後の答えはこの $8\times 27abc$ 倍であって, $\dfrac{4\pi abc}{35}$ である.

(4) $V=\left\{(x,y,z)\mid 0\leqq x\leqq z\leqq a-\sqrt{x^2+y^2}\right\}$ の体積を求める. $D=\left\{(x,y)\mid 0\leqq x\leqq a-\sqrt{x^2+y^2}\right\}$ とおいて, $\iiint_V dxdydz = \iint_D dxdy\int_x^{a-\sqrt{x^2+y^2}}dz = \iint_D\left(a-\sqrt{x^2+y^2}-x\right)dxdy$ ここで極座標に変数変換する. $D'=\left\{(r,\theta)\mid 0\leqq r\leqq\dfrac{a}{1+\cos\theta}, -\dfrac{\pi}{2}\leqq\theta\leqq\dfrac{\pi}{2}\right\}$ として, $=\iint_{D'}(a-r-r\cos\theta)\,rdrd\theta =$

$$\int_{-\frac{\pi}{2}}^{\frac{\pi}{2}} d\theta \int_0^{\frac{a}{1+\cos\theta}} (a - r - r\cos\theta)\, r\, dr = \frac{2}{9}a^3$$
(5) $\dfrac{2}{3}a^3$　(6) $\dfrac{4\pi}{3}(2\sqrt{2}-1)a^3$

問題 6.4.3 (p.71)　(1) π　(2) $\dfrac{1}{12}$　(3) $4\sqrt{2}\pi$　(4) 領域の $x \geqq 0, y \geqq 0, z \geqq 0$ にある部分を考えかつそれの $x \geqq y$ を満たす部分を考えると，対称性から全体の体積の $\dfrac{1}{16}$ が $\iint_D dxdy \int_0^{\sqrt{a^2-x^2}} dz$ で与えられる．ここで $D = \{(x,y) \mid x^2+y^2 \leqq a^2, 0 \leqq y \leqq x\}$ である．例えばこれを極座標を用いて計算する．最後の結果は $16\left(1 - \dfrac{1}{\sqrt{2}}\right)a^3$

(5) $\dfrac{\pi abc^2}{4}$

問題 6.4.4 (p.72)　(1) 柱面 $x^2 + y^2 = ax$ の $y \geqq 0$ にある部分は全体の半分である．この部分は $y = y(x,z) = \sqrt{ax - x^2}$ で与えられる．$\sqrt{1 + y_x^2 + y_z^2} = \dfrac{a}{2\sqrt{ax-x^2}}$ これを，xz 平面の領域で柱面が球に含まれる範囲 $D = \{(x,z) \mid z^2 \leqq a^2 - ax\}$ で積分する．積分の結果は $2a^2$．最後の答は $4a^2$

(2) まず $z \geqq 0, y \geqq 0$ にある部分の面積（全体の 1/4）を求める．$z = z(x,y) = \sqrt{a^2 - x^2}$ として $\sqrt{1 + z_x^2 + z_y^2} = \dfrac{a}{\sqrt{a^2-x^2}}$ であるから，この部分の面積は $D = \{(x,y) \mid 0 \leqq y \leqq \sqrt{ax-x^2}, 0 \leqq x \leqq a\}$ として，$\iint_D \sqrt{1 + z_x^2 + z_y^2}\, dxdy = a\int_0^a dx \int_0^{\sqrt{ax-x^2}} \dfrac{dy}{\sqrt{a^2-x^2}} = a\int_0^a \sqrt{\dfrac{x}{x+a}}\, dx$. この積分の計算は例えば変数変換 $\sqrt{x+a} = t$ を用いて計算すればよい．計算結果は $a^2\{\sqrt{2} - \log(1+\sqrt{2})\}$ であり，したがって最後の答は $4a^2\{\sqrt{2} - \log(1+\sqrt{2})\}$

(3) $9\sqrt{2}$　(4) $\dfrac{2\pi}{3}\{(1+a^2)^{3/2} - 1\}$　(5) $\dfrac{\pi}{\sqrt{2}}$　(6) $\dfrac{24}{5}a^2$

7 章

以下，$\displaystyle\lim_{n\to\infty} \dfrac{a_n}{b_n} = 1$ ならば，$a_n \sim b_n$ と表すことにする．

問題 7.1.1 (p.77)　(1) $\left(\dfrac{n-1}{n}\right)^n \to \dfrac{1}{e} \neq 0$ より発散

(2) $n(e^{\frac{1}{n}} - 1) \to 1 \neq 0$ より発散　(3) $\dfrac{n+1}{n\sqrt{n^2+1}} \sim \dfrac{1}{n}$ より発散

(4) $\left|\dfrac{1+\sqrt[3]{n}}{n\sqrt{n+1}} \sin n\right| \leqq \dfrac{1+\sqrt[3]{n}}{n\sqrt{n+1}} \sim n^{-\frac{7}{6}}$ より絶対収束

(5) $\dfrac{\log n!}{n \log n} \to 1 \neq 0$ より発散　(6) $\alpha > 1$ のとき収束，$\alpha \leqq 1$ のとき発散

問題 7.1.2 (p.77) (1) $n!\left(\dfrac{e}{n}\right)^n > 1$ より発散 (2) $\dfrac{(n+1)^n}{8(n-1)^n} \to \dfrac{e^2}{8} < 1$ より収束 (3) 発散（オイラー・マクローリンの判定法による） (4) 収束（ライプニッツの定理による） (5) $\dfrac{n!}{e^n} > \left(\dfrac{n}{e^2}\right)^n \to \infty$ より発散 (6) 発散（調和級数の発散性による） (7) $a \leqq 1$ のとき発散，$a > 1$ のとき収束 (8) $a < \dfrac{1}{4}$ のとき収束，$a \geqq \dfrac{1}{4}$ のとき発散 (9) $a \leqq 1$ のとき収束，$a > 1$ のとき発散 (10) $\dfrac{1}{\sqrt{4n-3}} + \dfrac{1}{\sqrt{4n-1}} - \dfrac{1}{\sqrt{2n}} \sim \dfrac{\sqrt{2}-1}{\sqrt{2n}}$ より発散

問題 7.1.3 (p.77) (1) $\dfrac{a}{(1-a)^2}$ $\left(\displaystyle\sum_{n=1}^{\infty} na^{n-1} = \left(\dfrac{1}{1-a}\right)'\text{を用いてもよい}\right)$
(2) $\dfrac{a(a+1)}{(1-a)^3}$ $\left((1) \text{と} \displaystyle\sum_{n=2}^{\infty} n(n-1)a^{n-2} = \left(\dfrac{1}{1-a}\right)''\text{を用いてもよい}\right)$

問題 7.1.4 (p.77) $a_n = (-1)^n + 2$ $(1 \leqq \sqrt[n]{a_n} \leqq \sqrt[n]{3} \to 1 \ (n \to \infty))$

問題 7.1.5 (p.78) (1) n に関する帰納法と $e_n < e$ を用いる．
(2) (1) を使い，$\dfrac{e_{n+1}}{e_n} > 1$, $\dfrac{e_{-n}}{e_{-n-1}} > 1$ を示し，$e < e_{-n-1}$ は $1 < e_{-n-1} < e_{-n}$ より従う． (3) (2) を利用する．

問題 7.1.6 (p.79) (1) 1 (2) 1 (3) 2 (4) 1 (5) 1 $(\zeta_n \sim \log n)$
(6) 1 $\left(\dfrac{n}{e} < (n!)^{\frac{1}{n}} \leqq n\right)$

問題 7.1.7 (p.79) $\displaystyle\sum_{n=0}^{\infty}\left(\dfrac{x}{r}\right)^n,\ \sum_{n=0}^{\infty} n\left(\dfrac{x}{r}\right)^n, \cdots$
$\left(\text{一般に，収束半径 } r_1 \text{ の整級数 } \displaystyle\sum_{n=0}^{\infty} a_n x^n \text{ において，} x \text{ を } \dfrac{r_1}{r_2}x \text{ で置き換えた整級数 } \sum_{n=0}^{\infty} a_n \dfrac{r_1^n x^n}{r_2^n} \text{ の収束半径は } |r_2| \text{ であることが収束半径の性質より容易にわかる．}\right)$

問題 7.1.8 (p.80) (2) 左辺を 2 項定理で展開する．
(3) 単調増加数列であることを示す．
(4) $\left(1 + \dfrac{x}{n}\right)^n = \displaystyle\sum_{k=0}^{n}\left(1 - \dfrac{1}{n}\right)\cdots\left(1 - \dfrac{k-1}{n}\right)\dfrac{x^k}{k!}$
$\geqq \displaystyle\sum_{k=0}^{N}\left(1 - \dfrac{1}{n}\right)\cdots\left(1 - \dfrac{k-1}{n}\right)\dfrac{x^k}{k!}$ $(n \geqq N)$
(5) $a_n, -b_n$ について，(1)〜(4) の推論を行う．

問　題　解　答

問題 7.1.9 (p.82)　(1) $\sum_{n=0}^{\infty} \dfrac{(\log a)^n x^n}{n!}$ $(-\infty < x < \infty)$

(2) $\dfrac{1}{(x+1)^3} = \dfrac{1}{2}\Big(\dfrac{1}{1+x}\Big)'' = \dfrac{1}{2}\sum_{n=0}^{\infty}(-1)^n(n+1)(n+2)x^n$ $(|x|<1)$

(3) $\log(x+\sqrt{2+x^2}) = \dfrac{\log 2}{2} + \int_0^x \dfrac{dt}{\sqrt{2+t^2}}$
$= \dfrac{\log 2}{2} + \dfrac{1}{\sqrt{2}}\sum_{n=0}^{\infty}(-1)^n \dfrac{(2n-1)!! x^{2n+1}}{(2n)!! 2^n (2n+1)}$ $(|x|<\sqrt{2})$

(4) $\sin^2 x = \dfrac{1}{2} - \dfrac{\cos 2x}{2} = \dfrac{1}{2} - \dfrac{1}{2}\sum_{n=0}^{\infty}\dfrac{(-4)^n}{(2n)!}x^{2n}$ $(-\infty<x<\infty)$

(5) $e^{-2x}\cos^2 x = \dfrac{e^{-2x}}{2} + \dfrac{e^{-2x}\cos 2x}{2} = \dfrac{1}{2}\sum_{n=0}^{\infty}(-2)^n\Big(1+2^{\frac{n}{2}}\cos\dfrac{n\pi}{4}\Big)\dfrac{x^n}{n!}$
$(-\infty<x<\infty)$

(6) $e^x \log(1+x) = \sum_{n=1}^{\infty}\Big(\sum_{k=1}^{n}\dfrac{(-1)^{k+1}}{(n-k)!k}\Big)x^n$ $(|x|<1)$

(7) $(\log(1+x))^2 = 2\sum_{n=2}^{\infty}\dfrac{(-1)^n}{n}\Big(\sum_{k=1}^{n-1}\dfrac{1}{k}\Big)x^n$ $(|x|<1)$

(8) $(\mathrm{Sin}^{-1}x)^2 = \sum_{n=1}^{\infty}\dfrac{(2n-2)!!}{(2n-1)!!}\dfrac{x^{2n}}{n}$ $(|x|<1)$

問題 7.1.10 (p.82)　(1) $1+\tan^2\theta = \dfrac{1}{\cos^2\theta}$ を用いる．

(2) $z\sqrt{1-y^2} = \mathrm{Sin}^{-1} y$ の両辺を y で微分する．

(3) $a_1 + \sum_{n=1}^{\infty}\{(n+1)a_{n+1} - na_{n-1}\}y^n = 1$ より，$a_0=0$, $a_1=1$, $a_n = \dfrac{n-1}{n}a_{n-2}$
$(n=2,3,4,\cdots)$

問題 7.1.11 (p.83)　(1) $\int_0^{\frac{1}{\sqrt{2}}} x^{8n+k-1}\,dx = \dfrac{1}{16^n 2^{\frac{k}{2}}(8n+k)}$ に注目して項別積分．

(2) 左辺を (1) を使って定積分に直し，$y = \sqrt{2}\,x$ と変数変換して計算する．

以下，C, C_1, C_2 等は任意定数を表すものとする．

問題 7.2.1 (p.85)　(1) $y = C_1 x^2 + C_2 x + C_3$

(2) $y = x\mathrm{Sin}^{-1}x + (1/3)(x^2+2)\sqrt{1-x^2} + C_1 x + C_2$

(3) $a\ne b$ のとき，$y = \dfrac{a - Cbe^{(a-b)x}}{1 - Ce^{(a-b)x}}$, $y=b$
$a=b$ のとき，$y = a - 1/(x+C)$, $y=a$

(4) $y = a\log\Big|\dfrac{a+\sqrt{a^2-x^2}}{x}\Big| - \sqrt{a^2-x^2} + C$

(5) $z = \sqrt[3]{ax+by+c}$ とおく．$b\ne 0$ のとき，$(3/2b)(ax+by+c)^{\frac{2}{3}} - (3a/b^2)(ax+$

$by+c)^{\frac{1}{3}} + (3a^2/b^3) \log|a+b(ax+by+c)^{\frac{1}{3}}| = x+C$. $b=0$ かつ $a \neq 0$ のとき, $y = (3/4a)(ax+c)^{\frac{4}{3}} + C$. $b=a=0$ のとき, $y = c^{\frac{1}{3}}x + C$.

(6) $(x^2-ay)dx + (y^2-ax)dy = 0$ と表せば完全微分形 (p.90). $y^3 - 3axy + x^3 = C$

(7) $y^2 + 2xy - x^2 = C$ (または $y = -x \pm \sqrt{2x^2+C}$)

(8) $y(\sqrt{x^2+y^2} + y) = x^2(\log[|x|(\sqrt{x^2+y^2}-y)] + C)$

(9) $z = x-y$ とおく. $2x - 8y + \log|x-y| - 9\log|x-y+2| = C$, $y = x$, $y = x+2$ (10) $u = x-1$, $v = y+2$ とおく. $(x-y-3)^3(7x+5y+3) = C$

問題 7.2.2 (p.88) (1) $y = \cos x + 1 + Ce^{\cos x}$

(2) $y = 2 + C\sqrt{1-x^2}$ ($|x|<1$), $y = 2 + C\sqrt{x^2-1}$ ($|x|>1$)

(3) $z = y^{-3}$ とおく. $(-\sin x - 2\sin x \cos^2 x + C \cos^3 x)y^3 = 1$, $y = 0$

(4) $z = y^{-1}$ とおく. $(\log x + 1 + Cx)y = 1$, $y = 0$

(5) $y = e^{-\frac{x}{2}}\left(C_1 \cos\frac{\sqrt{3}\,x}{2} + C_2 \sin\frac{\sqrt{3}\,x}{2}\right)$

(6) $y = C_1 e^{-2x} + C_2$

問題 7.2.3 (p.90) (1) $y = C_1 e^{2x} + C_2 e^{-3x} - \frac{x^2}{2} + \frac{2x}{3} - \frac{8}{9}$

(2) $y = C_1 e^{-x} + C_2 e^{2x} + \cos x - 3\sin x$ (3) $y = (-x^2 - 5x + C_1)e^{2x} + C_2 e^{3x}$

(4) $y = e^{-x}\left\{C_1 + C_2 x + x\mathrm{Tan}^{-1}x - \frac{1}{2}\log(x^2+1)\right\}$ (5) $y = C_1 e^{-3x} + C_2 e^{2x}$
$- \frac{1}{4}e^{-2x}$ (6) $y = C_1 e^{-3x} + C_2 e^{2x} - \frac{1}{4}e^{-2x} + \frac{7}{50}\cos x - \frac{1}{50}\sin x$

問題 7.2.4 (p.95)

(1) $x(y-x)^3 - \sin x = Cx$ (または $y = x + \left(\frac{\sin x}{x} + C\right)^{\frac{1}{3}}$) (積分因子は $\frac{1}{x^2}$)

(2) $(\log y)^2 - 2x \log y = C$ (または $y = e^{x \pm \sqrt{x^2+C}}$) (積分因子は $\frac{1}{y}$)

(3) $x + y^3 = Cx^2 y$ (積分因子は $\frac{1}{x^3 y^2}$) (4) $y = x(\cos x + C)$ $(d(\frac{y}{x}) + \sin x\, dx = 0)$

(5) $xy + \mathrm{Tan}^{-1}\frac{y}{x} = C$ (または $y + x\tan(xy+C) = 0$) $(d(xy) + d(\mathrm{Tan}^{-1}\frac{y}{x}) = 0)$

(6) $y + \frac{x^2}{2} + \log|xy+1| = C$, $xy+1 = 0$ (または $(xy+1)e^{y+\frac{x^2}{2}} = C$)
$(x\,dx + dy + d(\log|xy+1|) = 0)$

8 章

問題 8.1.1 (p.97) (1) $A+B = \begin{bmatrix} 4 & 10 \\ 7 & 11 \end{bmatrix}$, $A-B = \begin{bmatrix} -2 & -2 \\ -3 & 3 \end{bmatrix}$,

$AB = \begin{bmatrix} 23 & 22 \\ 41 & 40 \end{bmatrix}$, $BA = \begin{bmatrix} 15 & 54 \\ 13 & 48 \end{bmatrix}$

問　題　解　答

(2) $A+B$, $A-B$ は定義されない．$AB = \begin{bmatrix} 39 \end{bmatrix}$, $BA = \begin{bmatrix} 3 & 12 & 24 \\ 5 & 20 & 40 \\ 2 & 8 & 16 \end{bmatrix}$

(3) $A+B$, $A-B$ は定義されない．$AB = \begin{bmatrix} 39 & 30 \\ 33 & 33 \end{bmatrix}$, $BA = \begin{bmatrix} 21 & 24 & 66 \\ 17 & 28 & 68 \\ 5 & 10 & 23 \end{bmatrix}$

(4) $A+B$, $A-B$, BA は定義されない．$AB = \begin{bmatrix} 39 & 30 \\ 33 & 33 \\ 31 & 41 \end{bmatrix}$

(5) $A+B = \begin{bmatrix} 4 & 10 & 9 & 16 \\ 8 & 6 & 15 & 14 \\ 4 & 6 & 12 & 3 \\ 6 & 4 & 10 & 12 \end{bmatrix}$, $A-B = \begin{bmatrix} -2 & -2 & 7 & 2 \\ -2 & -2 & -1 & -4 \\ 0 & 4 & 6 & -1 \\ -2 & 0 & 0 & 0 \end{bmatrix}$

$AB = \begin{bmatrix} 75 & 48 & 102 & 113 \\ 53 & 43 & 65 & 83 \\ 53 & 43 & 74 & 83 \\ 50 & 37 & 63 & 78 \end{bmatrix}$, $BA = \begin{bmatrix} 37 & 43 & 110 & 100 \\ 51 & 86 & 185 & 127 \\ 15 & 29 & 60 & 38 \\ 32 & 57 & 121 & 87 \end{bmatrix}$

問題 8.1.2 (p.98) (1) $\begin{bmatrix} 39 & 42 & 0 \\ 35 & 46 & 0 \\ 0 & 0 & 19 \\ 0 & 0 & 45 \\ 0 & 0 & 43 \end{bmatrix}$ (2) $\begin{bmatrix} 21 & 0 & 0 & 0 \\ 0 & 20 & 0 & 0 \\ 0 & 0 & 6 & 0 \\ 0 & 0 & 0 & 6 \end{bmatrix}$

(3) $\begin{bmatrix} 9 & 18 & 15 \\ 15 & 12 & 6 \\ 9 & 24 & 9 \\ 21 & 3 & 15 \\ 12 & 27 & 6 \end{bmatrix}$ (4) $\begin{bmatrix} 3 & 6 & 5 \\ 4 & 9 & 2 \\ 3 & 8 & 3 \\ 7 & 1 & 5 \\ 5 & 4 & 2 \end{bmatrix}$ (5) $\begin{bmatrix} 3 & 7 & 5 & 2 & 6 \\ 5 & 4 & 2 & 3 & 4 \\ 3 & 2 & 3 & 1 & 8 \end{bmatrix}$

問題 8.1.3 (p.98) 与えられた行列を A とおく．

(1) $A^2 = \begin{bmatrix} 0 & 0 & 15 \\ 0 & 0 & 0 \\ 0 & 0 & 0 \end{bmatrix}$, $A^k = O$ $(k \geqq 3)$

(2) $A^k = \begin{bmatrix} 0 & 0 & 1 \\ 0 & 1 & 0 \\ 1 & 0 & 0 \end{bmatrix}$ (k は奇数), $A^k = \begin{bmatrix} 1 & 0 & 0 \\ 0 & 1 & 0 \\ 0 & 0 & 1 \end{bmatrix}$ (k は偶数)

(3) $A^k = \begin{bmatrix} a^k & 0 & 0 \\ 0 & b^k & 0 \\ 0 & 0 & c^k \end{bmatrix}$

(4) $k = 3m$ のとき $A^k = E$, $k = 3m+1$ のとき $A^k = A$,

$k = 3m+2$ のとき $A^k = \begin{bmatrix} 0 & 0 & 1 \\ 1 & 0 & 0 \\ 0 & 1 & 0 \end{bmatrix}$ (m は $k \geqq 1$ となる整数)

問題 8.1.4 (p.99) (1) $\begin{bmatrix} a & b \\ -b & a \end{bmatrix}$ (a, b : 任意) (2) $\begin{bmatrix} a & b & c \\ 0 & e & f \\ 0 & 0 & a \end{bmatrix}$ (a, b, c, e, f : 任意)

(3) $\begin{bmatrix} a & b & c \\ 0 & a & b \\ 0 & 0 & a \end{bmatrix}$ (a, b, c : 任意) (4) $\begin{bmatrix} a & b & c \\ 0 & a & b \\ 0 & 0 & a \end{bmatrix}$ (a, b, c : 任意)

問題 8.1.5 (p.99) $\begin{bmatrix} \lambda & 0 & 0 \\ 0 & \lambda & 0 \\ 0 & 0 & \gamma \end{bmatrix}$ (λ, γ : 任意)

問題 8.1.6 (p.99) λE_n, λ は任意のスカラー, E_n は n 次の単位行列.

問題 8.1.7 (p.100) (1) $\begin{bmatrix} 1 & -1 \\ 3 & 2 \end{bmatrix} = \begin{bmatrix} 1 & 1 \\ 1 & 2 \end{bmatrix} + \begin{bmatrix} 0 & -2 \\ 2 & 0 \end{bmatrix}$

(2) $\begin{bmatrix} 1 & -1 & 7 \\ 3 & 2 & -2 \\ -4 & 3 & 1 \end{bmatrix} = \begin{bmatrix} 1 & 1 & \frac{3}{2} \\ 1 & 2 & \frac{1}{2} \\ \frac{3}{2} & \frac{1}{2} & 1 \end{bmatrix} + \begin{bmatrix} 0 & -2 & \frac{11}{2} \\ 2 & 0 & -\frac{5}{2} \\ -\frac{11}{2} & \frac{5}{2} & 0 \end{bmatrix}$

問題 8.1.8 (p.100) (1) A, B は対称とする. ${}^t(AB) = {}^tB\,{}^tA = BA$

(2) A, B は交代とする. ${}^t(AB) = {}^tB\,{}^tA = (-B)(-A) = BA$

問題 8.1.9 (p.100) 前問 (8.1.8) による.

${}^t([A,B]) = {}^t(AB) - {}^t(BA) = BA - AB = -(AB - BA) = -[A,B]$

問題 8.1.10 (p.100) (1) $[A,B] = AB - BA = -[BA - AB] = -[B,A]$

(2) $[[A,B],C] = [A,B]C - C[A,B] = ABC - BAC - CAB + CBA$ である. ここで A, B, C を循環的に置き換えたものを考えて加えればよい.

問題 **8.2.1** (p.102) (1) $\begin{bmatrix} 0 & 1 & \frac{2}{3} & \frac{1}{3} \\ 0 & 0 & 0 & 0 \end{bmatrix}$ (2) $\begin{bmatrix} 1 & 2 & 0 & 3 \\ 0 & 0 & 1 & 2 \\ 0 & 0 & 0 & 0 \end{bmatrix}$

(3) $\begin{bmatrix} 1 & 0 & 3 & 2 & 0 \\ 0 & 1 & 2 & 3 & 0 \\ 0 & 0 & 0 & 0 & 1 \\ 0 & 0 & 0 & 0 & 0 \end{bmatrix}$ (4) $\begin{bmatrix} 1 & 2 & 0 & 0 & 0 \\ 0 & 0 & 1 & 0 & 0 \\ 0 & 0 & 0 & 1 & 0 \\ 0 & 0 & 0 & 0 & 1 \\ 0 & 0 & 0 & 0 & 0 \end{bmatrix}$

問題 **8.2.2** (p.102) (1) $\begin{bmatrix} 0 & 1 \\ 0 & 0 \end{bmatrix}, \begin{bmatrix} 1 & a \\ 0 & 0 \end{bmatrix}, \begin{bmatrix} 1 & 0 \\ 0 & 1 \end{bmatrix}$ (2) $\begin{bmatrix} 0 & 0 & 1 \\ 0 & 0 & 0 \end{bmatrix},$

$\begin{bmatrix} 0 & 1 & a \\ 0 & 0 & 0 \end{bmatrix}, \begin{bmatrix} 1 & a & b \\ 0 & 0 & 0 \end{bmatrix}, \begin{bmatrix} 0 & 1 & 0 \\ 0 & 0 & 1 \end{bmatrix}, \begin{bmatrix} 1 & a & 0 \\ 0 & 0 & 1 \end{bmatrix}, \begin{bmatrix} 1 & 0 & a \\ 0 & 1 & b \end{bmatrix}$

(3) $\begin{bmatrix} 0 & 0 & 1 \\ 0 & 0 & 0 \\ 0 & 0 & 0 \end{bmatrix}, \begin{bmatrix} 0 & 1 & a \\ 0 & 0 & 0 \\ 0 & 0 & 0 \end{bmatrix}, \begin{bmatrix} 1 & a & b \\ 0 & 0 & 0 \\ 0 & 0 & 0 \end{bmatrix}, \begin{bmatrix} 0 & 1 & 0 \\ 0 & 0 & 1 \\ 0 & 0 & 0 \end{bmatrix},$

$\begin{bmatrix} 1 & a & 0 \\ 0 & 0 & 1 \\ 0 & 0 & 0 \end{bmatrix}, \begin{bmatrix} 1 & 0 & a \\ 0 & 1 & b \\ 0 & 0 & 0 \end{bmatrix}, \begin{bmatrix} 1 & 0 & 0 \\ 0 & 1 & 0 \\ 0 & 0 & 1 \end{bmatrix}$ (a, b は任意)

問題 **8.2.3** (p.102) (1) 1 (2) 2 (3) 3 (4) 4

問題 **8.2.4** (p.103) (1) 2 (2) 2 (3) 3 (4) 4 (5) 4

問題 **8.2.5** (p.103) A_1, A_2 の簡約化を $\begin{bmatrix} B_1 \\ O \end{bmatrix} (B_1 \neq O), \begin{bmatrix} B_2 \\ O \end{bmatrix} (B_1 \neq O)$ とすれば, A の簡約化は $\begin{bmatrix} B_1 & O \\ O & B_2 \\ O & O \end{bmatrix}$ の形になる.

問題 **8.2.6** (p.103) (1) $a = b = 0$ のとき 0. $a = b \neq 0$ のとき 1. $a \neq 0, a + 2b = 0$ のとき 2. $a + 2b \neq 0$ のとき 3.
 (2) $a = b = 1$ のとき 1. $a + b + 1 = 0$ のとき 2. それ以外のとき 3.
 (3) $a = 1$ のとき 1. $a = 0$ のとき 3. それ以外のとき 4.
 (4) $a = 1$ のとき 1. $a = -\frac{1}{3}$ のとき 3. それ以外のとき 4.

問題 **8.2.7** (p.104) (1) $a = 1$ のとき 1. $a = 1 - n$ のとき $n - 1$. それ以外のとき n.
 (2) $(a_1, \cdots, a_n) = (0, \cdots, 0)$ または $(b_1, \cdots, b_n) = (0, \cdots, 0)$ のとき 0. それ以外のとき 1.

212　　問　題　解　答

問題 8.2.8 (p.104)　(1) $a \neq 0$ のとき $\operatorname{rank} A = 3$. $a = 0$ のとき $\operatorname{rank} A = 2$.
(2) $a = 0, b = 1$. このとき $A(E - A) = O$

問題 8.2.9 (p.105)　(1) $x = 3, y = 7, z = -3$
(2) $x_1 = -1, x_2 = 2, x_3 = 5$
(3) $x_1 = 3, x_2 = -3, x_3 = -3, x_4 = 3$
(4) $x_1 = 1, x_2 = 2, x_3 = 8, x_4 = -3$
(5) $x_1 = 1, x_2 = 2, x_3 = 4, x_4 = 4, x_5 = 5$
(6) $x_1 = 1, x_2 = -2, x_3 = -3, x_4 = 7, x_5 = 8$

問題 8.2.10 (p.108)　(1) $x_1 = 35 + 8c, x_2 = -22 - 5c, x_3 = c$　(c : 任意)
(2) $x_1 = 3 + 2c_1 + 3c_2, x_2 = c_1, x_3 = c_2$　(c_1, c_2 : 任意)
(3) 解なし
(4) $x_1 = 3, x_2 = -2, x_3 = -3, x_4 = 1$
(5) $x_1 = 2, x_2 = -3, x_3 = -\dfrac{1}{2}, x_4 = \dfrac{1}{2}$
(6) $x_1 = \dfrac{82}{23} + \dfrac{4}{23}c, x_2 = \dfrac{31}{23} + \dfrac{6}{23}c, x_3 = \dfrac{73}{23} + \dfrac{3}{23}c,$
$x_4 = -\dfrac{193}{23} - \dfrac{24}{23}c, x_5 = c$　(c : 任意)

問題 8.3.1 (p.110)　(1) $\begin{bmatrix} 1 & 0 & 0 & -1 \\ 0 & 1 & 0 & -2 \\ 0 & 0 & 1 & -3 \\ 0 & 0 & 0 & 1 \end{bmatrix}$　(2) $\begin{bmatrix} 1 & 0 & 0 & 0 \\ 0 & 1 & 0 & 0 \\ 0 & 0 & 1 & 0 \\ -3 & -2 & -1 & 1 \end{bmatrix}$

(3) $\begin{bmatrix} 0 & 0 & 0 & 1 \\ 0 & 0 & 1 & 0 \\ 0 & 1 & 0 & 0 \\ 1 & 0 & 0 & 0 \end{bmatrix}$　(4) $\begin{bmatrix} 1 & 1 & 1 & 1 \\ 0 & 1 & 1 & 1 \\ 0 & 0 & 1 & 1 \\ 0 & 0 & 0 & 1 \end{bmatrix}$

問題 8.3.2 (p.110)　(1) $\begin{bmatrix} 1 & 1 & \cdots & \cdots & 1 \\ 0 & 1 & \ddots & & \vdots \\ 0 & 0 & \ddots & \ddots & \vdots \\ \vdots & \ddots & \ddots & 1 & 1 \\ 0 & \cdots & 0 & 0 & 1 \end{bmatrix}$　(2) $\begin{bmatrix} 1 & 1 & 3 & 8 \\ 0 & 1 & 1 & 3 \\ 0 & 0 & 1 & 1 \\ 0 & 0 & 0 & 1 \end{bmatrix}$

問題 8.3.3 (p.111)　(1) $A^{-1}A = AA^{-1} = E$ からわかる.
(2) 一般に ${}^t(AB) = {}^tB\,{}^tA$ および ${}^tE = E$ が成り立つことに注意しておく. $AA^{-1} = E$ から ${}^t(AA^{-1}) = {}^tE$ これから ${}^t(A^{-1})\,{}^tA = E$. また, $A^{-1}A = E$ から

$^t(A^{-1}A) = {}^tE$. これから ${}^tA\,{}^t(A^{-1}) = E$. これらのことから ${}^tA$ は正則である (さらに $({}^tA)^{-1} = {}^t(A^{-1})$ であることも) わかる.

問題 8.3.4 (p.113)　(1) $\begin{bmatrix} -\dfrac{5}{2} & 2 \\ \dfrac{3}{2} & -1 \end{bmatrix}$　(2) $\begin{bmatrix} \dfrac{5}{2} & -\dfrac{7}{2} & \dfrac{3}{2} \\ -\dfrac{7}{2} & \dfrac{25}{6} & -\dfrac{3}{2} \\ \dfrac{3}{2} & -\dfrac{3}{2} & \dfrac{1}{2} \end{bmatrix}$

(3) $\begin{bmatrix} 0 & \dfrac{1}{2} & \dfrac{1}{2} \\ \dfrac{1}{2} & 0 & \dfrac{1}{2} \\ \dfrac{1}{2} & \dfrac{1}{2} & 0 \end{bmatrix}$　(4) $\begin{bmatrix} \dfrac{1}{6} & 0 & -\dfrac{1}{2} & \dfrac{2}{3} \\ 0 & -\dfrac{1}{2} & 1 & -\dfrac{1}{2} \\ -\dfrac{1}{2} & 1 & -\dfrac{1}{2} & 0 \\ \dfrac{2}{3} & -\dfrac{1}{2} & 0 & \dfrac{1}{6} \end{bmatrix}$　(5) 正則でない

9 章

問題 9.1.1 (p.114)　(1) -1　(2) -25　(3) 130　(4) 167

問題 9.2.1 (p.114)　(1) $(1\ 3\ 4)$　(2 は動かさない.)　符号数 $+1$

(2) $(1\ 4\ 2\ 5\ 3)$　符号数 $+1$

(3) $(1\ 6\ 3\ 2)(4\ 5)$　符号数 $+1$

(4) $(1\ 4\ 5\ 7\ 2\ 8\ 3\ 6)$　符号数 -1

(5) $(1\ 4\ 8\ 12)(2\ 3\ 5\ 6)(7\ 9\ 10\ 11)$　符号数 -1

問題 9.2.2 (p.116)　(1) 与えられた置換は $\dfrac{n}{2}$ 個の互換の積 $(1\ 2)(3\ 4)\cdots(n-1\ n)$ である. したがって, 符号数は $(-1)^{\frac{n}{2}}$ である.

(2) $m = \left\lfloor \dfrac{n}{2} \right\rfloor$ とすれば, 与えられた置換は互換の積 $(1\ n)(2\ n-1)\cdots(m-1\ n-m+2)(m\ n-m+1)$ である. ($n = 2m+1$ (奇数) のときは $m+1$ は動かない数字になる) したがって, 符号数は $(-1)^m = (-1)^{\frac{n(n-1)}{2}}$ である.

問題 9.2.3 (p.117)　(1) 6　(2) -120　(3) -48

問題 9.3.1 (p.117)　(1) $a_{11}a_{22}\cdots a_{nn}$　(2) $-a_{12}a_{21}$　(3) $-a_{13}a_{22}a_{31}$
(4) $a_{14}a_{23}a_{32}a_{41}$　(5) $(-1)^{\frac{n(n-1)}{2}}a_1 a_2 \cdots a_n$

問題 9.3.2 (p.117)　(1) 1　(2) 0　(3) 96

問題 9.3.3 (p.118)　(1) 660　(2) -128　(3) -42

214　　　問　　題　　解　　答

問題 9.3.4(p.118)　(1) $2abc$　(2) $a^3+b^3+c^3-3abc$
(3) $-a^3-b^3-c^3+3abc$　(4) $4abc$　(5) $4a^2b^2c^2$

問題 9.3.5(p.119)　(1) $2(a+b+c)^3$　(2) $(a-b)(b-c)(c-a)$
(3) $(a-b)(b-c)(c-a)(a+b+c)$　(4) $(a-b)(b-c)(c-a)(ab+bc+ca)$
(5) $(a+b+c+d)(a-b+c-d)\{(a-c)^2+(b-d)^2\}$
(6) $(a^2+b^2+c^2+d^2)^2$　(7) $4(a^2+b^2)(c^2+d^2)$
(8) $(x+y+z)(x-y-z)(y-z-x)(z-x-y)$
(9) $(x+y+z)(x-y-z)(y-z-x)(z-x-y)$
(10) $(x+y+z)(x-y-z)(y-z-x)(z-x-y)$

問題 9.3.6(p.119)　(1) $\prod_{\xi^n=1}(x_0+\xi x_1+\cdots+\xi^{n-1}x_{n-1})$
(2) $\prod_{i<j}(x_j-x_i)=(-1)^{\frac{n(n-1)}{2}}\prod_{i<j}(x_i-x_j)$
(3) $1+\sum_{i=1}^{n}a_i$　(4) $\prod_{i=1}^{n}(a_i-b_i)$　(5) $x^n+a_{n-1}x^{n-1}+\cdots+a_0$
(6) $x^{2n}+x^{2n-2}+\cdots+x^2+1$

問題 9.4.1(p.122)　(1) $\widetilde{A}=\begin{bmatrix}8&-5\\-2&1\end{bmatrix}$, $A^{-1}=\begin{bmatrix}-4&\frac{5}{2}\\1&-\frac{1}{2}\end{bmatrix}$
(2) $\widetilde{A}=\begin{bmatrix}1&1\\1&1\end{bmatrix}$, A は正則でない.
(3) $\widetilde{A}=\begin{bmatrix}0&2&2\\2&0&2\\2&2&0\end{bmatrix}$, $A^{-1}=\begin{bmatrix}0&\frac{1}{2}&\frac{1}{2}\\\frac{1}{2}&0&\frac{1}{2}\\\frac{1}{2}&\frac{1}{2}&0\end{bmatrix}$
(4) $\widetilde{A}=\begin{bmatrix}-1&1&1\\1&-1&1\\1&1&-1\end{bmatrix}$, $A^{-1}=\begin{bmatrix}-\frac{1}{2}&\frac{1}{2}&\frac{1}{2}\\\frac{1}{2}&-\frac{1}{2}&\frac{1}{2}\\\frac{1}{2}&\frac{1}{2}&-\frac{1}{2}\end{bmatrix}$
(5) $\widetilde{A}=\begin{bmatrix}-10&5&5\\2&-1&-1\\14&-7&-7\end{bmatrix}$, A は正則でない.

(6) $\widetilde{A} = \begin{bmatrix} -2 & 0 & 0 & 0 \\ 9 & -1 & -3 & 7 \\ 5 & -1 & -1 & 3 \\ 0 & 0 & 0 & -2 \end{bmatrix}$, $A^{-1} = \begin{bmatrix} 1 & 0 & 0 & 0 \\ -\dfrac{9}{2} & \dfrac{1}{2} & \dfrac{3}{2} & -\dfrac{7}{2} \\ -\dfrac{5}{2} & \dfrac{1}{2} & \dfrac{1}{2} & -\dfrac{3}{2} \\ 0 & 0 & 0 & 1 \end{bmatrix}$

(7) $\widetilde{A} = \begin{bmatrix} 0 & 0 & 0 & -1 \\ -5 & 1 & 4 & -6 \\ 4 & -1 & -3 & 5 \\ -1 & 0 & 0 & 0 \end{bmatrix}$, $A^{-1} = \begin{bmatrix} 0 & 0 & 0 & 1 \\ 5 & -1 & -4 & 6 \\ -4 & 1 & 3 & -5 \\ 1 & 0 & 0 & 0 \end{bmatrix}$

(8) $A = \begin{bmatrix} 1 & & & \\ & \begin{bmatrix} 2 & 3 \\ 5 & 4 \end{bmatrix} & & \\ & & 6 & \\ & & & 7 \end{bmatrix}$ (0 は省略) であるから, $\det(A) = 1 \cdot \begin{vmatrix} 2 & 3 \\ 5 & 4 \end{vmatrix} \cdot 6 \cdot 7 = -294$ であり, 逆行列は $A^{-1} = \begin{bmatrix} 1 & & & \\ & \begin{bmatrix} 2 & 3 \\ 5 & 4 \end{bmatrix}^{-1} & & \\ & & \dfrac{1}{6} & \\ & & & \dfrac{1}{7} \end{bmatrix} = \begin{bmatrix} 1 & 0 & 0 & 0 & 0 \\ 0 & -\dfrac{4}{7} & \dfrac{3}{7} & 0 & 0 \\ 0 & \dfrac{5}{7} & -\dfrac{2}{7} & 0 & 0 \\ 0 & 0 & 0 & \dfrac{1}{6} & 0 \\ 0 & 0 & 0 & 0 & \dfrac{1}{7} \end{bmatrix}$

であることが容易にわかる. したがって, 余因子行列は $\det(A) \cdot A^{-1}$ であるから

$\widetilde{A} = \begin{bmatrix} -294 & 0 & 0 & 0 & 0 \\ 0 & 168 & -126 & 0 & 0 \\ 0 & -210 & 84 & 0 & 0 \\ 0 & 0 & 0 & -49 & 0 \\ 0 & 0 & 0 & 0 & -42 \end{bmatrix}$ と求まる.

問題 9.4.2(p.123) (1) $x = -1, y = 2$ (2) $x_1 = \dfrac{1}{2}, x_2 = \dfrac{1}{2}, x_3 = 0$
(3) $x_1 = \dfrac{3}{37}, x_2 = \dfrac{11}{37}, x_3 = \dfrac{10}{37}$ (4) $x_1 = \dfrac{65}{55}, x_2 = \dfrac{57}{55}, x_3 = \dfrac{7}{55}$

問題 9.4.3(p.123) (1) $x = -\dfrac{1}{(a-b)(c-a)}, y = -\dfrac{1}{(a-b)(b-c)},$
$z = -\dfrac{1}{(b-c)(c-a)}$ (2) $x = \dfrac{(d-b)(c-d)}{(a-b)(c-a)}, y = \dfrac{(a-d)(d-c)}{(a-c)(b-c)},$
$z = \dfrac{(b-d)(d-a)}{(b-c)(c-a)}$

10 章

問題 10.1.1(p.124) $(6, 5, -12)$

問題 10.1.2(p.124) $(2, -8, 8)$

問題 10.1.3(p.124) (1) $\|a\| = \sqrt{19}$, $\|b\| = \sqrt{30}$, $\|c\| = \sqrt{90}$ (2) (a) $\begin{bmatrix} 5 & 2 & 9 \end{bmatrix}$
(b) $\begin{bmatrix} -1 & 4 & -1 \end{bmatrix}$ (c) $\begin{bmatrix} 7 & 3 & 15 \end{bmatrix}$ (3) $x_1 = -\dfrac{5}{26}$, $x_2 = \dfrac{27}{52}$, $x_3 = \dfrac{9}{104}$

問題 10.1.4(p.125) (1) 3 点 A, B, C を $a = \overrightarrow{AB}$, $b = \overrightarrow{BC}$ となるようにとる. $a + b = \overrightarrow{AC}$ である. 三角形 ABC の 2 辺 AB と BC の和は他の 1 辺 AC よりも大きいことから結果が得られる. (2) (1) で b を $-b$ で置き換える.

問題 10.2.1(p.126) (1) (i) $-12i + 4k$ (ii) $4\sqrt{10}$ (iii) $-\dfrac{3}{\sqrt{10}}i + \dfrac{1}{\sqrt{10}}k$
(2) (i) $-9i + 5j + 8k$ (iii) $-\dfrac{9}{\sqrt{170}}i + \dfrac{5}{\sqrt{170}}j + \dfrac{8}{\sqrt{170}}k$
(3) (i) $-17i + 47j + 29k$ (ii) $3\sqrt{371}$ (iii) $-\dfrac{17}{3\sqrt{371}}i + \dfrac{47}{3\sqrt{371}}j + \dfrac{29}{3\sqrt{371}}k$

問題 10.2.2 (p.126) (1) $a \perp a$ とする. $0 = a \cdot a = \|a\|^2$ である. これから, $\|a\| = 0$ すなわち $a = 0$ を得る. (2) 任意のベクトルと直交するベクトルは自分自身とも直交する.

問題 10.2.3.(p.126) (1) 右手系 (2) 右手系 (3) 左手系

問題 10.2.4(p.126) a と $b \times c$ のなす角を θ とする. $a \cdot (b \times c) = \|a\|\|b \times c\| \cos\theta$ である. 以下図を描きながら考えてもらいたい. $\|b \times c\|$ はベクトル b, c を 2 辺とする平行四辺形の面積である. a の終点からその平行四辺形の面へ下ろした垂線の長さが $h = \|a\||\cos\theta|$ である. a, b, c が右手系をなすときは $0 < \theta < \pi/2$ であり, $\cos\theta > 0$ であるから, $\|a\|\|b \times c\| \cos\theta = Sh = V$ であることがわかる. これに対して, a, b, c が左手系をなすときは $\pi/2 < \theta < \pi$ であり, $\cos\theta < 0$ であるから, $\|a\|\|b \times c\| \cos\theta = -Sh = -V$ となる.

問題 10.2.5(p.126) a, b, c が右手系のとき, b, c, a, c, a, b も右手系である. a, b, c が左手系のとき, b, c, a, c, a, b も左手系である. したがって問題 10.2.4 によって等号が示される. あるいは問題 10.2.9 によってもよい.

問題 10.2.6(p.126) (1) $\begin{bmatrix} 7 \\ -1 \\ -5 \end{bmatrix}$ (2) 0 (3) $\begin{bmatrix} -14 \\ 2 \\ 10 \end{bmatrix}$ (4) $\pm \dfrac{1}{5\sqrt{3}} \begin{bmatrix} 7 \\ -1 \\ -5 \end{bmatrix}$

問題 10.2.7(p.127) (1) $a \times b$ は a とも b とも直交する.

問　題　解　答　217

(2) $(\boldsymbol{b}-\boldsymbol{c})\times(\boldsymbol{c}-\boldsymbol{a})=\boldsymbol{b}\times\boldsymbol{c}-\boldsymbol{b}\times\boldsymbol{a}+\boldsymbol{c}\times\boldsymbol{a}$ に気を付ける．

問題 10.2.8(p.127)　(1)　平面上に任意の 2 点 $P(p_1,p_2,p_3)$, $Q(q_1,q_2,q_3)$ をとる．$a(p_1-q_1)+b(p_2-q_2)+c(p_3-q_3)=0$ がただちにわかる．つまり，$\overrightarrow{PQ}$ と $[a\ b\ c]$ は垂直である．

(2)　$\boldsymbol{t}=\pm\dfrac{1}{\sqrt{a^2+b^2+c^2}}[a\ b\ c]$

(3)　原点から平面へ下ろした垂線の足を $R(r_1,r_2,r_3)$ とすると，$ar_1+br_2+cr_3=d$ である．したがって，求める距離は $\boldsymbol{t}\cdot(\overrightarrow{OR})=|d|/\sqrt{a^2+b^2+c^2}$

(4)　点 $X(x_0,y_0,z_0)$ から平面へ下した垂線の足を $S(s_1,s_2,s_3)$ とすると，$\overrightarrow{XS}=\overrightarrow{OX}-\overrightarrow{OS}=\overrightarrow{OX}-\overrightarrow{RS}-\overrightarrow{OR}$ である．これと $\boldsymbol{t}$ との内積をとれば，$\boldsymbol{t}\cdot\overrightarrow{RS}=0$ に注意して，$|\boldsymbol{t}\cdot\overrightarrow{XS}|=|\boldsymbol{t}\cdot(\overrightarrow{OX}-\overrightarrow{OR})|=\left|\dfrac{1}{\sqrt{a^2+b^2+c^2}}(ax_0+by_0+cz_0-d)\right|$ である．これが求める距離になる．

問題 10.2.9(p.127)　左辺をベクトルの成分表示に従って展開したものは，右辺を 3 次の行列式の定義に従って展開したものに一致する．

問題 10.2.10(p.127)　成分を計算する．例えば x-成分 (第 1 成分) について，$a_2(\boldsymbol{b}\times\boldsymbol{c})_3-a_3(\boldsymbol{b}\times\boldsymbol{c})_2=(\boldsymbol{a}\cdot\boldsymbol{c})b_1-(\boldsymbol{a}\cdot\boldsymbol{b})c_1$ を計算で確かめよ．

問題 10.3.1(p.129)　(1)　$4x-2y-z=11$　　(2)　$x-12y+10z=15$

問題 10.3.2(p.129)　$4x+y-z-6=0$　　$\dfrac{x-1}{-4}=\dfrac{y-1}{-1}=z+1$

問題 10.3.3(p.129)　$\dfrac{x+2}{-2}=y-2=z$　$(\Leftrightarrow\ x=-2t-2,\ y=t+2,\ z=t)$　2 平面のなす角を θ と書くと，$\cos\theta=\sqrt{\dfrac{6}{7}}$

問題 10.3.4(p.129)　交点 $(5,-4,10)$．問題の角を θ として，$\sin\theta=\sqrt{\dfrac{3}{35}}$

問題 10.3.5(p.129)　交点 $(-8,-5,10)$．平面の方程式 $2x-8y+z-34=0$

問題 10.3.6(p.129)　求める単位ベクトル
$$\dfrac{1}{\sqrt{(bn-cm)^2+(cl-an)^2+(am-bl)^2}}\begin{bmatrix}bn-cm\\cl-an\\am-bl\end{bmatrix},$$
2 直線間の距離　$\dfrac{|(bn-cm)(\alpha-\lambda)+(cl-an)(\beta-\mu)+(am-bl)(\gamma-\nu)|}{\sqrt{(bn-cm)^2+(cl-an)^2+(am-bl)^2}}$

11章

問題 11.1.1(p.131) 以下で $\stackrel{(*)}{=}$ はベクトル空間の定義 (p.130) でのべた条件 $(*)$ から得られる等号を表す.

問 (1) $\boldsymbol{u}+\boldsymbol{v}=\boldsymbol{u}$ とすれば, (4) にいう $\boldsymbol{u}'$ を右から加えて $(\boldsymbol{u}+\boldsymbol{v})+\boldsymbol{u}'=\boldsymbol{u}+\boldsymbol{u}'=\boldsymbol{0}$. 左辺 $\stackrel{(1)}{=} \boldsymbol{u}'+(\boldsymbol{u}+\boldsymbol{v}) \stackrel{(2)}{=} (\boldsymbol{u}'+\boldsymbol{u})+\boldsymbol{v} \stackrel{(1)}{=} (\boldsymbol{u}+\boldsymbol{u}')+\boldsymbol{v} \stackrel{(4)}{=} \boldsymbol{0}+\boldsymbol{v} \stackrel{(1)}{=} \boldsymbol{v}+\boldsymbol{0} \stackrel{(3)}{=} \boldsymbol{v}$ と変形して $\boldsymbol{v}=\boldsymbol{0}$ を得る.

問 (2) $\boldsymbol{0} \stackrel{(4)}{=} \boldsymbol{u}+\boldsymbol{u}' \stackrel{(8)}{=} 1\boldsymbol{u}+\boldsymbol{u}' = (0+1)\boldsymbol{u}+\boldsymbol{u}' \stackrel{(6)}{=} (0\boldsymbol{u}+1\boldsymbol{u})+\boldsymbol{u}' \stackrel{(8)}{=} (0\boldsymbol{u}+\boldsymbol{u})+\boldsymbol{u}' \stackrel{(2)}{=} 0\boldsymbol{u}+(\boldsymbol{u}+\boldsymbol{u}') \stackrel{(4)}{=} 0\boldsymbol{u}+\boldsymbol{0} \stackrel{(3)}{=} 0\boldsymbol{u}$.

問 (3) $\boldsymbol{u}' \stackrel{(3)}{=} \boldsymbol{u}'+\boldsymbol{0} = \boldsymbol{u}'+0\boldsymbol{u} = \boldsymbol{u}'+\{1+(-1)\}\boldsymbol{u} \stackrel{(6)}{=} \boldsymbol{u}'+1\boldsymbol{u}+(-1)\boldsymbol{u} \stackrel{(8)}{=} \boldsymbol{u}'+\boldsymbol{u}+(-1)\boldsymbol{u} \stackrel{(1)}{=} \boldsymbol{u}+\boldsymbol{u}'+(-1)\boldsymbol{u} \stackrel{(4)}{=} \boldsymbol{0}+(-1)\boldsymbol{u} \stackrel{(1)}{=} (-1)\boldsymbol{u}+\boldsymbol{0} \stackrel{(4)}{=} (-1)\boldsymbol{u}$. 途中で問 (2) の結果を用いた.

問題 11.2.1(p.132) ((i)$\Rightarrow$ (i)$'$) $\boldsymbol{0} \in W$ だから $W \neq \emptyset$ である.

((i)$' \Rightarrow$ (i)) $W \neq \emptyset$ だから $\boldsymbol{u} \in W$ である $\boldsymbol{u}$ が存在する. (ii) より $\boldsymbol{0} = \boldsymbol{u}+(-1)\boldsymbol{u} \in W$ である. (あるいは (iii) より $\boldsymbol{0} = 0\boldsymbol{u} \in W$ である.)

問題 11.2.2(p.132) 与えられた条件が部分空間の条件 (ii), (iii) と同値であることを示せばよい. 問題の条件が成り立つとする. $k\boldsymbol{u}+l\boldsymbol{v} \in W$ で $k=1, l=1$ とおけば (ii) が得られる. また $l=0$ 場合が (iii) である. 逆に (ii), (iii) が成り立つとき, まず (iii) から $k\boldsymbol{u} \in W$ と $l\boldsymbol{v} \in W$ が得られるから, (ii) によって $k\boldsymbol{u}+l\boldsymbol{v} \in W$ となる.

問題 11.2.3(p.134) $\bigcirc$ = 部分空間である, $\times$ = 部分空間でない, とする. (1) $\bigcirc$ (2) $\times$ (3) $\times$ (4) $\bigcirc$ (5) $\times$ (6) $\times$ (7) $\bigcirc$. 注：(2),(3) は加法については閉じている. (6) はスカラー倍については閉じている.

問題 11.2.4(p.136) (1) $\{{}^t[-1,\ 1,\ 0], {}^t[-4,\ 0,\ 1]\}$ (2) $\{{}^t[1,\ 1,\ 0], {}^t[0,\ 0,\ 1]\}$ (3) $\{{}^t[5,\ 3,\ 2]\}$ (4) $\{{}^t[0,\ 1,\ 0], {}^t[0,\ 0,\ 1]\}$

問題 11.2.5(p.137) (1) $A = [1\ \ 1\ \ 4]$ (2) $A = [1\ \ -1\ \ 0]$
(3) $A = \begin{bmatrix} 1 & 1 & -4 \\ -1 & 1 & 1 \end{bmatrix}$ (4) $A = [1\ \ 0\ \ 0]$

問題 11.2.6(p.138) $\bigcirc$ = 成り立つ, $\times$ = 成り立たない, とする. (1) $\times$, $\bigcirc$ (2) $\bigcirc$, $\times$ (3) $\bigcirc$, $\bigcirc$ (4) $\bigcirc$ (5) $\times$

問題 11.2.7(p.139) (1) W_1 のベクトル $\boldsymbol{u}_1$ は $\boldsymbol{u}_1+\boldsymbol{0}, \boldsymbol{0} \in W_2$ と表せる. W_2 のベクトル $\boldsymbol{u}_2$ は $\boldsymbol{0}+\boldsymbol{u}_2, \boldsymbol{0} \in W_1$ と表せる. $W_1 \cup W_2$ のベクトルは, そのどちらか

になる．

(2) $u = u_1 + u_2$ $(u_j \in W_j)$ とする．仮定から $u_1, u_2 \in Z$ であり，Z が部分空間（加法で閉じている）なので $u = u_1 + u_2 \in Z$ である．

問題 11.2.8(p.139) $W_1 \subset W_2$ とすれば，$W_1 \cup W_2 = W_2$ であるから $W_1 \cup W_2$ は部分空間になる．$W_1 \supset W_2$ のときも同様である．

$W_1 \not\subset W_2$ かつ $W_1 \not\supset W_2$ とする．このときは，$u \in W_1, u \notin W_2$ である u および $v \notin W_1, v \in W_2$ である v が存在する．$W_1 \cup W_2$ が部分空間とすれば $u + v \in W_1 \cup W_2$ である．もし，$u + v \in W_1$ とすれば，$v = (u + v) - u \in W_1$ となり矛盾がでる．もし，$u + v \in W_2$ としても，$u = (u + v) - v \in W_2$ となって矛盾が得られる．そこで $W_1 \subset W_2$ か $W_1 \supset W_2$ のどちらかが成り立たねばならないことになる．

問題 11.2.9(p.139) (1) $u \in U \cap (W_1 + W_2)$ とする．$u \in U$ かつ $u = w_1 + w_2$, $w_1 \in W_1$, $w_2 \in W_2$ と書ける．$w_2 = u - w_1$ であるが，$U \supset W_1$ という仮定から $w_2 \in U$ すなわち $w_2 \in U \cap W_2$ となり，$u \in W_1 + (U \cap W_2)$ である．つまり $U \cap (W_1 + W_2) \subset W_1 + (U \cap W_2)$ が示された．逆の包含関係は明らかである．

(2) 条件より $W_1 \cap W_2 = \{\mathbf{0}\}$ である．また，$U = U \cap (W_1 + W_2)$ となるが，(1) の結果からこれは $W_1 + (U \cap W_2)$ に等しい．さらに明らかに条件から $W_1 \cap (U \cap W_2) = \{\mathbf{0}\}$ であるから，$W_1 + (U \cap W_2) = W_1 \oplus (U \cap W_2)$ である．

問題 11.3.1(p.140) 一つめのベクトルから順に $a_1, a_2, a_3, \cdots$ と名付けるとする．

(1) 1次従属：$3a_1 + 5a_2 + 2a_3 = \mathbf{0}$．実際，$3\begin{bmatrix}-1\\8\\2\end{bmatrix} + 5\begin{bmatrix}3\\-2\\-8\end{bmatrix} + 2\begin{bmatrix}-6\\-7\\17\end{bmatrix} = \begin{bmatrix}0\\0\\0\end{bmatrix}$

(2) 1次従属：$a_1 + 15a_2 + 6a_3 + 13a_4 = \mathbf{0}$

(3) 1次従属：$a_1 - a_2 + 0a_3 - 2a_4 = \mathbf{0}$

(4) 1次従属：$a_1 - 2a_2 + a_3 = \mathbf{0}$, $11a_1 - 9a_2 + a_4 = \mathbf{0}$, および この二つの関係式の1次結合

(5) 1次独立

問題 11.3.2(p.142) (1) 1次従属 (2) n 奇数のとき1次独立．n 偶数のとき1次従属

問題 11.3.3(p.142) (1) $\alpha = -1$ のとき1次従属，$\alpha \neq -1$ のとき1次独立

(2) $\alpha = -1$ のとき1次従属，$\alpha = 1$ のとき m 偶数なら1次従属，奇数なら1次独立，$|\alpha| \neq 1$ のとき1次独立

(3) 1次独立 (4) m が3の倍数なら1次従属，そうでなければ1次独立

問題 11.3.4(p.143)　(1) $\{{}^t[1\ -1]\}$, 1 次元.　(2) $\{{}^t[6\ -3\ 1\ 0],\ {}^t[0\ 0\ 0\ 1]\}$, 2 次元.　(3) $\{{}^t[-2\ 1\ 0\ 0],\ {}^t[12\ 0\ -4\ 1]\}$, 2 次元.　(4) $\{{}^t[1\ 0\ 0],\ {}^t[0\ 1\ 1]\}$, 2 次元.　(5) $\{{}^t[0\ 1\ 2\ 3],\ {}^t[0\ 1\ 1\ 1]\}$, 2 次元.　（注意：基底はただ一通りではない）

問題 11.3.5(p.145)　(1) W_1 の基底 $\{{}^t[4\ 5\ 3\ 0],\ {}^t[-1\ 1\ 0\ 3]\}$, 2 次元. W_2 の基底 $\{{}^t[-1\ 0\ 0\ 1],\ {}^t[0\ -1\ 0\ 1],\ {}^t[0\ 0\ -1\ 1]\}$, 3 次元.

(2) $W_1 \cap W_2$ の基底 $\{{}^t[-8\ -1\ -3\ 12]\}$, 1 次元.

(3) $W_1 + W_2 = \mathbb{R}^4$ となるので，基底は標準基底でよい，4 次元.

問題 11.3.6(p.146)　(1) $A = [\boldsymbol{a}_1\ \cdots\ \boldsymbol{a}_m]$, $B = [b_{ij}]$ とすると $AB = \left[\sum_i b_{i1}\boldsymbol{a}_i\ \cdots\ \sum_i b_{in}\boldsymbol{a}_i\right]$ である．このことから，

$$\mathrm{rank}(AB) = \dim\left\langle \sum_i b_{i1}\boldsymbol{a}_i, \cdots, \sum_i b_{in}\boldsymbol{a}_i \right\rangle \leqq \dim\langle \boldsymbol{a}_1, \cdots, \boldsymbol{a}_m \rangle = \mathrm{rank}(A)$$

を得る．$\mathrm{rank}(AB) \leqq \mathrm{rank}(B)$ を示すには，行列を転置しても階数は変わらないことと，今示した結果を用いるか，B の行分解を考えて同様の議論をすればよい．　(2) (1) の結果から $\mathrm{rank}(PAQ) \leqq \mathrm{rank}(A)$ である．一方 $A = P^{-1}PAQQ^{-1}$ に注意すれば，$\mathrm{rank}(A) = \mathrm{rank}(P^{-1}(PAQ)Q^{-1}) \leqq \mathrm{rank}(PAQ)$ であるから，$\mathrm{rank}(A) = \mathrm{rank}(PAQ)$.

問題 11.3.7(p.146)　$B = \begin{bmatrix} b_{10} & \\ \vdots & A \\ b_{n0} & \end{bmatrix}$ とするとき，列ベクトルが生成する部分空間の次元を考えれば, $\mathrm{rank}(A) \leqq \mathrm{rank}(B) \leqq \mathrm{rank}(A)+1$ であることがわかる．また行ベクトルが生成する部分空間の次元を考えれば, $\mathrm{rank}(A_1) \leqq \mathrm{rank}(B)+1 \leqq \mathrm{rank}(A)+2$ である．問題の例は，$A = [0]$ に対して $A_1 = \begin{bmatrix} 1 & 0 \\ 1 & 0 \end{bmatrix}$ とすれば，$\mathrm{rank}(A_1) = \mathrm{rank}(A)+1$ であり，$A_1 = \begin{bmatrix} 1 & 1 \\ 1 & 0 \end{bmatrix}$ とすれば $\mathrm{rank}(A_1) = \mathrm{rank}(A)+2$ である．

問題 11.3.8(p.146)　(1) $W_1 + W_2$ は V の部分空間であるから $\dim(W_1+W_2) \leqq n$ である．和空間の次元の公式から $\dim(W_1 \cap W_2) = \dim(W_1)+\dim(W_2)-\dim(W_1+W_2) > 0$ が得られるから $W_1 \cap W_2 \neq \{\boldsymbol{0}\}$ である．

(2) $\dim(W_1+W_2) < n$ であれば，$\dim(W_1 \cap W_2) > 0$ となり，$W_1 \cap W_2 \neq \{\boldsymbol{0}\}$ である．$\dim(W_1+W_2) = n$ であれば，$\dim(W_1 \cap W_2) = 0$ であるから，$V = W_1 + W_2 = W_1 \oplus W_2$ である．

問　題　解　答　　221

問題 11.3.9(p.147) $W_2 \not\subset W_1$ ということは, W_2 の中に部分空間である W_1 に属さない元 $\boldsymbol{w}$ が存在することである. $\dim(W_1) = n-1$ であるから, V は W_1 の基底と $\boldsymbol{w}$ とで生成される. つまり $V = W_1 + W_2$ である. 和空間の次元の公式を用いて

$$n = \dim(W_1) + \dim(W_2) - \dim(W_1 \cap W_2)$$

これから問題の関係式が出てくる.

問題 11.4.1(p.148)　(1) $[\boldsymbol{v}]_{\mathcal{A}} = {}^t[1\ 1\ 0]$,　(2) 下記,　(3) $[\boldsymbol{w}]_{\mathcal{E}} = {}^t[4\ 10\ 4]$

$$[\boldsymbol{x}]_{\mathcal{A}} = {}^t\left[\frac{1}{3}x - \frac{1}{6}y + \frac{1}{3}z \quad -\frac{2}{3}x + \frac{1}{3}y + \frac{1}{3}z \quad \frac{2}{3}x + \frac{1}{6}y - \frac{1}{3}z\right]$$

問題 11.4.2(p.149)　(1) $\mathrm{rank}([\boldsymbol{a}_1\ \boldsymbol{a}_2]) = 2, \mathrm{rank}([\boldsymbol{b}_1\ \boldsymbol{b}_2\ \boldsymbol{b}_3]) = 2$ である. 一方(2) を解けばわかるが, $\boldsymbol{b}_1, \boldsymbol{b}_2, \boldsymbol{b}_3$ のそれぞれは $\boldsymbol{a}_1, \boldsymbol{a}_2$ の一次結合として書ける. したがって $W = \langle \boldsymbol{a}_1, \boldsymbol{a}_2 \rangle$ であり, $(\boldsymbol{a}_1, \boldsymbol{a}_2)$ は W の基底となる.

(2) 次のように並べてまとめて行基本変形して解くとよい.

$$[\boldsymbol{a}_1, \boldsymbol{a}_2, \boldsymbol{b}_1, \boldsymbol{b}_2, \boldsymbol{b}_3] = \begin{bmatrix} -3 & 1 & -2 & -1 & -5 \\ 1 & 3 & 4 & 7 & 5 \\ 3 & 1 & 4 & 5 & 7 \end{bmatrix} \to \cdots \to \begin{bmatrix} 1 & 0 & 1 & 1 & 2 \\ 0 & 1 & 1 & 2 & 1 \\ 0 & 0 & 0 & 0 & 0 \end{bmatrix}$$

$[\boldsymbol{b}_1]_{\mathcal{A}} = {}^t[1\ 1]$, $[\boldsymbol{b}_2]_{\mathcal{A}} = {}^t[1\ 2]$, $[\boldsymbol{b}_3]_{\mathcal{A}} = {}^t[2\ 1]$.

(3) $[\boldsymbol{a}_1]_{\mathcal{B}_1} = {}^t[2\ -1]$, $[\boldsymbol{a}_2]_{\mathcal{B}_1} = {}^t[-1\ 1]$.

(4) $[\boldsymbol{a}_1]_{\mathcal{B}_2} = {}^t[-1\ 1]$, $[\boldsymbol{a}_2]_{\mathcal{B}_2} = {}^t[2\ -1]$.

問題 11.4.3(p.150)　(1) $\boldsymbol{a}_1, \boldsymbol{a}_2, \boldsymbol{a}_3$ が 1 次独立, すなわち行列 $[\boldsymbol{a}_1\ \boldsymbol{a}_2\ \boldsymbol{a}_3]$ が正則であることを示せばよい.

(2) $\begin{bmatrix} 2 & 2 & 2 \\ 1 & 2 & 2 \\ 1 & 1 & 2 \end{bmatrix}$　(3) ${}^t\left[-1\ -1\ \dfrac{5}{2}\right]$　(4) ${}^t[12\ 11\ 9]$

問題 11.4.4(p.150)　(1) $\boldsymbol{b}_1 = {}^t[2\ 1\ 1]$, $\boldsymbol{b}_2 = {}^t[6\ 4\ 3]$, $\boldsymbol{b}_3 = {}^t[12\ 9\ 7]$

(2) ${}^t[2\alpha + 6\beta + 12\gamma \quad \alpha + 4\beta + 9\gamma \quad \alpha + 3\beta + 7\gamma]$

(3) ${}^t[\alpha + 2\beta + 3\gamma \quad \beta + 2\gamma \quad \gamma]$

問題 11.4.5(p.151)

(1) $\begin{bmatrix} 1 & 1 & \cdots & 1 & 1 \\ 0 & 1 & \cdots & 1 & 1 \\ 0 & 0 & \ddots & \vdots & \vdots \\ \vdots & \vdots & \ddots & 1 & 1 \\ 0 & 0 & \cdots & 0 & 1 \end{bmatrix}$, (2) $\begin{bmatrix} 1 & -1 & 0 & \cdots & 0 & 0 \\ 0 & 1 & -1 & \ddots & 0 & 0 \\ 0 & 0 & \ddots & \ddots & \ddots & \vdots \\ \vdots & \vdots & \ddots & \ddots & \ddots & 0 \\ 0 & 0 & \cdots & \ddots & 1 & -1 \\ 0 & 0 & \cdots & \cdots & 0 & 1 \end{bmatrix}$

(3) ${}^t[x_1 - x_2 \ \ x_2 - x_3 \ \ \cdots \ \ x_{n-1} - x_n \ \ x_n]$

(4) ${}^t[\xi_1 + \xi_2 + \cdots + \xi_n \ \ \xi_2 + \cdots + \xi_n \ \ \cdots \ \ \xi_n]$

12 章

問題 12.1.1(p.153)　(1) 線形写像である　(2) 線形写像である　(3) 線形写像である　(4) 線形写像でない　(5) 線形写像である　(6) 線形写像でない

問題 12.1.2(p.154)　(1) ${}^t\left[\dfrac{3}{8}x_1 - \dfrac{1}{8}x_2 \ \ -\dfrac{1}{8}x_1 + \dfrac{3}{8}x_2\right]$

(2) ${}^t\left[\dfrac{3}{5}x_1 - \dfrac{2}{5}x_2 \ \ -\dfrac{2}{5}x_1 + \dfrac{3}{5}x_2 \ \ \dfrac{3}{5}x_1 - \dfrac{2}{5}x_2\right]$

(3) ${}^t[x_1 - x_2 + x_3 \ \ x_1 - x_3 \ \ x_2]$

(4) ${}^t[x_1 + 2x_2 + 3x_3 + 3x_4 \ \ x_2 + 2x_3 + 2x_4, x_3 + x_4]$

(5) $x_1 + x_2 + \cdots + x_n$　(6) ${}^t[x_1 + x_2 + \cdots + x_n \ \ x_2 + \cdots + x_n \ \ \cdots \ \ x_n]$

問題 12.2.1(p.156)　(1) $\begin{bmatrix} \dfrac{3}{8} & -\dfrac{1}{8} \\ -\dfrac{1}{8} & \dfrac{3}{8} \end{bmatrix}$　(2) $\begin{bmatrix} \dfrac{3}{5} & -\dfrac{2}{5} \\ -\dfrac{2}{5} & \dfrac{3}{5} \\ \dfrac{3}{5} & -\dfrac{2}{5} \end{bmatrix}$

(3) $\begin{bmatrix} 1 & -1 & 1 \\ 1 & 0 & -1 \\ 0 & 1 & 0 \end{bmatrix}$　(4) $\begin{bmatrix} 1 & 2 & 3 & 3 \\ 0 & 1 & 2 & 2 \\ 0 & 0 & 1 & 1 \end{bmatrix}$　(5) $[1 \ 1 \ \cdots \ 1]$

(6) $\begin{bmatrix} 1 & 1 & \cdots & 1 & 1 \\ 0 & 1 & \cdots & 1 & 1 \\ 0 & 0 & \ddots & \vdots & \vdots \\ \vdots & \vdots & \ddots & 1 & 1 \\ 0 & 0 & \cdots & 0 & 1 \end{bmatrix}$

問題 解答   223

問題 12.2.2(p.158)   (1) $\begin{bmatrix} 1 & 1 \\ 1 & 2 \\ 1 & 1 \end{bmatrix}$ (2) $\begin{bmatrix} 1 & 0 & 0 \\ 0 & 1 & 0 \end{bmatrix}$ (3) $\begin{bmatrix} 1 & 0 & 0 \\ 0 & 1 & 0 \\ 0 & 0 & 1 \end{bmatrix}$

問題 12.2.3(p.159)   (1) $\begin{bmatrix} -\dfrac{1}{3} & \dfrac{2}{3} & \dfrac{2}{3} \\ -\dfrac{1}{6} & -\dfrac{1}{6} & -\dfrac{1}{6} \end{bmatrix}$ (2) $\begin{bmatrix} 1 & \dfrac{1}{2} & 0 \\ 2 & \dfrac{3}{2} & 1 \end{bmatrix}$

問題 12.2.4(p.160)   (1) (i) $\dim(\mathrm{Im}(f)) = 1$, $\dim(\mathrm{Ker}(f)) = 1$
(ii) $\dim(\mathrm{Im}(f)) = 2$, $\dim(\mathrm{Ker}(f)) = 1$
(iii) $\dim(\mathrm{Im}(f)) = 2$, $\dim(\mathrm{Ker}(f)) = 0$
(iv) $\dim(\mathrm{Im}(f)) = 2$, $\dim(\mathrm{Ker}(f)) = 1$
(v) $\dim(\mathrm{Im}(f)) = 3$, $\dim(\mathrm{Ker}(f)) = 0$
(2) (i) $\mathrm{Im}(f)$ の基底 ${}^t[1\ -1]$ $\mathrm{Ker}(f)$ の基底 ${}^t[1\ -1]$ (ii) $\mathrm{Im}(f)$ の基底 ${}^t[1\ 0], {}^t[0\ 1]$ $\mathrm{Ker}(f)$ の基底 ${}^t[1\ -1\ 0]$ (iii) $\mathrm{Im}(f)$ の基底 ${}^t[1\ 1\ 2], {}^t[3\ -1\ 5]$
(iv) $\mathrm{Im}(f)$ の基底 ${}^t[1\ 1\ 2], {}^t[3\ -1\ 5]$ $\mathrm{Ker}(f)$ の基底 ${}^t[1\ 1\ -1]$ (v) $\mathrm{Im}(f)$ の基底 ${}^t[1\ 0\ 0], {}^t[0\ 1\ 0], {}^t[0\ 0\ 1]$
(3) (i) 上への写像でない．1対1でない   (ii) 上への写像である．1対1でない
(iii) 上への写像でない．1対1である   (iv) 上への写像でない．1対1でない   (v) 上への写像である．1対1である

問題 12.2.5(p.161)   (1) $\begin{bmatrix} \dfrac{11}{3} & \dfrac{10}{3} \\ \dfrac{2}{3} & \dfrac{1}{3} \end{bmatrix}$ (2) $\begin{bmatrix} 2 & 2 & 4 \\ -1 & 0 & -1 \\ 2 & 3 & 4 \end{bmatrix}$
(3) $\begin{bmatrix} -2 & -2 & 5 \\ -4 & -4 & 11 \\ -6 & -6 & 18 \end{bmatrix}$ (4) $\begin{bmatrix} 2 & 0 & 0 \\ 0 & 1 & 0 \\ 0 & 0 & -1 \end{bmatrix}$ (5) $\begin{bmatrix} 1 & 0 & \cdots & 0 \\ 0 & 2 & \ddots & \vdots \\ \vdots & \ddots & \ddots & 0 \\ 0 & \cdots & 0 & n \end{bmatrix}$

問題 12.2.6(p.162)   (1) $\begin{bmatrix} 1 & 0 \\ 0 & -1 \end{bmatrix}$ (2) $\begin{bmatrix} 0 & 1 \\ 1 & 0 \end{bmatrix}$ (3) $\begin{bmatrix} 1 & 0 \\ 0 & 0 \end{bmatrix}$
(4) $\begin{bmatrix} \dfrac{1}{2} & \dfrac{1}{2} \\ \dfrac{1}{2} & \dfrac{1}{2} \end{bmatrix}$ (5) $\begin{bmatrix} 2 & 0 \\ 0 & 2 \end{bmatrix}$ (6) $\begin{bmatrix} 0 & 0 \\ 0 & 0 \end{bmatrix}$

問題 12.2.7(p.163)   (1) $\begin{bmatrix} -1 & 0 & 0 \\ 0 & -1 & 0 \\ 0 & 0 & -1 \end{bmatrix}$ (2) $\begin{bmatrix} 1 & 0 & 0 \\ 0 & 1 & 0 \\ 0 & 0 & -1 \end{bmatrix}$

(3) $\begin{bmatrix} 1 & 0 & 0 \\ 0 & -1 & 0 \\ 0 & 0 & -1 \end{bmatrix}$ (4) $\begin{bmatrix} \frac{1}{3} & -\frac{2}{3} & -\frac{2}{3} \\ -\frac{2}{3} & \frac{1}{3} & -\frac{2}{3} \\ -\frac{2}{3} & -\frac{2}{3} & \frac{1}{3} \end{bmatrix}$ (5) $\begin{bmatrix} -\frac{1}{3} & \frac{2}{3} & \frac{2}{3} \\ \frac{2}{3} & -\frac{1}{3} & \frac{2}{3} \\ \frac{2}{3} & \frac{2}{3} & -\frac{1}{3} \end{bmatrix}$

(6) $\begin{bmatrix} \cos\theta & -\sin\theta & 0 \\ \sin\theta & \cos\theta & 0 \\ 0 & 0 & 1 \end{bmatrix}$ (7) $\begin{bmatrix} \frac{\cos\theta+1}{2} & -\frac{\sin\theta}{\sqrt{2}} & \frac{-\cos\theta+1}{2} \\ \frac{\sin\theta}{\sqrt{2}} & \cos\theta & -\frac{\sin\theta}{\sqrt{2}} \\ \frac{-\cos\theta+1}{2} & \frac{\sin\theta}{\sqrt{2}} & \frac{\cos\theta+1}{2} \end{bmatrix}$

問題 12.2.8(p.163) (1) $\boldsymbol{b} = {}^t[b_1 \ b_2 \ b_3]$ と書く. $\begin{bmatrix} 0 & b_3 & -b_2 \\ -b_3 & 0 & b_1 \\ b_2 & -b_1 & 0 \end{bmatrix}$

(2) $\boldsymbol{a} = {}^t[a_1 \ a_2 \ a_3]$ と書く. $\begin{bmatrix} 0 & -a_3 & a_2 \\ a_3 & 0 & -a_1 \\ -a_2 & a_1 & 0 \end{bmatrix}$

(3) $\boldsymbol{b} = {}^t[b_1 \ b_2 \ b_3],\ \boldsymbol{c} = {}^t[c_1 \ c_2 \ c_3]$ と書く.
$\begin{bmatrix} 0 & b_1c_2 - b_2c_1 & -b_3c_1 + b_1c_3 \\ -b_1c_2 + b_2c_1 & 0 & b_2c_3 - b_3c_2 \\ b_3c_1 - b_1c_3 & -b_2c_3 + b_3c_2 & 0 \end{bmatrix}$

問題 12.2.9(p.163) (1) $f, g \in V^*$ について, $f + g$ は $\boldsymbol{v} \in V$ を $f(\boldsymbol{v}) + g(\boldsymbol{v})$ に写す写像である. また, $k \in \mathbb{R}$ について kf は $\boldsymbol{v}$ を $kf(\boldsymbol{v})$ に写す写像である. p.130 のベクトル空間の条件はすぐ確かめられる.

(2) $\boldsymbol{v}, \boldsymbol{u} \in V$ について, $(f \circ \varphi)(k\boldsymbol{v} + l\boldsymbol{u}) = f(\varphi(k\boldsymbol{v} + l\boldsymbol{u})) = f(k\varphi(\boldsymbol{v}) + l\varphi(\boldsymbol{u})) = kf(\varphi(\boldsymbol{v})) + lf(\varphi(\boldsymbol{u})) = k(f \circ \varphi)(\boldsymbol{v}) + l(f \circ \varphi)(\boldsymbol{u})$

(3) 線形写像 $f : W \to \mathbb{R}$ に対して $f \circ \varphi$ は線形写像 $W \to \mathbb{R}$ となった（上の（2））. この対応 $f \to f \circ \varphi$ を φ^* で表すというのが主旨である. この対応関係が線形写像であることは, $(k, l \in \mathbb{R}$ について) $(kf + lg) \circ \varphi = k(f \circ \varphi) + l(g \circ \varphi)$ を確かめればよい.

(4) $f \in V^*$ に対して $f = f(\boldsymbol{e}_1)\boldsymbol{e}_1^* + \cdots + f(\boldsymbol{e}_n)\boldsymbol{e}_n^*$ であることは, これを $\boldsymbol{v} = v_1\boldsymbol{e}_1 + \cdots + v_n\boldsymbol{e}_n$ に作用させると, $\left(\sum_i f(\boldsymbol{e}_i)\boldsymbol{e}_i^*\right)(\boldsymbol{v}) = (f(\boldsymbol{e}_1)\boldsymbol{e}_1^*)\left(\sum_j v_j\boldsymbol{e}_j\right) + \cdots + (f(\boldsymbol{e}_n)\boldsymbol{e}_n^*)\left(\sum_j v_j\boldsymbol{e}_j\right) = v_1f(\boldsymbol{e}_1) + \cdots + v_nf(\boldsymbol{e}_n) = f(\boldsymbol{v})$ からわかる. つまり V^* は $\boldsymbol{e}_1^*, \cdots, \boldsymbol{e}_n^*$ で生成される. また $t_1\boldsymbol{e}_1^* + \cdots + t_n\boldsymbol{e}_n^* = \boldsymbol{0}$ とすると, これを

e_j $(j=1,\cdots n)$ に作用させると $t_j=0$ となるから,$e_1^*,\cdots,e_n^*$ は 1 次独立である.$f_1^*,\cdots,f_m^*$ についてもまったく同様である.

(5) (4) の解答で示したように,$f\in V^*$ に対し,$f=f(e_1)e_1^*+\cdots+f(e_n)e_n^*$ である.よって,$\varphi^*(f_j^*)\in V^*$ に対し,$\varphi^*(f_j^*)=\varphi^*(f_j^*)(e_1)e_1^*+\cdots+\varphi^*(f_j^*)(e_n)e_n^*$ である.$\varphi^*(f_j^*)(e_i)=f_j^*(\varphi(e_i))=f_j^*\left(\sum_{k=1}^n a_{ki}f_k\right)=\sum_{k=1}^n a_{ki}f_j^*(f_k)=a_{ji}$ ゆえ,$\varphi^*(f_j^*)=a_{j1}e_1^*+\cdots+a_{jn}e_n^*$. 故に,求める表現行列は ${}^tA$ となる.

13 章

問題 13.1.1(p.167) $a=0$ なら $(a,b)=0=\|a\|\|b\|$ であるからよい.$a\neq 0$ とする.実数 λ がなんであろうと

 (ア) $\|\lambda a-b\|^2\geqq 0$

が成り立つが (ア) は

 (イ) $\|a\|^2\lambda^2-2(a,b)\lambda+\|b\|^2=\left(\|a\|\lambda-\dfrac{(a,b)}{\|a\|}\right)^2-\dfrac{(a,b)^2}{\|a\|^2}+\|b\|^2\geqq 0$

と書ける.これが λ がなんであっても成り立つというのだから,特に

 (ウ) $\lambda=\dfrac{(a,b)}{\|a\|^2}$

とおくと (イ) は
$$-\frac{(a,b)^2}{\|a\|^2}+\|b\|^2\geqq 0$$
となり,求める不等式

 (エ) $|(a,b)|\leqq \|a\|\|b\|$

を得る.

(エ) で等号が成り立つのは a,b が 1 次従属のときであり,またそのときに限ることを示そう.今度も $a=0$ であれば (エ) で等号が成り立つし,a,b は明らかに 1 次従属であるから,$a\neq 0$ である場合を考えよう.このとき,a,b が 1 次従属であれば $\lambda a-b=0$ となる数 λ が存在する.そのような λ をとって (ア) から (エ) への計算をたどれば (エ) で等号が成り立っていることがわかる.逆に (エ) で等号が成り立てば λ を (ウ) のようにとれば (イ) が 0 になり,(ア) で等号が成り立ち,結局
$$\lambda a-b=0$$
を得る.

問題 13.1.2(p.167)   (1) $\|a+b\|^2=(a+b,a+b)=\|a\|^2+2(a,b)+\|b\|^2$
ここでシュワルツの不等式を用いるとこの右辺はさらに
$$\leqq \|a\|^2+2\|a\|\|b\|+\|b\|^2=(\|a\|+\|b\|)^2$$ と評価される.

(2) (1) で a または $-b$ を $a-b$ で置き換えればよい.

226   問　題　解　答

問題 13.1.3(p.167)　(1) $(\boldsymbol{a},\boldsymbol{b})=0$ のとき, $\|\boldsymbol{a}-\boldsymbol{b}\|^2=\|\boldsymbol{a}\|^2-2(\boldsymbol{a},\boldsymbol{b})+\|\boldsymbol{b}\|^2=\|\boldsymbol{a}\|^2+\|\boldsymbol{b}\|^2$. 逆も明らか.

(2) $(\boldsymbol{a}+\boldsymbol{b},\boldsymbol{a}-\boldsymbol{b})=0$ のとき, $0=\|\boldsymbol{a}\|^2-(\boldsymbol{a},\boldsymbol{b})+(\boldsymbol{b},\boldsymbol{a})-\|\boldsymbol{b}\|^2=\|\boldsymbol{a}\|^2-\|\boldsymbol{b}\|^2$ である. 逆も明らか.

問題 13.1.4(p.167)　$\|\boldsymbol{a}+\boldsymbol{b}\|^2=\|\boldsymbol{a}\|^2+2(\boldsymbol{a},\boldsymbol{b})+\|\boldsymbol{b}\|^2$ から $\|\boldsymbol{a}-\boldsymbol{b}\|^2=\|\boldsymbol{a}\|^2-2(\boldsymbol{a},\boldsymbol{b})+\|\boldsymbol{b}\|^2$ を辺々引けば, $\|\boldsymbol{a}+\boldsymbol{b}\|^2-\|\boldsymbol{a}-\boldsymbol{b}\|^2=4(\boldsymbol{a},\boldsymbol{b})$ を得る.

問題 13.1.5(p.168)　$G(A)={}^tAA$ であることから, ただちに得られる.

問題 13.2.1(p.169)　(1) ${}^t[1\ 0\ 0\ 0], {}^t[0\ 1\ 0\ 0], {}^t[0\ 0\ 1\ 0], {}^t[0\ 0\ 0\ 1]$

(2) $\dfrac{1}{\sqrt{2}}{}^t[1\ 1\ 0\ 0], \dfrac{1}{\sqrt{6}}{}^t[-1\ 1\ 2\ 0], \dfrac{1}{2\sqrt{3}}{}^t[1\ -1\ 1\ 3]$

(3) $\dfrac{1}{3}{}^t[1\ 2\ 2], \dfrac{1}{\sqrt{153}}{}^t[10\ -7\ 2], \dfrac{1}{\sqrt{17}}{}^t[2\ 2\ -3]$

(4) $\dfrac{1}{2}{}^t[-1\ 1\ 1\ 1], \dfrac{1}{2}{}^t[1\ -1\ 1\ 1], \dfrac{1}{2}{}^t[1\ 1\ -1\ 1], \dfrac{1}{2}{}^t[1\ 1\ 1\ -1]$

問題 13.2.2(p.170)　(1) $\left\{\dfrac{1}{11}{}^t[3\ 1\ 1], \dfrac{1}{3\sqrt{22}}{}^t[-5\ 13\ 2]\right\}$

(2) $\left\{\dfrac{1}{\sqrt{13}}{}^t[1\ 2\ 2\ 2], \dfrac{1}{\sqrt{117}}{}^t[2\ -9\ 4\ 4], \dfrac{1}{3\sqrt{2}}{}^t[4\ 0\ -1\ -1]\right\}$

問題 13.2.3(p.170) (1) $\left\{\dfrac{1}{\sqrt{14}}{}^t[1\ 2\ 3], \dfrac{1}{\sqrt{3}}{}^t[1\ 1\ -1], \dfrac{1}{\sqrt{42}}{}^t[5\ -4\ 1]\right\}$

(2) $\left\{\dfrac{1}{\sqrt{30}}{}^t[1\ 5\ 2], \dfrac{1}{\sqrt{6}}{}^t[1\ -1\ 2], \dfrac{1}{\sqrt{5}}{}^t[-2\ 0\ 1]\right\}$

(3) $\left\{\dfrac{1}{\sqrt{35}}{}^t[5\ -1\ 3], \dfrac{1}{\sqrt{1190}}{}^t[5\ 34\ ,3], \dfrac{1}{\sqrt{34}}{}^t[-3\ 0\ 5]\right\}$

問題 13.2.4(p.171)　(1) $W^\perp=\langle {}^t[-3\ 1\ 0], {}^t[-5\ 0\ 1]\rangle$

(2) $\left\{\dfrac{1}{\sqrt{35}}{}^t[1\ 3\ 5]\right\}$　(3) $\left\{\dfrac{1}{\sqrt{10}}{}^t[-3\ 1\ 0], \dfrac{1}{\sqrt{14}}{}^t[-1\ -3\ 2]\right\}$

(4) $\boldsymbol{u}=\dfrac{1}{35}{}^t[13,4,-5],\ \boldsymbol{v}=\dfrac{22}{35}{}^t[1,3,5]$

問題 13.2.5(p.172)　(1) $W^\perp=\langle {}^t[-1\ -1\ 1\ 0], {}^t[-2\ -1\ 0\ 1]\rangle$

(2) $\left\{\dfrac{1}{\sqrt{15}}{}^t[1\ 1\ 2\ 3], \dfrac{1}{\sqrt{15}}{}^t[-2\ 3\ 1\ -1]\right\}$

(3) $\left\{\dfrac{1}{\sqrt{3}}{}^t[-1\ -1\ 1\ 0], \dfrac{1}{\sqrt{3}}{}^t[-1\ 0\ -1\ 1]\right\}$

(4) $\boldsymbol{u}=\dfrac{2}{3}{}^t[1\ 2\ 3\ 4],\ \boldsymbol{v}=\dfrac{1}{3}{}^t[-2\ -1\ 0\ 1]$

14 章

問題 14.1.1(p.173)　$T(k_1\boldsymbol{v}_1 + k_2\boldsymbol{v}_2 + \cdots + k_r\boldsymbol{v}_r) = k_1T(\boldsymbol{v}_1) + k_2T(\boldsymbol{v}_2) + \cdots + k_rT(\boldsymbol{v}_r) = k_1\alpha\boldsymbol{v}_1 + k_2\alpha\boldsymbol{v}_2 + \cdots + k_r\alpha\boldsymbol{v}_r = \alpha(k_1\boldsymbol{v}_1 + k_2\boldsymbol{v} + \cdots + k_r\boldsymbol{v}_r)$

問題 14.1.2(p.174)　$\begin{vmatrix} \lambda-3 & -2 \\ -3 & \lambda-8 \end{vmatrix} = (\lambda-3)(\lambda-8) - 6 = (\lambda-2)(\lambda-9)$ から, T の固有値は, 2 と 9 である. 固有値 2 の固有ベクトルは方程式 $\begin{bmatrix} 2-3 & -2 \\ -3 & 2-8 \end{bmatrix}\begin{bmatrix} v_1 \\ v_2 \end{bmatrix} = \begin{bmatrix} -1 & -2 \\ -3 & -6 \end{bmatrix}\begin{bmatrix} v_1 \\ v_2 \end{bmatrix} = \begin{bmatrix} 0 \\ 0 \end{bmatrix}$ の解を求めて $\boldsymbol{v} = c_1\begin{bmatrix} 2 \\ -1 \end{bmatrix}$ (c_1 : 0 でない実数).

固有値 9 の固有ベクトルは方程式 $\begin{bmatrix} 9-3 & -2 \\ -3 & 9-8 \end{bmatrix}\begin{bmatrix} v_1 \\ v_2 \end{bmatrix} = \begin{bmatrix} 6 & -2 \\ -3 & 1 \end{bmatrix}\begin{bmatrix} v_1 \\ v_2 \end{bmatrix} = \begin{bmatrix} 0 \\ 0 \end{bmatrix}$ の解を求めて $\boldsymbol{v} = c_2\begin{bmatrix} 1 \\ 3 \end{bmatrix}$ (c_2 : 0 でない実数).

問題 14.1.3(p.174)　(1) $\lambda = 2, -11$　(2) $\lambda = 3 \pm \sqrt{-2}$
(3) $\lambda = 0, 1 \pm \sqrt{10}$

問題 14.1.4(p.174)　(1) 固有値 2, 固有ベクトル $k\begin{bmatrix} 5 \\ 3 \end{bmatrix}$ ($k \neq 0$); 固有値 -11, 固有ベクトル $k\begin{bmatrix} 1 \\ -2 \end{bmatrix}$ ($k \neq 0$).

(2) 固有値, 固有ベクトルは存在しない.

(3) 固有値 0 固有ベクトル $k\begin{bmatrix} 5 \\ -2 \\ 1 \end{bmatrix}$ ($k \neq 0$), 固有値 $1 + \sqrt{10}$ 固有ベクトル $k\begin{bmatrix} 2 \\ 2+\sqrt{10} \\ 4 \end{bmatrix}$ ($k \neq 0$); 固有値 $1 - \sqrt{10}$, 固有ベクトル $k\begin{bmatrix} 2 \\ 2-\sqrt{10} \\ 4 \end{bmatrix}$ ($k \neq 0$)

問題 14.1.5(p.174)　(1) 基底 $(1, x, x^2)$ に関する T の表現行列を考えよう. $(T(1), T(x), T(x^2)) = (1, 1+3x, (1+3x)^2) = (1, 1+3x, 1+6x+9x^2) = (1, x, x^2)\begin{bmatrix} 1 & 1 & 1 \\ 0 & 3 & 6 \\ 0 & 0 & 9 \end{bmatrix}$ から T の表現行列を A とすると $A = \begin{bmatrix} 1 & 1 & 1 \\ 0 & 3 & 6 \\ 0 & 0 & 9 \end{bmatrix}$ である. したがって, $f_T(\lambda) = \begin{vmatrix} \lambda-1 & -1 & -1 \\ 0 & \lambda-3 & -6 \\ 0 & 0 & \lambda-9 \end{vmatrix} = (\lambda-1)(\lambda-3)(\lambda-9)$ である.

(2) A の固有値 $1, 3, 9$ はすべて実数値であるから T の固有値でもある. 固有値

1 に関する A の固有ベクトルは $k\begin{bmatrix}1\\0\\0\end{bmatrix}$ $(k\neq 0)$, 固有値 3 に関する A の固有ベクトルは $k\begin{bmatrix}1\\2\\0\end{bmatrix}$ $(k\neq 0)$, 固有値 9 に関する A の固有ベクトルは $k\begin{bmatrix}2\\8\\8\end{bmatrix}$ $(k\neq 0)$, であるから, 固有値 1 に関する T の固有ベクトルは k $(k\neq 0)$, 固有値 3 に関する T の固有ベクトルは $k+2kx$ $(k\neq 0)$, 固有値 9 に関する T の固有ベクトルは $2k+8kx+8kx^2$ $(k\neq 0)$.

問題 14.1.6(p.175) (1) $f_T(\lambda)=\lambda^3$ (2) 固有値 0, 固有ベクトル k $(k\neq 0)$

問題 14.2.1(p.177) (1) $D=\begin{bmatrix}2&0\\0&-11\end{bmatrix}$, $P=\begin{bmatrix}5&1\\3&-2\end{bmatrix}$ (2) 対角化できない.
(3) $D=\begin{bmatrix}0&0&0\\0&1+\sqrt{10}&0\\0&0&1-\sqrt{10}\end{bmatrix}$, $P=\begin{bmatrix}5&2&2\\-2&2+\sqrt{10}&2-\sqrt{10}\\1&4&4\end{bmatrix}$

問題 14.2.2(p.178) (1) $1,2$. 対角化不可能. (2) $4,-2$. 対角化不可能. (3) $0,1$. 対角化可能. $P=\begin{bmatrix}-1&-1&1\\2&1&0\\2&0&1\end{bmatrix}, D=\begin{bmatrix}0&0&0\\0&1&0\\0&0&1\end{bmatrix}$.(4) $1,2$. 対角化可能. $P=\begin{bmatrix}0&1&0&1\\-2&-2&-1&-1\\1&0&1&0\\0&1&0&2\end{bmatrix}, D=\begin{bmatrix}1&0&0&0\\0&1&0&0\\0&0&2&0\\0&0&0&2\end{bmatrix}$.

問題 14.2.3(p.178) T の対角化は $\begin{bmatrix}1&0&0\\0&3&0\\0&0&9\end{bmatrix}$ である. T を対角行列で表現する基底 $(1, 1+2x, 2+8x+8x^2)$

問題 14.2.4(p.178) T の固有値は 0 のみである. $W(0,T)=\{k|k\in\mathbb{R}\}$ で $\dim(W(0,T))=1<3=\dim(\mathbb{R}[x]_2)$ であるから, T は対角化できない.

問題 14.2.5(p.178) $\alpha_1,\cdots,\alpha_n$ を $f_A(\lambda)=0$ の相異なる実根とする. $W(\alpha_i,T_A)\geqq 1$ であるから, $\sum_{i=1}^{n}\dim(W(\alpha_i,T_A))\geqq n$ となる.

問題 解 答   229

問題 14.3.1(p.180) (1) $P = \begin{bmatrix} \dfrac{1}{\sqrt{2}} & \dfrac{1}{\sqrt{2}} \\ -\dfrac{1}{\sqrt{2}} & \dfrac{1}{\sqrt{2}} \end{bmatrix}, D = \begin{bmatrix} -1 & 0 \\ 0 & 3 \end{bmatrix}$

(2) $P = \begin{bmatrix} \dfrac{1}{\sqrt{2}} & \dfrac{1}{2} & \dfrac{1}{2} \\ 0 & \dfrac{1}{\sqrt{2}} & -\dfrac{1}{\sqrt{2}} \\ -\dfrac{1}{\sqrt{2}} & \dfrac{1}{2} & \dfrac{1}{2} \end{bmatrix}, D = \begin{bmatrix} 2 & 0 & 0 \\ 0 & 2\sqrt{2} & 0 \\ 0 & 0 & -2\sqrt{2} \end{bmatrix}$

(3) $P = \begin{bmatrix} \dfrac{1}{\sqrt{2}} & 0 & \dfrac{1}{\sqrt{2}} \\ 0 & 1 & 0 \\ -\dfrac{1}{\sqrt{2}} & 0 & \dfrac{1}{\sqrt{2}} \end{bmatrix}, D = \begin{bmatrix} 3 & 0 & 0 \\ 0 & 3 & 0 \\ 0 & 0 & 1 \end{bmatrix}$

(4) $P = \begin{bmatrix} -\dfrac{1}{\sqrt{2}} & -\dfrac{1}{\sqrt{6}} & \dfrac{1}{\sqrt{3}} \\ \dfrac{1}{\sqrt{2}} & -\dfrac{1}{\sqrt{6}} & \dfrac{1}{\sqrt{3}} \\ 0 & \dfrac{2}{\sqrt{6}} & \dfrac{1}{\sqrt{3}} \end{bmatrix}, D = \begin{bmatrix} 2 & 0 & 0 \\ 0 & 2 & 0 \\ 0 & 0 & 5 \end{bmatrix}$

(5) $P = \begin{bmatrix} \dfrac{1}{\sqrt{2}} & 0 & 0 & -\dfrac{1}{\sqrt{2}} \\ 0 & \dfrac{1}{\sqrt{2}} & -\dfrac{1}{\sqrt{2}} & 0 \\ 0 & \dfrac{1}{\sqrt{2}} & \dfrac{1}{\sqrt{2}} & 0 \\ \dfrac{1}{\sqrt{2}} & 0 & 0 & \dfrac{1}{\sqrt{2}} \end{bmatrix}, D = \begin{bmatrix} 3 & 0 & 0 & 0 \\ 0 & 3 & 0 & 0 \\ 0 & 0 & -1 & 0 \\ 0 & 0 & 0 & -1 \end{bmatrix}$

問題 14.3.2(p.181) (1) $P = \begin{bmatrix} \dfrac{1}{\sqrt{2}} & \dfrac{1}{\sqrt{2}} & 0 \\ 0 & 0 & 1 \\ \dfrac{1}{\sqrt{2}} & -\dfrac{1}{\sqrt{2}} & 0 \end{bmatrix}, \quad D = \begin{bmatrix} a+b & 0 & 0 \\ 0 & a-b & 0 \\ 0 & 0 & c \end{bmatrix}$

(2) $P = \begin{bmatrix} \dfrac{1}{\sqrt{2}} & \dfrac{1}{2} & \dfrac{1}{2} \\ 0 & \dfrac{1}{\sqrt{2}} & -\dfrac{1}{\sqrt{2}} \\ -\dfrac{1}{\sqrt{2}} & \dfrac{1}{2} & \dfrac{1}{2} \end{bmatrix}, \quad D = \begin{bmatrix} 2a & 0 & 0 \\ 0 & \sqrt{2}b & 0 \\ 0 & 0 & -\sqrt{2}b \end{bmatrix}$

問題 **14.3.3**(p.181) $P = \begin{bmatrix} \cos\dfrac{\theta}{2} & -\sin\dfrac{\theta}{2} \\ \sin\dfrac{\theta}{2} & \cos\dfrac{\theta}{2} \end{bmatrix}$, $D = \begin{bmatrix} 1 & 0 \\ 0 & -1 \end{bmatrix}$

問題 **14.3.4**(p.182) (1) $A = \begin{bmatrix} 1 & 2 & -1 \\ 2 & 0 & 2 \\ -1 & 2 & 1 \end{bmatrix}$, $\boldsymbol{x} = \begin{bmatrix} \dfrac{1}{\sqrt{2}} & \dfrac{1}{2} & \dfrac{1}{2} \\ 0 & \dfrac{1}{\sqrt{2}} & -\dfrac{1}{\sqrt{2}} \\ -\dfrac{1}{\sqrt{2}} & \dfrac{1}{2} & \dfrac{1}{2} \end{bmatrix} \boldsymbol{y}$ と

して, $q(x_1, x_2, x_3) = 2y_1^2 + 2\sqrt{2}y_2^2 - 2\sqrt{2}y_3^2$, $P = \begin{bmatrix} \dfrac{1}{\sqrt{2}} & \dfrac{1}{2} & \dfrac{1}{2} \\ 0 & \dfrac{1}{\sqrt{2}} & -\dfrac{1}{\sqrt{2}} \\ -\dfrac{1}{\sqrt{2}} & \dfrac{1}{2} & \dfrac{1}{2} \end{bmatrix}$

(2) $A = \begin{bmatrix} 1 & 0 & 0 & 2 \\ 0 & 1 & 2 & 0 \\ 0 & 2 & 1 & 0 \\ 2 & 0 & 0 & 1 \end{bmatrix}$, $\boldsymbol{x} = \begin{bmatrix} \dfrac{1}{\sqrt{2}} & 0 & 0 & -\dfrac{1}{\sqrt{2}} \\ 0 & \dfrac{1}{\sqrt{2}} & -\dfrac{1}{\sqrt{2}} & 0 \\ 0 & \dfrac{1}{\sqrt{2}} & \dfrac{1}{\sqrt{2}} & 0 \\ \dfrac{1}{\sqrt{2}} & 0 & 0 & \dfrac{1}{\sqrt{2}} \end{bmatrix} \boldsymbol{y}$ として

$q(x_1, x_2, x_3, x_4) = 3y_1^2 + 3y_2^2 - y_3^2 - y_4^2$, $P = \begin{bmatrix} \dfrac{1}{\sqrt{2}} & 0 & 0 & -\dfrac{1}{\sqrt{2}} \\ 0 & \dfrac{1}{\sqrt{2}} & -\dfrac{1}{\sqrt{2}} & 0 \\ 0 & \dfrac{1}{\sqrt{2}} & \dfrac{1}{\sqrt{2}} & 0 \\ \dfrac{1}{\sqrt{2}} & 0 & 0 & \dfrac{1}{\sqrt{2}} \end{bmatrix}$

(3) $A = \begin{bmatrix} a & 0 & b \\ 0 & c & 0 \\ b & 0 & a \end{bmatrix}$, $\boldsymbol{x} = \begin{bmatrix} \dfrac{1}{\sqrt{2}} & \dfrac{1}{\sqrt{2}} & 0 \\ 0 & 0 & 1 \\ \dfrac{1}{\sqrt{2}} & -\dfrac{1}{\sqrt{2}} & 0 \end{bmatrix} \boldsymbol{y}$ として

$q(x_1, x_2, x_3) = (a+b)x_1^2 + (a-b)x_2^2 + cx_3^2$, $P = \begin{bmatrix} \dfrac{1}{\sqrt{2}} & \dfrac{1}{\sqrt{2}} & 0 \\ 0 & 0 & 1 \\ \dfrac{1}{\sqrt{2}} & -\dfrac{1}{\sqrt{2}} & 0 \end{bmatrix}$

索　　引

【う】
裏　　　　　　　　　　　4

【お】
オイラー・マクローリンの
　判定法　　　　　　　73

【か】
階　乗　　　　　　　　20
階　数　　　　　　　　102
外　積　　　　　　　　125
回転行列　　　　　　　178
簡約行列　　　　　　　100

【き】
逆　　　　　　　　　　4
逆行列　　　　　　　　109
共通部分　　　　　　　138

【こ】
コーシー・アダマールの
　公式　　　　　　　　78
コーシーの判定法　　　73
固有空間　　　　　　　175
固有多項式　　　　　　173
固有値　　　　　　　　173
固有ベクトル　　　　　173
固有方程式　　　　　　173

【し】
実対称行列　　　　　　178
集　合　　　　　　　　2
収束半径　　　　　　　78
十分条件　　　　　　　2

主成分　　　　　　　　100

【す】
スカラー3重積　　　　126

【せ】
正項級数　　　　　　　73
生成系　　　　　　　　135
正則行列　　　　　　　109
積分判定法　　　　　　73
零ベクトル　　　　　　131
線形写像　　　　　　　152
線形変換　　　　　　　160
全体集合　　　　　　　5

【そ】
相乗記号　　　　　　　4
総和記号　　　　　　　3

【た】
対角化　　　　　　　　175
対　偶　　　　　　　　4
対称行列　　　　　　　178
ダランベールの公式　　78
ダランベールの判定法　73

【と】
導関数　　　　　　　　17
同値な条件　　　　　　2

【な】
内　積　　　　　　　　125

【ひ】
必要条件　　　　　　　2

微分係数　　　　　　　17
表現行列　　　　　156, 160

【ふ】
不定積分　　　　　　　30
部分空間　　　　　　　132
部分集合　　　　　　　5
部分ベクトル空間　　　132

【へ】
ベクトル空間　　　　　130
ベクトル3重積　　　　127

【ほ】
補集合　　　　　　　　5

【む】
無理関数　　　　　　　37

【ゆ】
有理関数　　　　　　　33
床関数　　　　　　　　20

【よ】
余因子行列　　　　　　120

【ら】
ライプニッツの定理　　74
ランダウの記号　　　　21

【わ】
和空間　　　　　　　　138

【数字】
2次形式　　　　　　　181

理工系　基礎数学演習
Problems of Mathematics
© Ishida, Ito, Enomoto, Ohno, Kida, Kuto, Tayoshi, Naito, Yamaguchi, Yamada 2015

2015 年 4 月 20 日　初版第 1 刷発行
2023 年 1 月 20 日　初版第 9 刷発行

検印省略	著　者	石　田　晴　久		
		伊　東　裕　也		
		榎　本　直　也		
		大　野　真　裕		
		木　田　雅　成		
		久　藤　衡　介		
		田　吉　隆　夫		
		内　藤　敏　機		
		山　口　耕　平		
		山　田　裕　一		
	発 行 者	株式会社　コロナ社		
		代表者　牛来真也		
	印 刷 所	三美印刷株式会社		
	製 本 所	有限会社　愛千製本所		

112-0011　東京都文京区千石 4-46-10
発行所　株式会社　コ ロ ナ 社
CORONA PUBLISHING CO., LTD.
Tokyo Japan
振替 00140-8-14844・電話(03)3941-3131(代)
ホームページ　https://www.coronasha.co.jp

ISBN 978-4-339-06109-3　　C3041　　Printed in Japan　　　　　　（柏原）

JCOPY　<出版者著作権管理機構　委託出版物>
本書の無断複製は著作権法上での例外を除き禁じられています。複製される場合は、そのつど事前に、出版者著作権管理機構（電話 03-5244-5088, FAX 03-5244-5089, e-mail: info@jcopy.or.jp）の許諾を得てください。

本書のコピー、スキャン、デジタル化等の無断複製・転載は著作権法上での例外を除き禁じられています。購入者以外の第三者による本書の電子データ化及び電子書籍化は、いかなる場合も認めていません。
落丁・乱丁はお取替えいたします。